# 河湖水生态治理技术与工程实践

王文华　许　伟　席力蒙　乔　玉　著

U0253341

黄河水利出版社
·郑州·

# 内 容 提 要

本书在深入论述河湖水生态调查评价、技术和监测管理的基础上,以案例的形式分享了一些河流和湖泊水生态治理工程规划设计实践经验。本书主要内容包括河湖水生态修复概述、河湖水生态调查评价、生态流量保障技术、地貌形态保护与修复技术、水质保护与改善技术、生物多样性保护技术、河湖水生态治理工程监测与管理及典型案例。

本书融入了作者多年的设计研究成果和工作实践经验,借鉴和应用了国内外河湖水生态治理领域的最新理论和方法,既具有理论系统性,又具有技术实用性,可供水利、生态、环境、海绵城市等领域的工程技术人员、科研人员和管理人员参考使用。

**图书在版编目(CIP)数据**

河湖水生态治理技术与工程实践/王文华等著. —
郑州:黄河水利出版社,2023.10
ISBN 978-7-5509-3763-5

Ⅰ.①河… Ⅱ.①王… Ⅲ.①河流-水环境-生态环境-综合治理-研究 Ⅳ.①X143

中国国家版本馆 CIP 数据核字(2023)第 200721 号

策划编辑 岳晓娟 电话:0371-66020903 邮箱:2250150882@ qq. com

| | | | |
|---|---|---|---|
| 责任编辑 | 周倩 | 责任校对 | 文云霞 |
| 封面设计 | 李思璇 | 责任监制 | 常红昕 |

出版发行 黄河水利出版社
　　　　地址:河南省郑州市顺河路 49 号 邮政编码:450003
　　　　网址:www. yrcp. com E-mail:hhslcbs@ 126. com
　　　　发行部电话:0371-66020550
承印单位 河南新华印刷集团有限公司
开　　本 787 mm×1 092 mm 1/16
印　　张 18
字　　数 416 千字
版次印次 2023 年 10 月第 1 版 2023 年 10 月第 1 次印刷
定　　价 98.00 元

# 前　言

　　水生态系统是指自然生态系统中由河流、湖泊等水域及其滨河、滨湖湿地组成的河湖生态子系统,其水域空间和水、陆生物群落交错带是水生等生物群落的重要生境,与包括地下水的流域水文循环密切相关。我国江河湖泊数量众多,水生态类型丰富多样,随着经济社会高速发展,我国不同区域出现了众多不同的水生态问题,主要表现在:江河源头区水源涵养能力降低,水生态功能衰退;水资源过度开发,河湖生态用水被挤占,严重时造成河道断流、绿洲和湿地萎缩、湖泊干涸与咸化、河口生态恶化等;地下水超采,形成地下水漏斗,造成湿地退缩、植被衰退、地面沉降;水污染严重,水环境状况恶化;不合理的开发与建设活动造成河湖生境破碎化、水生生物多样性衰退等。

　　党的十八大以来,以习近平同志为核心的党中央把生态文明建设作为统筹推进"五位一体"总体布局和协调推进"四个全面"战略布局的重要内容,谋划开展了一系列根本性、开创性、长远性工作,推动生态环境保护发生历史性、转折性、全局性变化。在习近平生态文明思想的指引下,各地区、各部门认真贯彻落实党中央、国务院决策部署,积极探索统筹山水林田湖草一体化保护和修复,持续推进河湖水生态治理工作,河湖水生态环境质量明显改善,人民群众对水生态环境获得感、幸福感、安全感显著增强。然而,也应清醒地看到,我国水生态环境保护结构性、根源性、趋势性压力尚未得到根本缓解,水生态破坏现象十分普遍,水环境质量改善不平衡不协调问题突出,水生态环境依然呈现高风险态势,治理体系和治理能力现代化水平与新阶段发展需求尚不匹配,流域生态环境监督管理能力有待加强,与美丽中国建设目标要求仍有不小差距。

　　本书共8章,阐述了河湖水生态系统的结构与功能,分析了河湖水生态修复的必要性和水生态治理的总体要求;详细介绍了河湖水文水资源、水环境质量、地貌形态、生物状况等水生态调查评价;阐述了生态流量保障技术,涉及生态水量优化配置、生态流量泄放和生态流量调度;详细阐述了地貌形态保护与修复技术,包括河道断面设计、生态型护岸设计、河湖水系连通技术、河漫滩与河滨带生态修复治理技术和湖滨带生态修复技术;详细介绍了水质保护与改善技术,涉及入河排污口整治、内源污染治理、城市面源污染治理、农村面源污染治理、水质提升与改善技术;阐述了生物多样性保护技术,主要包括水生植物群落构建技术、水生动物群落构建技术和鱼类三场及洄游通道修复技术;阐述了河湖水生态治理工程监测与管理方面内容,包括河湖生态监测、水生态修复工程后评估及河湖生态综合管理;最后,以案例的形式分享了河流和湖泊水生态治理工程规划设计实践经验。

　　本书首先对水生态系统的结构与功能进行了阐释,简要分析论述了河湖水生态现状和存在的问题,在此基础上提出了河湖水生态治理的目标、总体要求和遵循的原则。从第2章开始,系统介绍了河湖水生态治理技术体系,内容涵盖了河湖水生态调查评价、河湖生态流量保障技术、河湖地貌形态保护与修复技术、河湖水质保护与改善技术、河湖生态系统生物多样性保护、河湖水生态治理工程监测与管理等方面。最后,以案例的形式分享了河流和湖泊水生态治理工程规划设计实践经验,希望能够为读者在河湖水生态项目策划、规划设计和工程建设管理等方面提供启发与帮助。

作 者

2023 年 8 月

# 目 录

第1章 河湖水生态修复概述 ……………………………………… (1)
　1.1 水生态系统的结构与功能 ……………………………… (1)
　1.2 河湖水生态修复的必要性 ……………………………… (9)
　1.3 河湖水生态治理的总体要求 ………………………… (16)
　参考文献 ………………………………………………… (19)

第2章 河湖水生态调查评价 ………………………………… (20)
　2.1 河湖水文情势调查评价 ……………………………… (21)
　2.2 水环境质量调查评价 ………………………………… (23)
　2.3 地貌形态调查评价 …………………………………… (25)
　2.4 生物状况调查评价 …………………………………… (32)
　2.5 社会经济与文化景观调查评价 ……………………… (33)
　参考文献 ………………………………………………… (37)

第3章 生态流量保障技术 …………………………………… (38)
　3.1 生态流量计算 ………………………………………… (38)
　3.2 特殊情况下的生态流量泄放 ………………………… (43)
　参考文献 ………………………………………………… (47)

第4章 地貌形态保护与修复技术 …………………………… (48)
　4.1 河道断面设计 ………………………………………… (48)
　4.2 生态型护岸设计 ……………………………………… (59)
　4.3 河湖水系连通技术 …………………………………… (67)
　4.4 河漫滩与河滨带生态修复治理技术 ………………… (72)
　4.5 湖滨带生态修复技术 ………………………………… (76)
　参考文献 ………………………………………………… (83)

第5章 水质保护与改善技术 ………………………………… (85)
　5.1 入河排污口整治 ……………………………………… (85)
　5.2 内源污染治理 ………………………………………… (86)
　5.3 城市面源污染治理 …………………………………… (89)
　5.4 农村面源污染治理 …………………………………… (94)
　5.5 水质提升与改善技术 ………………………………… (100)
　参考文献 ………………………………………………… (124)

第6章 生物多样性保护技术 ………………………………… (125)
　6.1 植物群落修复与重建技术 …………………………… (125)
　6.2 水生动物保护与修复技术 …………………………… (133)

　　参考文献 ……………………………………………………………………（138）
**第 7 章　河湖水生态治理工程监测与管理** …………………………………（140）
　7.1　河湖生态监测 ………………………………………………………（140）
　7.2　水生态修复工程后评估 ……………………………………………（142）
　7.3　河湖生态综合管理 …………………………………………………（143）
　　参考文献 ……………………………………………………………………（146）
**第 8 章　典型案例** ……………………………………………………………（147）
　8.1　河流水生态综合治理 ………………………………………………（147）
　8.2　湖泊水生态保护与修复 ……………………………………………（216）

# 第 1 章　河湖水生态修复概述

## 1.1　水生态系统的结构与功能

### 1.1.1　水生态系统的结构

生态系统是指在一定空间中共同栖居的所有生物(生物群落)与其环境之间由于不断地进行物质循环和能量流动过程而形成的统一整体。生态系统分为非生物成分、生产者、消费者和分解者四种基本成分。

水生态系统是指水生生物群落与水环境构成的生态系统,一般由无机环境、生物的生产者(如藻类、水草、岸坡植物)、消费者(食草动物和食肉动物)及还原者(腐生微生物)等四部分组成,包括河流、湖泊、水库、湿地等。水生态系统在人类的生活环境中起着十分重要的作用。一方面,它在维持全球物质循环和水循环中具有重要的作用;另一方面,它还承担着水源地、动力源、交通运输、污染净化场所等功能。

水生态系统结构可从营养结构及形态结构进行辨识,其中营养结构均为由生产者、消费者、分解者构成的食物链和非生物环境,但不同的水生态系统类型有不同的形态结构,分析重要水生态系统的典型形态结构有助于全面解析水生态系统服务。

#### 1.1.1.1　河流生态系统

河流是指经常或间歇地沿着狭长凹地流动的水流。我国地表河流在不同学科背景交融下分类体系众多,本书根据河流流经区域的一般分类法,将河流按山区河流和平原河流分类进行结构分析。

1. 山区河流

山区河流为流经地势高峻、地形复杂山地的河流。山区河流的典型断面形态为"V"字形或"U"字形,"V"字形河道两岸谷坡陡峻,会出现狭窄的河流阶地;"U"字形河道较为宽阔,河道中有大面积的河滩地。纵向上,山区河流岸线极不规则,急弯卡口众多,开阔段与峡谷段相间出现,河床纵剖面陡峻,在落差集中处往往形成陡坡跌水或瀑布。许多研究者认为,河流生态系统不仅包括河道内的水生态系统,还包括与河流关系密切的河岸、河滩地等。因此,本书以河道、河漫滩和边缘过渡带概括地描述山区河流的典型横向断面结构。

在山区河流中,河道与河漫滩的底质构成包含巨石、圆石、泥沙、泥土等,其中砂石是重要建筑材料,泥沙、泥土等是植物生长的必要条件。微观上,不同底质形成了不同微生境,如水潭、险滩、浅滩、河漫滩等,可划分为静水生境区、缓流生境区、急流生境区、冲积生境区等。宏观上,山区河流河床,包括河道和河漫滩的底质,是山区河流水资源的载体,较大的地势差使水资源有丰富的水能,但多样的河床结构、生长于河道内的水生植物在一定程度上削减了水流的水能。

山区河流的边缘过渡带有森林、农田、灌木等不同类型,均在不同程度上起到了过滤河水、拦截地表径流污染、稳固河岸、控制侵蚀等作用。边缘过渡带的类型发生变化主要有两点原因:一是地貌变化,如灌丛生长在海拔、坡度变化大的上游区,乔木出现于地势平坦的下游区;二是人为干扰,如将农田类型边缘地带形成垦殖河岸,同时引取河流水以保证农作物生长,人工河岸修建虽加强边缘地带的稳定性,但存在破坏河流生态性的问题。

2. 平原河流

平原河流是指流经冲积平原地区的河流。平面形态有顺直、弯曲、分汊等几种类型;纵剖面形态上无明显变化,平均纵比降较小;横断面形态多为"U"字形或"W"字形,包含河漫滩,如边滩、心滩、江心洲、浅滩、沙嘴等。平原河流同样是以河道、河漫滩、边缘过渡带为典型横断面形式。

平原河流功能有防洪、通航、供水、景观等。平原河流河床及河漫滩形成与河流中的泥沙特征关系密切。平原河流中悬移质多为细沙和黏土,推移质多为中细沙,含沙量及粒径沿程变化视具体情况而不同。平原河流没有急弯、险滩,河床纵坡和水流流态较平缓,适合通航运输。平原河流由于集水面积大,因此是重要的行洪通道,但大集水区汇流时间长,因此洪水持续的时间相对会较长,不会猛涨猛落,所以平原河流的边缘过渡带往往进行了人工改造,改造方式有堤防、堰坝、丁坝、护岸、植被护坡、石笼护岸等,其中堤防主要用于防止洪水;堰坝用于增加蓄水量,来满足用水需求;植被护坡用于提高迎水坡面的抗蚀性,减少土壤流失。

### 1.1.1.2　湖泊生态系统

湖泊是由陆地上洼地积水形成的,它水域比较宽广,并且换流缓慢。湖泊典型断面结构可以概括为底栖区、浮游区和湖滨带,各区域拥有差异化的非生物环境及生物群落。底栖区的底质是湖泊水资源的重要载体,水资源来源有降水、地面径流、地下水等,其中地面径流的收纳与排泄体现了径流调节功能。水资源消耗有蒸发、渗漏等,其中蒸发对调节局部气候有显著作用,湖水渗漏补充地下水。底栖区的表层沉积物是许多水生生物的栖息场所,沉积物的形成与地表径流、水生生物的生命活动密切相关,随着时间的推移,沉积物会导致湖盆淤浅。

湖泊浮游区包含生物和非生物两部分,非生物主要是水及溶解物,生物主要是鱼类、浮游生物、水生植物等。水是重要生存介质,也有重要的开发价值,如供水、交通等。浮游区大量浮游植物能使湖水呈现绿色,浮游动物以浮游植物为食。鲢鱼、鳙鱼等鱼类一般在水体的上层生活,草鱼等以水草为食的鱼类一般在水体的中下层生活,在水体的底层生活的动物有软体动物和以这些软体动物为食的鱼类。

湖泊湖滨带作为连接水域生态系统和陆地生态系统之间特殊的过渡带,在丰水期淹没,在枯水期出露。湖滨带主要类型有湖湾滩地型、陡岸型、鱼塘占用型、河口型、建筑占用型等。湖滨带生长着大型水生植物,可为鸟类、鱼类等提供繁殖场所及栖息地,可稳定湖岸,控制土壤侵蚀,且作为湖泊的最后一道保护屏障,对入湖水中挟带的部分污染物可起到净化作用。

## 1.1.2　水生态系统的特征

水生态要素包括水文情势、河湖地貌形态、水体物理化学特征和生物组成及交互作用。各生态要素交互作用,形成了完整的结构和功能。这些生态要素各具特征,对整个水生态系统产生重要影响。水生态要素特征概括起来共有 5 项,即水文情势时空变异性、河湖地貌形态空间异质性、河湖三维连通性、水体物理化学特性范围,以及食物网结构和生物多样性。

### 1.1.2.1　水文情势时空变异性

自然水文情势是指人类大规模开发利用水资源及改造河流之前,河流基本处于自然状态的水文过程。自然水文情势是维持生物多样性和生态系统完整性的基础。

在时间尺度上,受大气环流和季风的影响,水文循环具有明显的年内变化规律,形成雨季和旱季径流交错变化,洪水期与枯水期有序轮替,造就了有规律变化的径流条件,形成了随时间变化的动态生境多样性条件。对于大量水生动物和部分陆生动物来说,在其生活史各个阶段(如产卵、索饵、孵卵、喂养、繁殖、避难、越冬、洄游等)需要一系列不同类型的栖息地,而这些栖息地是受动态的水文过程控制的。水文情势随时间变化,引起流量变化、水位涨落、支流与干流之间汇流或顶托、主槽行洪与洪水侧溢、河湖之间动水与静水转换等一系列水文及水力学条件变化,这些变化形成了生物栖息地动态多样性,满足大量水生生物物种的生命周期不同阶段的需求,成为生物多样性的基础。

在空间尺度上,在流域或大区域内降水的明显差异,形成了流域上中下游或大区域内不同地区水文条件的明显差异,造就了流域内或大区域内生境差异,在流域或大区域内形成了不同的生物区。

总之,水文情势的时空变异性导致流域或大区域的群落组成、结构、功能及生态过程都呈现出多样性特征。

水文过程承载水域物质流、能量流、信息流和物种流过程。所谓物质流和能量流,是指水流作为流动的介质和载体,将泥沙、无机盐和残枝败叶等营养物质持续地输送到下游,促进生态系统的光合作用、物质循环和能量转换。所谓信息流,是指河流的年度丰枯变化和洪水脉冲,向生物传递着各类生命信号,鱼类和其他生物以此为依据进行产卵、索饵、避难、越冬或迁徙活动,完成其生活史各个阶段。比如,长江四大家鱼在洪水上涨时其产卵达到高峰。同时,河流的丰枯变化也抑制了某些有害生物物种的繁衍。所谓物种流,是指河流的水文过程为鱼卵和树种的漂流、洄游类鱼类的洄游提供了必要条件。因此可以说,水文情势时空变异性是河流物质流、能量流、信息流和物种流的驱动力。

### 1.1.2.2　河湖地貌形态空间异质性

空间异质性是指某种生态学变量在空间分布上的不均匀性及其复杂程度。河湖地貌形态空间异质性是指河湖地貌形态的差异性和复杂程度。河湖地貌形态空间异质性决定了生物栖息地的多样性、有效性和总量。大量观测资料表明,生物多样性与河湖地貌形态空间异质性呈正相关关系。

1. 河流地貌形态空间异质性

在河流廊道尺度内,水流常年对地面物质产生的侵蚀和淤积作用,引起地貌结构持续变化,使河流形态在纵、横、深三维方向都显现出高度空间异质性特征,从而创造了多样的栖息地条件。

1) 河型多样性和形态蜿蜒性

河流平面形态多样性,表现为河流具有多种河型,包括蜿蜒型、微弯顺直型、辫状型、网状型和游荡型。不同河型的河流生物多样性特征不同。辫状型河段和游荡型河段的生物多样性相对较低,而蜿蜒型河段的生物多样性较高。平原河流最常见的蜿蜒型河流,沿河形成深潭-浅滩序列。地貌格局与水力学条件交互作用,形成了深潭与浅滩交错、缓流与湍流相间的格局。对于鱼类而言,深潭-浅滩序列具有多种功能,深潭里有木质残骸和其他有机颗粒可供食用,所以深潭里鱼类生物量最高。幼鱼喜欢浅滩,因为在这里可以找到昆虫和其他无脊椎动物作为食物。浅滩处水深较浅,存在湍流,有利于增加水体中的溶解氧。贝类等滤食动物生活在浅滩能够找到丰富的食物供应。

2) 河流横断面的地貌单元多样性

河流横断面主要组成为干流河槽、河滨带和河漫滩。河槽断面多为几何非对称形状,具有异质性特征。除干流河槽、河滨带和河漫滩外,地貌单元还包括季节性行洪通道、江心洲、洼地、沼泽、湿地、沙洲、台地,以及古河道和牛轭湖。多种地貌单元随水文情势季节性变化,创造了多样栖息地环境。

3) 河流纵坡比降变化规律

一般情况下,纵坡比降的基本规律是:从河源到河口,河流纵坡比降由陡变缓,水动力由强变弱,泥沙颗粒由粗变细,据此确定了相应的河型,创造了多样的生境。

2. 湖泊地貌形态空间异质性

湖盆地貌形态是重要的生境要素。地貌形态特征包括形状、面积、水下地貌形态和水深,这些因素均对湖泊生态系统结构与功能产生重要影响。

水平方向地貌变化影响生态功能。湖泊在水平方向划分为湖滨带和敞水区。湖滨带位于水陆交错带,有来源于陆地的营养物输入,而且水深较浅,辐照度较强,能够支持茂密的生物群落。敞水区是湖泊的开放水面,水深高于湖滨带,阳光辐照度低,只能生长浮游的小型藻类。

垂直方向水深变化影响光合作用。湖泊水体中植物光合作用率取决于适宜辐射。在透光带,如果有营养物投入,那里的光合作用率就会很高。随水深增加,辐照度逐渐衰减,光合作用率也随之衰减。在辐照度为湖面辐照度 1% 的位置,光合作用接近零。在超过这个深度的无光带,浮游植物不能生存。一些湖泊在夏季出现温度分层现象。水温的垂直变化直接影响湖泊的化学反应、溶解氧和水生生物生长等一系列过程。

岸线不规则程度影响栖息地面积和风力扰动程度。岸线不规则程度高的湖泊,具有较大的湖滨带面积,拥有更多适于鱼类、水禽生长的栖息地和湿地,也拥有较多的湖湾免受风力扰动。另外,不规则的岸线具有较长的水-陆边界线,能够接受更多的源于陆地的氮、磷等物质。

### 1.1.2.3　河湖三维连通性

河湖三维连通性是指河流纵向、垂向和侧向连通性及河湖连通性。水是传递物质、信息和生物的介质,因此河湖水系的连通性也是物质流、能量流、信息流和物种流的连通性。

三维连通性使物质流(水体、泥沙和营养物质)、物种流(洄游鱼类、鱼卵和树种漂流)和信息流(洪水脉冲等)在空间流动通畅,为生物多样性创造了基本条件。河湖连通性与水文连通性是交互作用的。河湖地貌连通性是物理基础,水文连通性是河湖生态过程的驱动力。

河湖连通性是一个动态过程,而不是静态的地貌状态。由于气候变化、水文情势变化和地貌演变,河湖连通性也处于变化之中,所以要重视河湖连通性的易变性。连通性的相反概念是生境破碎化。人类活动包括工程构筑物(大坝、堤防、道路等)和水库径流调节等活动,破坏了三维连通性条件,引起景观破碎化,导致水生态系统受损。

### 1. 河流纵向连通性

河流纵向连通性是指河流上下游的连通性。河流纵向连通性是许多物种生存的基本条件。纵向连通性保证了营养物质的输移、鱼类洄游和水生生物的迁徙及鱼卵和树种漂流传播。在一些河流上建设的大坝,阻断了河流纵向连通性,造成了景观破碎化;阻塞了泥沙、营养物质的输移;洄游鱼类受到了阻碍。

### 2. 河流垂向连通性

河流垂向连通性是指地表水与地下水之间的连通性。垂向连通性的功能是维持地表水与地下水的交换条件,维系无脊椎动物生存。地表水与地下水之间的水体交换,也促进了溶解物质和有机物的交换。城市地面硬化铺设及河岸不透水护坡影响了垂向连通性,引起一系列生态问题。

### 3. 河流侧向连通性

河流侧向连通性是指河道与河漫滩的连通性。河流侧向连通性是维持河流与河岸间横向联系的基本条件。侧向连通性促进了岸边植被生长,形成了水陆交错的多样性栖息地,也保证了营养物质输入通道。侧向连通性还是洪水侧向漫溢的基本条件。河流与河漫滩之间的构筑物(堤防、道路)阻隔,妨碍陆生动物靠近河滨带饮水、觅食、避难和迁徙。缩窄河滩建设的堤防及道路设施,对河流侧向连通性都会产生负面影响。

### 4. 河流湖泊连通性

河流湖泊连通性,保证了河湖间注水、泄水的畅通,同时维持湖泊最低蓄水量和河湖间营养物质交换,河湖连通还为江河洄游型鱼类提供迁徙通道。年内水文周期变化和脉冲模式,为湖泊湿地提供动态的水文条件,促进水生植物与湿生植物交替生长。河湖连通、交互作用、吞吐自如、动态的水文条件和营养物,使湖滨带成为鱼类、水禽和迁徙鸟类的理想栖息地。由于自然力和人类活动双重作用,不少湖泊失去了与河流的水力联系,出现河湖阻隔现象。人类活动方面,包括围湖造田、建设闸坝等活动,造成河湖阻隔。河湖阻隔后,湖泊水文条件恶化、蓄水量减少、水位下降或者湖泊与河流间泄水不畅。水文情势改变后,水体置换缓慢,水体流动性减弱。加之,污水排放和水产养殖污染,湖泊水质恶化,使不少湖泊从草型湖泊向藻型湖泊退化,引起湖泊富营养化,导致湖泊生态系统严重退化。

## 1.1.2.4　水体物理化学特性范围

### 1. 水温

各种水生生物都有其独特的生存水温承受范围。大部分水生动物都是冷血动物,无法调节自身体温,它们的新陈代谢必须依靠外界热量。如果水温升高,将提高整个食物链的代谢和繁殖率,这是正面效应。水温升高的负面效应是使溶解氧(DO)降低,如果鱼类和其他水生生物长期暴露在 DO 浓度为 2 mg/L 或更低的条件下则会死亡。水温升高还会导致有毒化合物增加,耗氧污染物危害加剧。

2. 溶解氧

溶解氧是鱼类等水生生物生存的必要条件。溶解氧反映水生生态系统中新陈代谢状况。溶解氧浓度可以说明大气溶解、植物光合作用放氧过程和生物呼吸耗氧过程三者之间的暂时平衡。水中的氧气主要通过水生植物、动物和微生物的呼吸而流失。水中的植物生物量过多时会消耗大量氧气。农业施肥和养殖业等生产活动向河湖排入大量需氧有机污染物,产生生物化学分解作用,大量消耗水中的溶解氧。

3. 营养物

除二氧化碳和水外,水生植物(包括藻类和高等植物)还需要营养物质支持其组织生长和新陈代谢,氮和磷是水生植物和微生物需要量最大的元素。人类生产的化肥和洗涤剂等化学产品排入湖泊后,释放出大量溶解氮和溶解磷,改变了湖泊营养状况,形成了富营养化,严重破坏了湖泊生态系统的结构和功能。

4. pH 值、碱度、酸度

水的酸性或碱性一般通过 pH 值来量化。pH 值为 7,代表中性条件;pH 值小于 5,表明中等酸性条件;pH 值大于 9,表明中等碱性条件。许多生物过程如繁殖过程,不能在酸性或碱性水中进行。低 pH 值水体中物种丰度降低。pH 值的急剧波动也会对水生生物造成压力。河流水体酸性来源于酸雨和溶解污染物。湖泊水体酸碱度取决于地表径流、流域地质条件及地下水补给。

5. 重金属和持久性有机污染物

在环境污染方面所说的重金属主要是指汞、镉、铅、锌等生物毒性显著的元素。酸性矿山废水、废弃煤矿排水、老工业区土壤污染及废水处理厂出水等都是重金属污染源。如果重金属元素未经处理被排入河流、湖泊和水库,就会使水体受到污染。重金属累积会对水生生物造成严重的不利影响。重金属进入生物体后,导致慢性中毒甚至死亡。如果人类进食累积有重金属的鱼类和贝类,重金属就会进入人体产生重金属中毒,重者可能导致死亡。

持久性有机污染物(persistent organic pollutants,简称 POPs)是指人类合成的能持久存在于环境中,通过生物食物链(网)累积,并对人类健康造成有害影响的化学物质。如多氯联苯(PCB)、大多数杀虫剂和除草剂。由于自然生态系统无法直接将 POPs 分解,这些合成化合物大都在环境中长期存在和不断累积。POPs 可通过点源和非点源进入水体。

#### 1.1.2.5　食物网结构和生物多样性

水生态系统的核心是生命系统。非生命部分的生态要素直接或间接对生命系统产生影响,特别是影响河流湖泊的食物网结构和生物多样性。

1. 食物网结构

河流生态系统实际存在两条食物链,这两条食物链联合起来又形成一个完整的食物网。作为河流食物网基础的初级生产有两种,一种称为"自生生产",即河流通过光合作用,用氮、磷、碳、氧、氢等物质生产有机物。初级生产者是藻类、苔藓和大型植物。如果阳光充足和有无机物输入,这些自养生物能够沿河繁殖生长,成为食物链的基础。这条食物链加入河流食物网,形成的营养金字塔是:初级生产者→食植动物→初级食肉动物→高级食肉动物。另一种初级生产称为"外来生产",是指由陆地环境进入河流的外来物质,如落叶、残枝、枯草和其他有机物碎屑。这些粗颗粒有机物被大量碎食者、收集者和各种真菌和细菌破碎、冲击后转化成为细颗粒有机物,成为初级食肉动物的食物来源,从而成为另外一条食物链基础。这条食物链加入河流食物网,形成的营养金字塔是:流域有机物输入→碎食者→收集者→初级食肉动物→高级食肉动物。由此可见,靠初级食肉动物或称二级消费者把两条食物链结合起来,形成河流完整的食物网。这就是所谓"二链并一网"的食物网结构。

与河流生态系统类似,湖泊生态系统的初级生产分为两种。一种初级生产是通过光合作用,使太阳能与氮、磷等营养物相结合生成新的有机物质。湖泊从事初级生产的物种因湖泊分区有所不同。湖滨带的初级生产者主要有浮游植物、大型水生植物和固着生物三类。敞水区的初级生产者主要有浮游植物和悬浮藻类两类。另一种初级生产是流域产生的落叶、残枝、枯草和其他有机物碎屑,这些有机物靠水力和风力带入湖泊,成为微生物和大型无脊椎动物的食物。以上两种初级生产,又成为食植动物的食物,其后通过初级食肉动物、高级食肉动物的营养传递,最终形成湖泊完整的食物网。这种食物网结构与河流食物网结构相似,都是通过初级食肉动物把两条食物链结合起来,构成完整的食物网,形成所谓"二链并一网"的食物网结构。

2. 河流生物多样性

河流动态水文情势是河流生态系统的驱动力,河流地貌的空间异质性提供了栖息地多样性条件,成为河流生物多样性的基础。河流是动水系统,经过长期演变过程,在河流系统生活的生物从形态和行为上都已经适应了动水环境。河流系统的分区不同,生物的分布格局各异。河道是河床中流动水体覆盖的动态区域,是水生生物最重要的栖息地之一。河道内栖息地生存着各种鱼类、甲壳类和无脊椎动物,与藻类和大型植物构成复杂的食物网。河滨带具有水陆交错特征,加之生境的高度动态性,使河滨带生物多样性十分丰富。河滨带的生物集群中包括大量的细菌、无脊椎动物、鸟类和哺乳动物。河漫滩是洪水漫滩流量通过时水体覆盖的区域。季节性洪水是河漫滩生态系统的主要驱动力。河漫滩的初级生产者主要有藻类和维管植物。

3. 湖泊生物多样性

湖泊是相对孤立的生境,生物群落和生态系统类型具有很强的区域性。湖泊与河流不同,属静水区域。在湖泊生活的物种通过长期演化已经在形态和行为上适应了湖泊的静水环境特点。湖滨带处于水陆交错带的边缘,具有多样的栖息地条件。湖滨带光合作用强,初级生产者特别是大型水生植物生物量巨大,能够支持丰富的生物群落。生物物种数量多,包括大中型鱼类、水禽和水生哺乳动物。湖滨带的丰富食物还吸引了众多陆地哺乳动物和鸟类。敞水区的初级生产者以浮游植物和悬浮藻类为主,其数量大,实际控制了整个湖泊生态系统的营养结构。在泥沙淤积层生活着丰富的动物,包括大型无脊椎动物和小型无脊椎动物,如甲壳类动物、昆虫幼卵、软体动物和穴居虫。

### 1.1.3　水生态系统的功能

生态系统功能是生态系统所体现的各种功效或作用,主要表现在物质循环、能量流动和信息传递等方面,它们是通过生态系统的核心生物群落来实现的。

#### 1.1.3.1　物质循环

生态系统中物质循环是指生态系统中的生物成分和非生物成分之间物质往返流动的过程,是大气、水体和土壤等环境中的物质通过绿色植物吸收,进入生态系统,被其他生物体重复利用后再归还于环境中,这些归还的物质又再一次被绿色植物吸收进入生态系统的过程。食物链和食物网是生态系统的营养结构,生态系统的物质循环和能量流动就是沿着这种渠道进行的。

河湖中水生植物生产合成的有机质一般是湖泊捕食者和被食者群体有机质的基础。虽然某些水体(特别是水流速度较快的水库)主要可以从入湖河流和溪流中得到有机质的补充,但大多数湖泊都必须保持一定数量的藻类和大型植物,才能维系其食物网。初级生产者(大型水生植物和藻类)通过光合作用所产生的部分有机质为草食动物提供食物来源。从初级生产者到草食动物、再到食肉动物,不同营养水平组成湖泊食物链,通过能量流动把其中的各个营养级联结起来。这些有机体都会产生废物并死亡,并以特殊可溶性有机物形式为细菌和真菌提供食物。这种有机物质的分解作用又形成营养物闭路循环并促进植物的生长。

#### 1.1.3.2　能量流动

能量是生态系统结构稳定的基础,一切生命都存在着能量的流动和转化。没有能量的流动,就没有生命和生态系统。能量流动是生态系统的重要功能之一,能量的流动和转化服从于热力学第一定律和第二定律。

能量流动可在生态系统、食物链和种群三个水平上进行分析,简称能流分析。生态系统水平上的能流分析是以同一营养级上各个种群的总量来估计的,即把每个种群都归属于一个特定的营养级中(依据其主要食性),然后精确地测定每个营养级能量的输入值和输出值。湖泊边界明确、封闭性较强、内环境较稳定,因此这种分析多见于水生态系统。食物链层次上的能流分析是把每个种群作为能量从生产者到顶极消费者移动过程中的一个环节,当能量沿着一个食物链在几个物种间流动时,测定食物链每一个环节上的能量值,就可提供生态系统内一系列特定点上能流的状况。试验种群层次上的能流分析,则是在实验室内控制各种无关变量,研究能流过程中影响能量损失和能量储存的各种重要环境因子。

河湖生态系统中能量流动过程复杂。淡水植物(主要指藻类和水生高等植物)利用太阳能进行光合作用,能量就储存在植物中;通过食物链,植物被多层次(从低等无脊椎动物到高等脊椎动物)的消费者所掠食;在微生物的作用下未进入食物链的有机质变为颗粒有机物(particular organic matter,简称POM)和溶解有机物(dissolved organic matter,简称DOM),再被其他生物所利用,从而实现能量的流动;能量可在大气和水界面流动,也可在水和底泥界面流动,即气相—液相—固相的相互流动;整个能量流动还要受季节变化的影响。

### 1.1.3.3　信息传递

信息传递是指生态系统中包括物理、化学的信息因素的传递。一般信息传递有三个基本环节:信源(信息产生)、信道(信息传输)和信宿(信息接收)。多个信息过程相连就使系统形成信息网,当信息在信息网中不断被转换和传递时,就形成了信息流。生态系统的信息包括物理信息、化学信息、行为信息和营养信息。信息只有通过传递才能体现其价值,发挥其作用。

在河湖生态系统中沿食物链各级生物要求有一定的比例,即所谓的"生态金字塔"规律。根据这一规律,河湖生态系统中的食物链就构成了一个相互依存、相互制约的整体。河湖生态系统中的动物和植物不能直接对营养信息进行反映,通常需要借助于其他的信号手段。例如,当浮游藻类和大型水生植物的数量减少时,鱼类等动物就会离开原来生活的水域,去其他食物充足的水域生活,以此来减轻同种群的食物竞争压力。

# 1.2　河湖水生态修复的必要性

## 1.2.1　我国河湖水生态治理情况

党的十八大以来,以习近平同志为核心的党中央将生态文明建设纳入中国特色社会主义事业"五位一体"总体布局,把"美丽中国"作为生态文明建设的宏伟目标,开展了一系列根本性、开创性、长远性工作,我国生态环境保护发生了历史性、转折性、全局性变化。各地区、各部门和全国各族人民秉持"绿水青山就是金山银山"理念,坚决向污染宣战,以高水平保护推动高质量发展、创造高品质生活,努力为子孙后代留下天蓝、地绿、水清的美丽家园。

以习近平生态文明思想为根本遵循,大江大河生态环境保护修复思路更加明确。长江经济带"共抓大保护、不搞大开发",沿江省(市)推进生态环境综合治理,促进经济社会发展全面绿色转型,力度大、规模广、影响深,生态环境保护发生了转折性变化,经济社会发展取得了历史性成就。黄河流域共同抓好大保护,协同推进大治理,高水平保护和高质量发展的思想共识进一步凝聚。

### 1.2.1.1　长江大保护

长江经济带覆盖上海、江苏、浙江、安徽、江西、湖北、湖南、重庆、四川、贵州、云南等11 省(市),面积约 205 万 $km^2$,占全国面积的 21% 以上,人口和生产总值均超过全国的40%,是我国经济最活跃和发展潜力最大的区域,也是中华民族永续发展的重要支撑。但历经多年开发建设后,传统的经济发展方式没有根本转变,生态环境状况形势严峻。

2016 年以来,习近平总书记先后来到长江上游、中游、下游,三次召开座谈会,为长江经济带发展谋篇布局、把脉定向。习近平总书记指出,要把修复长江生态环境摆在压倒性位置,"共抓大保护、不搞大开发"。此后的时间,长江经济带11 省(市)治理污染、修复生态,上中下游协同发力,多部门密集出台政策法规,让长江保护提质增效。长江"十年禁渔"全年启动,持续开展"三磷"污染治理、"清废行动"、工业园区污染治理等专项行动,中国长江经济带生态环境整治力度之大、规模之广、影响之深前所未有。

在污染治理方面,全面启动长江干流、九条主要支流及太湖入河排污口底数摸排,共发现入河排污口 60 292 个,比之前掌握的数量增加约 30 倍。完成长江经济带城镇人口密集区危险化学品生产企业搬迁改造 558 家,完成率 97.2%。完成沿江化工企业"搬改关"228 家,其中沿江 1 km 范围内落后化工产能已全部淘汰。在遏制农业面源污染方面,整县推进农村人居环境整治项目,开展农村生活垃圾收运处理的行政村占比超过 98%,推进化肥农药减量增效,加强农业面源污染防治。同时,加强航运污染治理,持续推进长江经济带港口船舶使用新能源、清洁能源。

长江是我国生物多样性最为典型的区域,现在"共抓大保护、不搞大开发"的理念已经深入人心,特别是 2021 年 1 月 1 日开始,长江流域重点水域实行为期 10 年的常年禁捕。完成重点水域渔船渔民退捕任务,累计退捕渔船 11.2 万艘、渔民 23.4 万人。上海崇明,国家一级野生保护动物长江江豚频频现身东风西沙水域。此外,位于长江沿岸的南通、无锡、泰州等地 2022 年也首次记录下国家一级野生保护动物黄嘴白鹭、黄胸鹀的身影。大丰麋鹿国家级自然保护区内,工作人员首次在滩涂上发现了 50 多枚黑嘴鸥产下的蛋。

2021 年 3 月 1 日,我国第一部流域保护法——《中华人民共和国长江保护法》正式实施。不但把资源保护、污染防治、山水林田湖草一体化管理等囊括于一个法律中,更有利于对长江流域生态系统全面保护,并对各级政府在长江大保护上的责任做了明确划定,有利于各部门和各级政府尽职尽责。

#### 1.2.1.2　黄河生态环境保护

黄河作为中华文明的摇篮,流经青海、四川、甘肃、宁夏、内蒙古、陕西、山西、河南、山东 9 省(区),流域面积达 752 443 km²,被誉为中华民族的"母亲河"。因为黄河中段在黄土高原挟带了大量泥沙,使之成为全球含沙量最大的河流,对中下游平原地区造成巨大威胁。

党的十八大以来,以习近平同志为核心的党中央提出,保护黄河是事关中华民族伟大复兴的千秋大计,黄河流域生态保护和高质量发展是国家重大战略。习近平总书记一直十分关心黄河流域生态环境保护,近年来,习近平总书记走遍了黄河上中下游 9 省(区),多次对黄河流域生态环境保护提出明确要求,作出重要指示批示。2021 年 10 月 22 日,习近平总书记在济南主持召开深入推动黄河流域生态保护和高质量发展座谈会,从新的战略高度发出了"为黄河永远造福中华民族而不懈奋斗"的号召。

生态环境部等 4 部门印发了《黄河流域生态环境保护规划》(以下简称《规划》)。《规划》是新时代深入贯彻落实习近平总书记重要讲话和重要指示批示精神、着力改善黄河流域生态环境质量的时间表和路线图,为当前和今后一段时期黄河流域生态环境保护工作提供了重要依据和行动指南。《规划》坚持以水定城、以水定地、以水定人、以水定产。黄河流域最大的矛盾是水资源短缺。黄河流域要"有多少汤,泡多少馍",要把水资源作为最大的刚性约束,坚决抑制不合理用水需求。《规划》坚持"四水四定",因地制宜,分类制定水资源环境承载力要求,促进流域经济社会发展、城镇空间、产业结构布局与资源环境承载能力相适应,全面形成绿色生产生活方式。

《规划》坚持解决流域各省份突出生态环境问题。黄河流域生态环境问题突出,环境污染积重较深。《规划》坚持问题导向,通过深入打好污染防治攻坚战,聚焦黄河流域突出生态环境问题,统筹推进工业、农业、城乡生活、矿区等污染协同治理,系统开展重点区域、重点河湖生态环境保护和修复,持续推动黄河流域生态环境质量改善。

《规划》坚持用系统方案解决区域协同的问题。黄河流域最大的问题是生态脆弱。黄河生态系统是一个有机整体,要把系统观念贯穿到生态保护和高质量发展全过程。《规划》坚持山水林田湖草沙系统有机整体,统筹流域上下游、左右岸、干支流,充分考虑上中下游差异,因地制宜,分类推进上游水源涵养、中游水土保持和污染治理、下游湿地生态系统保护。

《规划》提出要着力解决突出生态环境问题的任务。在水环境方面,《规划》提出推进三水统筹,治理修复水生态环境,要求落实水资源用水总量和强度双控,科学配置全流域水资源,实施深度节水控水,推进污水资源化利用;全面深化工业、城镇、农业农村污染治理,加强入河排污口排查整治;维护干支流重要水体水生态系统,封育保护河源区水生态系统,恢复受损河湖水生态系统;实施水体消劣达标行动,综合整治城乡黑臭水体。在维护生态系统稳定性方面,《规划》提出坚持生态优先,实施系统保护修复,要求构建"一带五区多点"生态保护格局与自然保护地体系;筑牢三江源"中华水塔",保护重要水源补给地,建设黄河绿色生态廊道,加强黄河三角洲湿地保护修复,加强生物多样性保护;推进重点地区风沙和荒漠化治理,创新黄土高原地区水土流失治理模式,有序推进下游滩区生态综合治理;深化"绿盾"自然保护地强化监督,建立生态破坏问题监管执法机制。在防范环境风险方面,《规划》提出强化源头管控,有效防范重大环境风险,要求加强工业企业和园区环境风险防控,强化尾矿库环境污染防控,加强有毒有害物质环境监管;开展流域环境风险调查,加强流域生态环境风险监控预警,提升流域环境应急响应能力,强化次生环境事件风险管控;有序推进"无废城市"建设,提升固体废物资源化利用水平,补齐危险废物和医疗废物收集处置短板。以上任务,从构建安全格局和严控环境风险角度,保障黄河流域生态安全。

### 1.2.1.3　河湖生态环境复苏

河湖是地球的血脉、生命的源泉、文明的摇篮,良好的河湖生态环境是最基本、最公平的公共产品,是最普惠的民生福祉,人民群众对良好河湖生态环境需求十分迫切。过去几十年,受人类活动和自然气候演变的影响,我国一些地区的水资源、水环境和水生态承载能力与经济社会发展需求不相适应,河湖生态环境问题积累凸显,特别是一些河湖出现河流断流、湖泊萎缩干涸等问题,涉及范围广、治理难度大,群众需求难以保障。河川之危、水源之危是生存环境之危、民族存续之危。进入新时代,我国社会主要矛盾已经转化为人民日益增长的美好生活需要与不平衡不充分的发展之间的矛盾,人民对优美生态环境的需要成为这一矛盾的重要方面,复苏河湖生态环境的需求比其他任何时候都要紧迫。

2021 年 6 月,水利部部长李国英在水利部"三对标、一规划"专项行动总结大会上提出,要将"提升大江大河大湖生态保护治理能力"作为全面提升国家水安全保障能力的 4 个目标之一,将"复苏河湖生态环境"作为重点抓好的 6 条实施路径之一。2021 年 12 月,水利部印发《关于复苏河湖生态环境的指导意见》、水利部办公厅印发《"十四五"时期复苏河湖生态环境实施方案》,复苏河湖生态环境已成为提升大江大河大湖生态保护治理能力,推动新阶段水利高质量发展的重要工作。

复苏河湖生态环境,要以提升水生态系统质量和稳定性为核心,坚持保护优先、自然恢复为主,坚持山水林田湖草沙系统治理,实施河湖生态保护治理、地下水超采综合治理、水土流失综合治理等重点任务,实现涉水空间得到有效管控、重点河湖基本生态流量得到有效保障、人为水土流失得到有效治理、重点地区地下水超采得到有效遏制的总体目标,最终实现河湖功能永续利用,实现人水和谐共生。

**1. 加强河湖生态保护治理**

一是分区分类确定河湖生态流量目标。根据不同河湖生态系统特点,分别确定基本生态流量(水位)和涉水工程枯水期、生态敏感期等不同时段最小下泄生态流量和生态水位控制要求。南方河湖重点保障河湖生态系统完整、健康、稳定。北方河湖重点保障河湖水体连续性及重要环境敏感保护区生态用水。加强河湖生态调度,适时适度实施流域性、区域性生态补水,改善北方及水资源过度开发地区的河湖生态状况。

二是加强河湖水域岸线空间保护。加快推进河湖划界工作,依法科学划定河湖管理范围,明确管理界线,设立界桩标志,构建范围明确、责任清晰的河湖管理保护体系。强化水域岸线分区管控和用途管制,科学划分岸线功能区,合理划定保护区、保留区、控制利用区和开发利用区边界,加大保护区和保留区岸线保护力度,有效保护水域岸线生态环境。

三是实施河湖空间带修复,打造沿江沿河沿湖绿色生态廊道。以长江、黄河等大江大河及其支流为重点,通过"违法圈圩、违法建设"清理,大力推进岸线占用退还,加强河湖空间带修复。以重大国家战略区域生态受损河流湖泊和重要生态廊道为重点,从生态系统整体性出发,加快推进西辽河、永定河、大清河、汾河、塔里木河等重点河流及白洋淀、鄱阳湖、洞庭湖、太湖、巢湖等重点湖泊生态保护治理。

**2. 加快地下水超采综合治理**

一是持续推进华北地区地下水超采综合治理。在确定地下水取用水量水位控制指标的基础上,通过节水、农业结构调整等压减地下水超采量,多渠道增加水源补给,持续推进华北地区地下水超采综合治理,采取"一减一增"、综合施策,加快实现采补平衡。

二是实施全国地下水超采治理。扩大地下水超采治理范围,制定重点区域地下水超采治理和保护方案,推进全国地下水超采治理。东北地区以水源置换为主要治理措施,加大河湖水系连通与灌区配套工程建设力度,实施"开源节流、科学调控"治理对策。西北地区通过推广高效节水灌溉技术和退减灌溉面积治理地下水超采,辅以地表水调配工程建设,实施"以水定地、内节外引"的治理对策。

**3. 科学推进水土流失综合治理**

一是强化重点地区水土流失治理。以长江与黄河上中游、东北黑土区、西南岩溶区为重点,因地制宜推进坡耕地、淤地坝、侵蚀沟治理等工程,提升治理效益。深入推进黄土高原侵蚀沟综合治理工程,有条件的地方要大力建设旱作梯田、淤地坝等,推进病险淤地坝除险加固。在长江上中游坡耕地面积大、水土流失严重的区域,实施坡耕地水土流失综合治理工程。加快推进东北黑土区漫川漫岗丘陵水土综合治理。进一步加大西南石漠化区、紫色土区等区域水土流失综合治理。

二是因地制宜打造生态清洁小流域。以流域为单元,以山青、水净、村美、民富为目标,协调推进水土流失治理、人居环境改善、农村经济发展等各项工作,统筹配置沟道治理、生物过滤带、水源涵养、封育保护、生态修复等措施,充分发挥生态清洁流域建设综合效益,打造人民群众休闲观光、旅游度假的好去处。农村地区小流域结合国家重大水土保持工程,提高生态安全、生活富裕等方面保障水平;城市及其周边地区小流域着力构建生态优美、生活宜居的生态环境。

## 1.2.2　我国河湖水生态总体状况

党的十八大以来,我国水生态环境保护治理体系不断完善,碧水保卫战成效显著,河湖生态保护修复取得积极进展。经过努力,过去十余年我国水生态环境质量发生了转折性的变化。

根据《2021中国生态环境状况公报》,2021年,全国地表水监测的3632个国家级考核断面(点位)中,Ⅰ~Ⅲ类水质断面占84.9%,比2020年上升1.5个百分点,劣Ⅴ类占1.2%,均达到2021年水质目标要求。主要污染指标为化学需氧量、高锰酸盐指数和总磷。2021年全国地表水总体水质状况见图1.2-1。

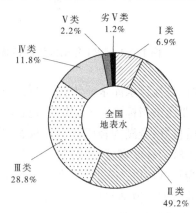

图 1.2-1　2021年全国地表水总体水质状况

2021年,长江、黄河、珠江、松花江、淮河、海河、辽河七大流域和浙闽片河流、西北诸河、西南诸河主要河流监测的3117个国家级考核断面中,Ⅰ~Ⅲ类水质断面占87.0%,比2020年上升2.1个百分点;劣Ⅴ类占0.9%,比2020年下降0.8个百分点。主要污染指标为化学需氧量、高锰酸盐指数和总磷。长江流域、西北诸河、西南诸河、浙闽片河流和珠江流域水质为优,黄河流域、辽河流域和淮河流域水质良好,海河流域和松花江流域为轻度污染。2021年七大流域和浙闽片河流、西北诸河、西南诸河水质状况见图1.2-2。

2021年,开展水质监测的210个重要湖泊(水库)中,Ⅰ~Ⅲ类水质湖泊(水库)占72.9%,比2020年下降0.9个百分点;劣Ⅴ类占5.2%,与2020年持平。主要污染指标为总磷、化学需氧量和高锰酸盐指数。

开展营养状态监测的209个重要湖泊(水库)中,贫营养状态湖泊(水库)占10.5%,比2020年上升5.2个百分点;中营养状态占62.2%,比2020年下降5.1个百分点;轻度富营养状态占23.0%,比2020年下降0.1个百分点;中度富营养状态占4.3%,与2020年持平。

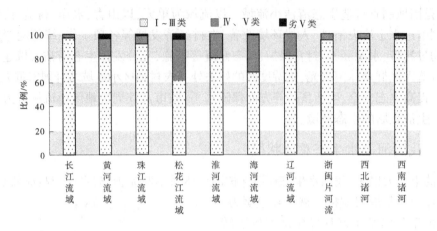

图 1.2-2　2021 年七大流域和浙闽片河流、西北诸河、西南诸河水质状况

　　洱海、丹江口水库水质为优,中营养状态。白洋淀水质良好,中营养状态。太湖轻度污染,主要污染指标为总磷,其中,湖心区、北部沿岸区和西部沿岸区为轻度污染,东部沿岸区水质良好;全湖为轻度富营养状态,其中东部沿岸区为中营养,湖心区、北部沿岸区和西部沿岸区为轻度富营养状态。巢湖轻度污染,主要污染指标为总磷,其中,东半湖和西半湖均为轻度污染;全湖为中度富营养状态,其中东半湖为轻度富营养状态,西半湖为中度富营养状态。滇池轻度污染,主要污染指标为化学需氧量、总磷和高锰酸盐指数。其中,草海水质良好,外海为中度污染。全湖、草海和外海均为中度富营养状态。

## 1.2.3　河湖水生态治理趋势

　　党的十八大以来,党中央、国务院把生态环境保护和污染防治工作上升到生态文明建设全局,开展了一系列根本性、开创性、长远性工作,污染防治攻坚战阶段性目标任务圆满完成,实施了塔里木河生态补水、扎龙湿地补水、“引江济太”、黄河水量调度、浙江万里清水河道等水生态保护工作,探索和积累了一定的河湖水生态系统保护与修复经验,“绿水青山就是金山银山”的理念深入人心,人民群众对美好河湖水生态环境的追求更加强烈。监测和研究显示,近年来我国河湖水生态环境有所改善,但总体水生态环境形势依然严峻。

　　在水环境方面,首先,重点流域干流的国控断面水质大幅提升,但支流、次级支流和中小河流水质状况改善不明显,省控、市控断面水环境形势不容乐观,部分河段仍存在劣Ⅴ类水体,城市黑臭水体尚未实现长治久清;工业和城市生活污染治理成效仍需巩固深化,老城区、城中村及城郊接合部等区域环保基础设施建设还存在短板,全国城镇生活污水集中收集率仅为 60% 左右,污水收集能力不足,管网质量不高,大量污水处理厂进水污染物浓度偏低,汛期污水直排环境现象普遍存在,农村生活污水治理率不足 30%,远低于城镇;在点源污染得到有效控制的情况下,农业面源污染已成为主要污染负荷来源,但由于量大面广、资金投入不够等原因,农业面源污染尚未得到有效控制;以氮、磷为代表的营养性物质问题日益凸显,太湖、巢湖等湖泊蓝藻水华仍处于高发态势。

　　在水生态方面,首先,由于水资源过度开发利用,加上水资源条件先天不足、气候变化等因素影响,北方地区河川径流量呈显著减少趋势,河流生态水量不足、保证程度不高,造成湿地萎缩、水生境破坏。全国七大流域重要河流、湖泊生态流量满足程度评价显示,评价结果为"不满足"的断面占 20.8%,其中北方地区海河区、淮河区、辽河区评价结果为"不满足"的断面占比均超过 40%。其次,一些河湖水域、岸线等水生态空间范围和功能定位尚未完全划定和明确,部分河漫滩地、岸线等水生态空间因农业生产、城镇化发展、堤防修建等遭受挤占,河湖水生态空间萎缩问题较为突出。围垦、养殖等活动导致部分湿地面积萎缩、水循环减弱,湿地生态功能和生物多样性受到威胁。再次,全国地下水超采区面积约 28 万 km²,其中华北地区地下水超采问题最为严重,通过近年实施的地下水超采综合治理,局部地区地下水亏空得到有效回补,但地下水超采引发的地下水资源衰减、地面沉降、海水入侵、河湖萎缩等生态环境问题仍较为严重。另外,黄河中上游、长江上中游及东北黑土区水土流失问题仍然严重,黄土高原仍是黄河泥沙的主要来源区,长江上游分布有 1.87 亿亩(1 亩=1/15 hm²,后文同)坡耕地,占全国坡耕地总量的 62%,东北黑土区耕地中分布有 45 万条侵蚀沟,水土流失对我国大江大河水源涵养、土地资源及生态环境构成威胁。最后,大量化工企业临水而建,长江经济带 30% 的环境风险企业位于饮用水水源地周边 5 km 范围内,因安全生产、化学品运输等引发的突发环境事件处于高发期,河湖滩涂底泥的重金属累积性风险不容忽视,环境激素、抗生素、微塑料等新污染物管控能力不足。

　　在治理体系和治理能力建设方面,仍然处于重要战略机遇期,新型工业化深入推进,城镇化率仍将处于快速增长区间,粮食安全仍需全面保障,工业、生活、农业等领域污染物排放压力持续增加,生态文明改革事项还需进一步深化,地上地下、陆海统筹协同增效的水生态环境治理体系亟待完善;水生态保护修复刚刚起步,监测预警等能力有待加强。水生态环境保护相关法律法规、标准规范仍需进一步完善,流域水生态环境管控体系需进一步健全。经济政策、科技支撑、宣传教育、能力建设等还需进一步加强。

　　全国七大流域突出生态环境问题归纳见表 1.2-1。

表 1.2-1　全国七大流域突出生态环境问题归纳

| 流域 | 突出生态环境问题 |
| --- | --- |
| 长江流域 | 水生生物多样性下降,沿江水环境风险高,大型湖库富营养化加剧 |
| 黄河流域 | 高耗水发展方式与水资源短缺并存,生态用水保障水平低,生态环境脆弱 |
| 珠江流域 | 城市水体防止返黑返臭压力大,中游重金属污染风险高 |
| 松花江流域 | 城镇基础设施建设短板明显,农业种植、养殖污染量大面广 |
| 淮河流域 | 农业面源污染防治压力大,生态流量保障程度低 |
| 海河流域 | 生态流量严重不足,水体污染严重 |
| 辽河流域 | 水环境质量改善成效不稳固,生态流量保障不足 |

# 1.3　河湖水生态治理的总体要求

## 1.3.1　河湖水生态治理的目标定位

如上所述,我国快速的工业化、城镇化进程,以及对于水资源和水能资源的大规模开发利用,引起水文情势、河湖地貌形态和水质发生的重大变化,导致河湖水生态系统发生严重退化,通过近年来的治理,河湖水生态环境状况有所改善,但与人民优质水资源、健康水生态、宜居水环境等方面的要求仍有差距,经济社会发展给水环境保护带来的压力依然较大,水生态环境改善不平衡、不协调问题依然突出,水生态治理与修复未来仍是我国重要而紧迫的战略任务。

水生态治理是指在河湖陆域控制线内,在满足防洪、排涝及引水等河湖基本功能的基础上,充分发挥生态系统自我修复功能,通过人工修复措施促进河湖水生态系统恢复,构建健康、完整、稳定的河湖水生态系统的活动。

确定河湖水生态治理与修复目标,实质上就是定义一个期望的未来河湖状况。治理与修复目标一般从两个方面考虑确定,一是当地及国家的政策要求,二是治理与修复对象的现状条件与本底情况。这样就需要熟悉掌握有关治理与修复对象的政策要求和已有规划,并对河湖生态现状进行评价,论证河湖生态系统演进的趋势,是否超过生态系统退化的阈值,在现状河湖生态评价的基础上,根据河湖自身改善需求确定规划目标。再者,治理与修复目标的确定应遵循自然规律和经济规律,既重视生态环境效益,也讲求社会经济效益。治理与修复目标和内容应体现水资源开发利用与生态环境保护相结合。治理与修复目标重点应放在水质改善、自然水文情势和河湖地貌形态恢复上,遵循产出效益最大化和投入成本最小化的一般经济原则,统筹兼顾,因地制宜。

## 1.3.2　河湖水生态治理的总体思路

坚持尊重自然、顺应自然、保护自然的原则,树立山水林田湖草沙系统治理的理念,统筹考虑河湖水体的水域空间、水源涵养区陆域空间,以及行洪、蓄滞洪区等水陆两栖空间等不同类型水生态空间的交错关系及特点,加强陆域水源涵养区、调蓄洪水区、水土保持区及水域重要鱼类栖息地等的生态保护,开展水陆交错带河湖岸带区的植被建设、湿地生态修复及亲水景观构建,重点针对生态敏感区、生态脆弱区、重要生境和生态功能受损的河湖,开展生态系统保护与修复;通过对江河湖库保护区、保留区等源头区实施以水源涵养为主的水量保护,对开发利用程度较大的受损河流实施以自然形态及功能恢复为主的生态修复,对珍稀、特有鱼类栖息地实施以生境保护与营造为主的生态建设,有序实现河湖休养生息,让河湖恢复生命、流域重现生机。

具体地,应结合河湖水文水资源特点,针对水资源开发利用、涉水工程建设运行所造成的水文情势变化、水环境恶化、河流阻隔及形态改变、湿地退化、鱼类生境萎缩及生态系统恶化等问题进行措施布局。措施类型包括生态流量保障、水质保护与改善、河湖地貌形态保护与修复、重要生物栖息地与生物多样性保护、水生态治理工程监测与管理等5大类,具体要求见表1.3-1。

**表 1.3-1　河湖水生态治理措施具体类型及要求**

| 序号 | 措施类型 | 措施具体要求 |
|---|---|---|
| 1 | 生态流量保障 | 根据生态流量过程和生态水位过程保障目标和存在问题,以目标不满足的河湖及控制断面为重点,针对性提出生态水量优化配置、生态流量泄放及监控设施、生态流量和生态水位调度与管理等措施 |
| 2 | 水质保护与改善 | 按照水功能区、国家和地方控制断面水质目标要求,针对性提出控源截污、面源与内源治理、水质维护等措施 |
| 3 | 河湖地貌形态保护与修复 | 兼顾河湖社会经济功能和生态功能,开展河湖地貌形态保护与修复,具体措施包括河湖水系生态连通、河流平面蜿蜒性修复、河滨带和湖滨带保护、断面形状多样性修复、生态型护岸及地貌单元生态重建等 |
| 4 | 重要生物栖息地与生物多样性保护 | 主要针对鱼类栖息繁殖重要河段开展保护与修复,提出洄游通道保护、天然生境保留河段、生态替代保护、"三场"保护与修复、河流连通性恢复措施及增殖放流、人工鱼巢建设等要求 |
| 5 | 水生态治理工程监测与管理 | 根据河湖生态治理目标与指标,在水文情势、水环境、地貌多样性和生物多样性等方面进行水生态监测;对河湖水生态治理工程进行全过程管理、竣工后运行维护、制度机制、应急监控、科研与推广等多方面的能力建设 |

## 1.3.3　河湖水生态治理的原则

### 1.3.3.1　因地制宜、整体协调原则

综合考虑工程所在地水文、气候、气象、地质等自然地理条件,结合水生态治理区域地形地貌、土地利用、植被等现状,因地制宜,选择合理的生态修复与治理措施,充分发挥河流和湖泊生态系统在区域经济社会发展中的作用,使治理后的河流生态系统与周边区域发展的特点、沿线的整体风貌相协调统一。

### 1.3.3.2　生态性与自然性原则

尊重场地特征,充分利用现状滩地和鱼塘,在尽量维持河流自然形态的基础上,按照自然修复为主、人工修复为辅的思路,通过生态技术、环境技术和水利工程措施的有机结合,修复河流、湖泊和湿地功能,削减河湖入河污染负荷,保障和提升河道水质,尽量保留原有生物群落及其栖息地,实现河湖生态系统的可持续发展。

### 1.3.3.3　坚持以本土物种为主,避免生物入侵原则

植物配置要充分尊重当地的土壤、气候条件,本土物种具有适应性强、生态互补性强等优势,在河湖水生态修复与保护过程中应坚持以本土物种为主的原则,避免引进外来物种而造成区域性的生态系统紊乱。

### 1.3.3.4　运行管理简便,经济实用性原则

在确保达到河湖治理目标的前提下,合理统筹前期工程投资和后期运行管护费用,最大限度地降低治理成本,从而达到经济最小化的目标,实现经济、社会和环境等全方位可

持续发展。选择材料时本着易采购、易施工、易管护及造价低的原则,营造最佳的河湖生态景观效果。

### 1.3.4 河湖水生态治理的技术路线

以河流水生态治理为例,简述河湖水生态治理的技术路线:

首先,需要确定河流生态治理的总体战略目标,在治理工作开展的过程中,要能够优先恢复和保障河流生态系统的服务功能,同时还要能够兼顾河流生物多样性的恢复,从保障水安全和构建健康水生态系统两个方面提出河流生态治理的具体目标。

其次,在对河道特征、水文、地貌、地形、形态、地质、底质、地下水、生态环境、周边区域发展情况进行充分调研的基础上,对河道水安全、水资源、水环境、水生态等问题进行诊断识别,结合上位规划、河道周边发展需求、用地条件等综合确定河道总体治理方案。

再次,按照河湖水生态治理的原则,开展多种方案的优化比选,优先选择技术先进适用、生态改善效果好、工程管理经济方便、建设成本相对较低的方案。对于可借鉴经验较少的河道生态治理工程,实施前还应该进行必要的示范或者试验,根据示范和试验结果对方案进行调整和优化,保障工程建设后能够达到预期效果。

最后,在河道生态治理工程实施时,在加强施工现场的管理和监测,做好经验总结和资料留档保存工作,工程竣工后应建立日常运行维护的保障措施,针对所采用的工程措施提出具体维护及养护办法,持续进行后期的管护和保育等工作,确保生态保护与修复工程发挥最大效益。河流水生态治理总体技术路线见图 1.3-1。

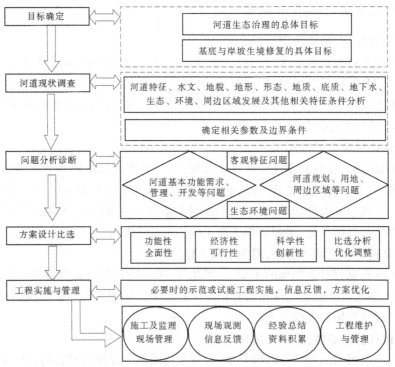

**图 1.3-1 河流水生态治理总体技术路线**

## 参考文献

[1] 中华人民共和国生态环境部. 2021 年生态环境状态公报[EB/OL]. (2022-05-26)[2022-05-26]. https://www.mee.gov.cn/hjzl/sthjzk/.

[2] 董哲仁. 论水生态系统五大生态要素特征[J]. 水利水电技术, 2015,46(6):42-47.

[3] 张金良. 黄河流域生态保护和高质量发展水战略思考[J]. 人民黄河,2020,42(4):1-6.

[4] 王健, 徐望朋, 马方凯, 等. 城市湖泊治理思考与建议[J]. 人民长江,2022,53(2):41-47.

[5] 孙晓玉. 水生态系统服务价值评价研究及其应用[D]. 武汉:湖北工业大学,2020.

[6] 张振兴.北方中小河流生态修复方法及案例研究[D].哈尔滨:东北师范大学,2012.

[7] 董哲仁.生态水利工程学[M].北京：中国水利水电出版社,2019.

# 第2章　河湖水生态调查评价

河湖生态修复治理规划或设计应收集、调查规划范围或工程范围内自然环境、社会经济、水文气象、水环境和水生态状况等方面的基础资料,相关规划或工程设计资料,同时应收集监测能力、监督管理、法律法规、政策文件等方面的资料。

现状调查内容应包括社会经济条件、人文景观、气候水文特征、地质土壤特征、河流地貌特征、水质、生物多样性、生物栖息地、相关工程设施等。每一调查种类又包括若干分项,生态现状调查需掌握的资料汇总见表2-1。表中所列各分项又分别发生在不同的尺度范围内,表中按照流域、河流、河段3种尺度划分并列出不同尺度对应的分项。

表 2-1　生态现状调查

| 类别 | | 尺度 | | |
| --- | --- | --- | --- | --- |
| | | 流域 | 河流廊道 | 河段 |
| 1 | 社会经济及历史文化背景 | 国内生产总值GDP、人均收入、土地利用方式变化、水资源和水电资源开发状况、自然保护区、自然遗产 | 自然景观、历史遗产、人文景观、重要湿地、人群健康状况 | 自然景观、历史文化遗产、人文景观、城市化进程、旅游休闲功能需求、宜居环境 |
| 2 | 气候、水文特征 | 多年平均降水量,多年平均气温,蒸发量,历史暴雨、洪水、风暴潮,年、季径流量,径流过程,地下水及与地表水的转化迁移 | 年、季径流量,径流过程,泥沙输移和淤积,地下水及与地表水的转化迁移,蒸散发 | 年、季径流量,径流过程,流速变化,水温,河道与河漫滩洪水脉冲过程,地表水和地下水的交换,蒸散发,空气湿润度,泥沙与营养物输移 |
| 3 | 地质、土壤特征 | 流域地区地质构造、土壤侵蚀和水土保持 | 地表及次表面岩石及其他表层含水层,河床侵蚀 | 土壤化学和物理特征、渗透性、有机物含量,土体稳定性,土壤微型动物 |
| 4 | 河流地貌特征 | 河流与湖泊连通性、水网连通性、河流纵向连续性、河流河势变化及稳定性 | 河流纵坡,河流蜿蜒性特征(振幅、长度、曲率半径),河流及湖泊水下地形,湖泊岸线,平均水深和最大水深 | 河道与河漫滩侧向连通性,河床材质透水性,河床横断面宽深比,急流与深潭比例,河漫滩地形,江心岛、城市水面面积比 |
| 5 | 水质 | 水质类别、水功能区水质达标状况 | 湖库富营养化指数、纳污性能 | 水质类别,污染源调查分析,污染控制 |

续表 2-1

| 类别 | | 尺度 | | |
| --- | --- | --- | --- | --- |
| | | 流域 | 河流廊道 | 河段 |
| 6 | 生物多样性 | 生态系统完整性和可持续性、物种完整性、遗传、土著物种状况 | 生物种群、物种多样性、珍稀鱼类生物存活状况、外来物种威胁程度、濒危物种风险 | 生物生产量、稳定性和繁殖活力、生物丰度、生产量、生长速率、寿命、繁殖活力、病害 |
| 7 | 生物栖息地 | 生态区划、自然保护区 | 鱼类栖息地状况、鱼类洄游通道、河漫滩植被覆盖度 | 水温,水坝下游水温恢复距离,地貌单元多样性 |
| 8 | 工程设施 | 大型枢纽工程、调水工程 | 水库,闸坝,堤防,治河、航运、灌溉工程 | 闸坝、堤防、供水和灌溉设施,旅游休闲设施,文化教育设施 |

应在生态现状调查基础上开展生态现状评价,分析存在的主要生态环境问题,识别主要生态胁迫因子,为编制规划方案或工程设计方案提供基础。生态现状调查可采取勘察、监测、现场调查、交流座谈和资料收集等多种手段相结合的方法,资料收集范围不应小于规划范围或工程治理范围,如资料缺乏,则应进行必要的现场调查和监测。

# 2.1　河湖水文情势调查评价

河湖水文情势应根据河湖生态系统类型、功能、保护对象和目标,按照不同地区类型建立评价指标体系进行分析评价。对于河流水文情势,建议采用流量过程变异程度、生态需水满足程度、水资源开发利用程度等指标进行分析评价;对于湖库水文情势,建议采用流量过程变异程度、最低生态水位满足程度、水资源开发利用程度等指标进行分析评价。

## 2.1.1　流量过程变异程度

流量过程变异程度为现状年规划河段内逐月实测径流量与天然径流量的平均偏离程度;入湖流量变异程度为现状年环湖主要入湖河流逐月实测径流量之和与天然径流量之和的平均偏离程度。反映评估河段监测断面以上流域水资源开发利用对评估河段河流水文情势的影响程度。对难以还原的湖库,可采用水位或水面面积变幅等相关指标计算。

流量过程变异程度可按照评估年或丰、平、枯三种水期进行评价,由评估水期实测月径流量与天然月径流量的平均偏离程度表达。计算公式如下:

$$\mathrm{FD} = \left\{ \sum_{m=1}^{n} \left( \frac{q_m - Q_m}{\overline{Q}_m} \right)^2 \right\}^{1/2}, \quad \overline{Q}_m = \frac{1}{n} \sum_{m=1}^{n} Q_m$$

式中:$q_m$ 为评估水期实测月径流量;$Q_m$ 为评估水期天然月径流量;$\overline{Q}_m$ 为评估水期天然月径流量平均值;$n$ 为不同水期的月数(如评估水期为评估年,$n$ 值取 12;枯水期为 11 月、12

月、1月、2月,则 $n$ 值取4)。天然径流量按照有关技术规范进行还原得到。

流量过程变异程度指标(FD)值越大,说明相对天然水文情势的河流水文情势变化越大,对河流生态的影响也越大。赋分标准根据全国重点水文站近3~5年(有条件的流域可适当延长系列)实测径流与天然径流计算获得。流量过程变异程度指标赋分见表2.1-1。

表 2.1-1    流量过程变异程度指标赋分

| FD | 0.05 | 0.1 | 0.3 | 1.5 | 3.5 | 5 |
|---|---|---|---|---|---|---|
| 赋分 | 100 | 75 | 50 | 25 | 10 | 0 |

### 2.1.2    最低生态水位满足程度

最低生态水位满足程度为湖泊实际运行水位满足最低生态水位的程度。生态水位是对湖泊湿地等缓慢或不流动水域生态需水的特定表达,分为最低生态水位和适宜生态水位。

最低生态水位是指维持湖泊湿地基本形态与基本生态功能的湖区最低水位,是保障湖泊湿地生态系统结构和功能的最低限值。湖泊湿地最低生态水位的计算可以采用频率分析法、湖泊形态法、生物空间最小需求法等;最低生态水位不能小于90%保证率最枯月平均水位。

适宜生态水位是指满足湖区和出湖下游敏感生态需水(与河流连通时)的水位及过程,是保障湖泊湿地生物多样性的基本限值。对闭口型湖泊,要考虑湖区生态需水,根据湖区水生生态保护目标要求,结合湖泊常水位和水面面积、湿地面积等,采用生物空间法等确定适宜水位及其过程。对吞吐型湖泊,除考虑湖区生态需水外,还需满足湖口下游敏感生态需水的湖泊下泄水量及过程,采用水文学法、生境模拟法等确定适宜水位及其过程。有需求和条件的地区,可以酌情研究确定湖泊湿地的最高水位限值。

### 2.1.3    水资源开发利用程度

水资源开发利用程度为流域内各类生产与生活用水及河道外生态用水的总量占流域内水资源量的比例关系。水资源开发利用程度评价建议参考《全国水资源保护规划技术大纲》。

水资源量的概念是传统的狭义水资源量,即降水所形成的地表和地下的产水量,是河川径流量与降水入渗补给量之和,计算可用地表水资源量与地下水资源量之和减去重复量得到。水资源总量的计算公式如下:

$$W_r = Q_s + P_r \quad \text{或} \quad W_r = W_S + W_G - D$$

式中:$W_r$ 为水资源总量;$Q_s$ 为河川径流量;$P_r$ 为降水入渗补给量;$W_S$ 为地表水资源量;$W_G$ 为地下水资源量;$D$ 为重复量。

各流域水资源量在全国水资源评价中都有明确的数值以备查用。了解水资源开发利用状况,要对流域内的各类生产、生活用水量做全面调查,扣除重复利用量,得到总的水资源开发利用量。

水资源开发利用率的计算公式如下:

$$C = W_u / W_r$$

式中:$C$ 为水资源开发利用率;$W_u$ 为水资源开发利用量,本书水资源开发利用量指毛利用量;$W_r$ 为水资源总量。

综合各类研究成果,目前国际上公认的外流河保障流域生态安全的水资源可开发利用率为 30%~50%,本次规划应根据各流域实际情况及水资源综合规划有关成果,初步确定各流域水资源生态安全可开发利用率 $C_0$。

水资源开发利用程度可用下式评价:

$$N = C / C_0$$

水资源开发利用程度指标评价标准见表 2.1-2。

表 2.1-2　水资源开发利用程度指标评价标准

| 指标名称 | 评价标准/% | | | | |
| --- | --- | --- | --- | --- | --- |
| | 优 | 良 | 中 | 差 | 劣 |
| 水资源开发利用程度 | <50 | 50~80 | 80~120 | 120~150 | >150 |

# 2.2　水环境质量调查评价

根据水功能区划要求,分析水体溶解氧、生物化学需氧量、总氮、总磷等指标,尤其是水体的可生化降解性、溶解氧、有毒有害物质种类及含量等。通过多种污染参数指标确定水体污染状况,分析水体污染物的类型与特征,并分析河流水流动力特征和规律,从而指导后续治理工作。

## 2.2.1　水环境质量评价

根据《地表水环境质量标准》(GB 3838—2002)、《地下水质量标准》(GB/T 14848—2017)等标准,对水质指标进行月际及年际的变化分析,掌握达标情况及变动规律,从而针对超标因子、超标时间情况进行后续治理措施。

## 2.2.2　湖库富营养化评价

自然界的湖泊随着自然环境条件的变迁,有其自身发生、发展、衰老和消亡的必然过程,由湖泊形成初始阶段的贫营养逐渐向富营养过渡,直至最后消亡。在自然状态下,湖泊的这种演变过程是极为缓慢的,往往需要几千年,甚至更长的时间才能完成。但在人类活动的影响下,这种演变过程大大加快,富营养化引起的环境问题日益严重。因此,有必要建立一种科学、统一的评价方法,以便加强对湖泊的管理,保护湖泊生态环境。湖泊富营养化评价,就是通过与湖泊营养状态有关的一系列指标及指标间的相互关系,对湖泊的营养状态做出准确的判断。目前,我国湖泊富营养化评价的基本方法主要有营养状态指数法[卡尔森营养状态指数(SI)、修正的营养状态指数、综合营养状态指数(TLI)]、营养度指数法和评分法。

国标法通常采用 TLI 法。计算式如下：

(1) TLI(chl) = 10(2.5+1.086lnchl)。

(2) TLI(TP) = 10(9.436+1.624lnTP)。

(3) TLI(TN) = 10(5.453+1.694lnTN)。

(4) TLI(SD) = 10(5.118−1.94lnSD)。

(5) TLI(COD) = 10(0.109+2.661lnCOD)。

评价指标如下：

(1) TLI(∑)<30,贫营养。

(2) 30≤TLI(∑)≤50,中营养。

(3) TLI(∑)>50,富营养:

①50<TLI(∑)≤60,轻度富营养；

②60<TLI(∑)≤70,中度富营养；

③TLI(∑)>70,重度富营养。

## 2.2.3　污染底泥状况调查评价

### 2.2.3.1　生态清淤控制深度确定原则

(1) 以清除表层污染严重的近代沉积物为主,重点清除表层流泥和黑臭淤泥。

(2) 清淤深度尽量考虑污染释放强度较高的区域,找到吸附–解吸平衡浓度大于上覆水相关浓度的底泥层。

(3) 清淤深度控制值的确定以清除内源污染为目标,同时兼顾生态修复基地条件需要与经济效益,尽量减少清淤厚度和工程量。

### 2.2.3.2　生态清淤控制深度确定方法

清淤深度控制值确定有沉积学法、拐点法、背景值法和分层释放速率法。

1. 沉积学法

主要是对采集的底泥柱状样品进行外观观察,进行分层,如色泽、土质颗粒粗细情况、流态等;再对分层样品进行目标污染物含量分析,比较各分层中污染物含量大小,定量判断清淤控制深度。根据污染程度,底泥从垂直方向上一般分为污染底泥层(A 层)、污染过渡层(B 层)和正常底泥层(C 层)。

污染底泥层(A 层):污染最为严重的一层。一般情况下,在有机质及营养盐严重污染地区,该层颜色为黑色至深黑色,其上部呈稀浆状,下部呈流塑状,有臭味。该层沉积年代新,为近年来人类活动的产物,是湖泊内源污染物的主要蓄积库。

污染过渡层(B 层):污染较轻的一层。正常湖泥层到污染底泥层的渐变层,一般情况下,在有机质及营养盐污染地区,该层颜色多为灰黑色,软塑–塑状,较 A 层密实。

正常底泥层(C 层):未被污染的底泥层。其颜色保持未被污染的当地土质正常颜色,一般无异味,质地较密实。

2. 拐点法

受人为活动影响的水体通常有上层沉积物中污染物含量高于下层的特征,该法通过对底泥中污染物的分析,根据主要污染物含量在垂直向下过程中出现明显减小或转折的变化,将其上部泥层确定为受到污染的地层、下部认为是稳定层或者历史沉积层(通常进入该层大多数物质的含量变动较小)。将该转折点处与到达底泥界面的垂直距离界定为污染底泥深度。

**3. 背景值法**

考虑将未受污染的底泥(通常深度大于 30 cm 以上)作为参照,采用累计概率统计分析方法,将底泥中污染物含量进行比较,进而确定底泥受污染深度。

**4. 分层释放速率法**

分层释放速率法主要考虑应用受高营养盐污染的底泥环保清淤深度控制值确定。首先考虑污染物在清淤后新生表层泥-水界面的行为,借用污染物在界面交换的定量参数(迁移速率),来确定清淤深度。因该种方法虽科学但试验结果差异性很大,工程应用难。

#### 2.2.3.3　生态清淤工程量的计算

河道及沟渠等线性工程宜采用断面面积法或平均水深法进行计算。湖泊等宜采用网格法进行计算。具体计算方法可参照《疏浚与吹填工程设计规范》(JTS 181—5—2012)的相关规定。

## 2.3　地貌形态调查评价

### 2.3.1　河道演变评价分析

河道演变是指河道在自然情况下或者在受人工建筑物干扰时所发生的变化。这种变化是水流和河床以泥沙为介质相互作用的结果。河道发生变化的根本原因是输沙的不平衡。在任何一个河段内,或者在河段的任何一个局部地区内,在一定的水流条件下,水流具有一定的挟沙能力。如果来沙量与挟沙力相适应,则水流处于输沙平衡状态,河床既不冲刷,亦不淤积。如果来沙量与挟沙力不相适应,则水流处于输沙不平衡状态,河床将发生相应的冲淤变化。当来沙量大于水流挟沙力时,过多的泥沙将逐渐沉积下来,使河床淤高;当来沙量小于水流挟沙力时,不足的泥沙将逐渐自河底得到补充,使河床冲深。考察任意一条河流的某一特定区域 $BL$($B$、$L$ 分别为河宽、河长),当进出这一特定区域的沙量 $G_0$、$G_t$ 不等时,河床就会发生冲淤变形,则

$$G_t \Delta t - G_0 \Delta t = \rho' BL \Delta y_0$$

式中:$G_0$、$G_t$ 分别为流入及流出该区域的输沙率;$\Delta y_0$ 为在 $\Delta t$ 时段内的冲淤厚度;$\rho'$ 为淤积物的干密度。

影响河床演变的主要因素可概括为:河段上游来水量及其变化过程;河段上游来沙量、来沙组成及其变化过程;河段出口处的侵蚀基点高程及河床周界条件等。河道演变分析一般从河道水沙特性、平面变化、纵向变化、横向变化及地质条件变化等方面开展。其中,水沙特性分析主要通过河段来水来沙资料进行,利用地形观测等资料可分析河道平面、纵向及横向变化,地质条件的变化则通过历年地质资料开展。运用河流模拟的基本理论可对河床演变进行预测,在研究的河段资料不完备的条件下可采用对条件相类似的河

段进行类比分析。

河道演变分析流程见图2.3-1。

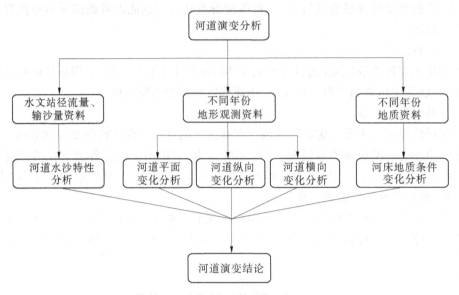

**图 2.3-1　河道演变分析流程**

### 2.3.1.1　河段来水来沙资料分析

河道水、沙变化情况是影响河道演变的一项重要因素,因此通过对河道内水、沙的变化情况,可以找出河道演变的规律及演变的原因。

根据多年平均径流量、多年平均输沙量资料,确定要分析的年份属什么类型的典型年,若为丰水枯沙年,则有利于河道冲刷;若为枯水丰沙年,则有利于淤积;若为中水中沙年,河道可能会处于冲淤平衡状态。进一步划分又可分为丰水丰沙年、丰水中沙年、中水丰沙年、中水枯沙年、枯水枯沙年等。不同的水沙典型,河道演变的方向、演变的幅度会有显著差异。

若需要进一步分析河床演变的细节,则需仔细分析水沙过程的年内变化情况,特别是研究浅滩河段年内冲淤变化规律时,涨水时间和退水时间的长短、沙峰和洪峰孰先孰后、洪峰与沙峰的峰型及峰量等,往往关系到浅滩河段年内冲淤变化及碍航情况。

### 2.3.1.2　对河道地形观测资料的整理分析

1. 河道平面变化

将不同年份河道水边线、主流线的平面布置以相同比例描绘至同一幅图上,通过水边线的变化得出河床平面变迁、洲滩分布变化、河道走向等,同时根据水边线的交织情况可得出河道冲刷区和淤积区,从而分析各河段冲淤趋势。

河道主流线为河槽各断面水流流速最大处的连线,与河床稳定性直接相关,并且是水流流场的主要特征之一。流场分析是对河流生物栖息地适宜性特征进行分析的重要方面。通过河道主流线的平面变迁可得出河床稳定性和流场变化情况。

2. 河道纵向演变及冲淤量估算

(1)河段历年实测的深泓线(或河床平均高程线)绘制在同一幅图上,通过分析对照,即可看出该河段沿深泓线(或沿几何轴线)的纵向冲淤变化。

(2)点绘水位-流量关系图(见图 2.3-2),可以间接判断河床的冲淤情况,并据此分析河段冲淤发展趋势。

(3)根据历年水位、流量实测资料,可绘制同流量下的水位过程线(见图 2.3-3),用以分析河段年际冲淤变化。

(4)当河道上设有多处水文站,并有历年实测悬移质输沙率资料时,可以根据输沙平衡原理,计算某时段内上、下水文站输沙量之差,据此可判断该时段内河床的冲淤变化及其冲淤量。

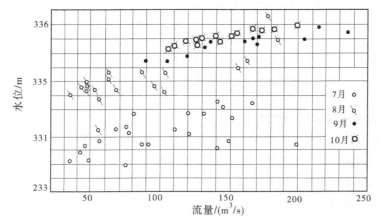

图 2.3-2　水位-流量关系示例

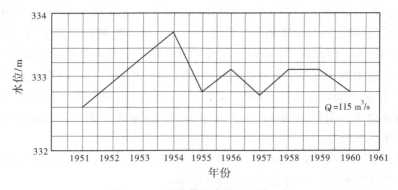

图 2.3-3　同流量下水位过程线示例

**3. 河道断面冲淤计算**

当河段内有若干次实测大断面成果时,则可进行河道断面的冲淤计算,具体做法如下:

(1)每个断面选择一个定常的、比较高的控制高程作为断面冲淤计算的基准面。

(2)分别计算各断面历次实测控制基准面以下的断面面积。

(3)计算各断面相邻两个测次的断面面积之差,并根据上、下相邻两个断面的间距,计算其间的冲淤量。

（4）根据计算所得冲淤量，绘制沿程冲淤变化图（见图 2.3-4）。

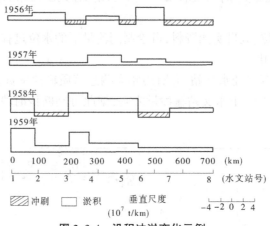

图 2.3-4　沿程冲淤变化示例

### 2.3.1.3　对河床地质资料的整理分析

河床地质条件是影响河床演变的重要因素之一，河床的地质资料是进行河道演变分析的一项重要数据。当河床由易冲刷的松散沙质组成时，河床的变化将较急剧，河床将不稳定；当河床由不易冲刷、结构紧密的土质组成时，河床演变的过程将较缓慢，河床将比较稳定；如果河床的地质组成极为复杂，则河床演变的过程也将很复杂。

## 2.3.2　河流纵向连通性评价分析

河流纵向连通性是指生物、物质、能量在河流纵向上运移的通畅程度。纵向连通性不仅包括水流的连续性，还包括生物学过程的连续性。河流纵向连通性受到连通河段长度和阻隔程度的影响。河流连通阻隔状况主要调查评估河流对鱼类等生物物种迁徙及水流与营养物质传递阻断状况。重点调查监测断面以下至河口（干流、湖泊、海洋等）河段的闸坝阻隔特征，闸坝阻隔分为四类情况：完全阻隔（断流）、严重阻隔（无鱼道、下泄流量不满足生态基流要求）、阻隔（无鱼道、下泄流量满足生态基流要求）、轻度阻隔（有鱼道、下泄流量满足生态基流要求）。

对评估断面下游河段每个闸坝按照阻隔分类分别赋分，然后取所有闸坝的最小赋分，按照下式计算评估断面以下河流纵向连续性赋分：

$$RCr = 100 + Min\left[ (DAMr)_i, (GATEr)_j \right]$$

式中：RCr 为河流连通阻隔状况赋分；$(DAMr)_i$ 为评估断面下游河段大坝阻隔赋分（$i = 1, \cdots, N_{Dam}$，$N_{Dam}$ 为下游大坝座数）；$(GATEr)_j$ 为评估断面下游河段水闸阻隔赋分（$j = 1, \cdots, N_{Gate}$，$N_{Gate}$ 为下游水闸座数）。

闸坝阻隔赋分见表 2.3-1。

## 2.3.3　河湖岸坡稳定性调查评价

河湖岸坡稳定性是指河湖岸坡无明显冲刷侵蚀或少量区域存在冲刷侵蚀现象（岸边

坡度小于 1/3),反映河湖岸坡受到水流冲刷后维持河岸自身稳定的性能。

表 2.3-1　闸坝阻隔赋分

| 鱼类迁移阻隔特征 | 水量及物质流通阻碍特征 | 赋分 |
|---|---|---|
| 无阻隔 | 对径流没有调节作用 | 0 |
| 有鱼道,且正常运行 | 对径流有调节作用,下泄流量满足生态基流 | −25 |
| 无鱼道,对鱼类迁移有阻隔作用 | 对径流有调节作用,下泄流量不满足生态基流 | −75 |
| 迁移通道完全阻隔 | 部分时间断流 | −100 |

河湖岸坡失稳的动力因素包括 2 类:①河岸冲刷,指近岸水流对河岸坡脚的泥沙颗粒或团粒冲蚀;②河岸坍塌,指水面以上岸坡的土块在内外各种因素的作用下失稳乃至发生坍塌。

河湖岸坡稳定性指标根据河湖岸坡侵蚀现状(包括已经发生的或潜在发生的河岸侵蚀)评估。河湖岸坡易于侵蚀可表现为河岸缺乏植被覆盖、树根暴露、土壤暴露、河岸水力冲刷、坍塌裂隙发育等。河湖岸坡稳定性评估要素包括岸坡倾角,河湖岸坡高度,基质特征,岸、坡植被覆盖度和坡脚冲刷强度。

指标表达式如下:

$$BKSr = \frac{SAr + SCr + SHr + SMr + STr}{5}$$

式中:BKSr 为岸坡稳定性指标赋分;SAr 为岸坡倾角分值;SCr 为岸坡植被覆盖度分值;SHr 为岸坡高度分值;SMr 为河湖岸坡基质分值;STr 为坡脚冲刷强度分值。

河湖岸坡稳定性评估分指标赋分标准见表 2.3-2。

表 2.3-2　河湖岸坡稳定性评估分指标赋分标准

| 岸坡特征 | 稳定 | 基本稳定 | 次不稳定 | 不稳定 |
|---|---|---|---|---|
| 分值 | 90 | 75 | 25 | 0 |
| 岸坡倾角</(°) | 15 | 30 | 45 | 60 |
| 植被覆盖度>/% | 75 | 50 | 25 | 0 |
| 岸坡高度</m | 1 | 2 | 3 | 5 |
| 基质(类别) | 基岩 | | | |
| 河岸冲刷状况 | 无冲刷迹象 | 轻度冲刷 | 中度冲刷 | 重度冲刷 |
| 总体特征描述 | 近期内河岸不会发生变形和破坏,无水土流失现象 | 河岸结构有松动发育迹象,有水土流失迹象,但近期不会发生变形和破坏 | 河岸松动裂痕发育趋势明显,一定条件下可以导致河岸变形和破坏,中度水土流失 | 河岸水土流失严重,随时可能发生大的变形和破坏,或已经发生破坏 |

### 2.3.4　河湖岸带植被状况评价分析

河湖岸带,即常水位以上到堤顶或背水坡植被边缘之间的部分。河湖岸带在地理空间上是典型的三维结构边缘交界区。在纵向上,多个功能区蜿蜒交错;在垂向上,地表水与地下水相互交换;在横向上,地表水系统与陆地系统交汇。复杂多层次的河岸植被是河岸带结构和功能处于良好状态的重要表征。植被相对良好的河岸带对河流邻近陆地给予的河流胁迫压力具有较好的缓冲作用。河岸带水边线以上范围内乔木、灌木和草本植物的覆盖度是评估重点。一般采用河湖岸带植被覆盖度指标评价河湖岸带植被状况。

植被覆盖度是指植被(包括叶、茎、枝)在单位面积内植被的垂直投影面积所占百分比。分别调查计算乔木、灌木及草本植物的覆盖度,采用2种方法赋分评估。

#### 2.3.4.1　参考点比对赋分方法

对比计算评估河段乔木、灌木及草本植物的覆盖度变异状况:

$$TCC = \frac{TC - TCr}{TCr}, SCC = \frac{SC - SCr}{SCr}, HCC = \frac{HC - HCr}{HCr}$$

式中:TCC、SCC、HCC分别为乔木、灌木及草本植物的覆盖度变化百分比;TC、SC、HC分别为评估河段乔木、灌木及草本植物的覆盖度;TCr、SCr、HCr分别为评估河段所在生态分区参考点的乔木、灌木及草本植物的覆盖度。

基于乔木、灌木及草本植物的覆盖度变化状况计算各自赋分值,最后根据下列公式计算河岸植被覆盖度指标赋分值。

$$RVSr = \frac{TCr + SCr + HCr}{3}$$

#### 2.3.4.2　直接评判法

对比植被覆盖度评估标准,分别对乔木、灌木及草本植物的覆盖度进行赋分,并根据上文公式计算河岸植被覆盖度指标赋分值。

指标赋分:参考点比对赋分方法,不同生态分区的河岸植被覆盖度差异较大,因此需要根据所在生态分区的参考点系调查数据合理确定本评估河段的评估标准,在确定参考状态之后,根据表2.3-3进行乔木、灌木及草本植物的覆盖度赋分。

表 2.3-3　基于参考系标准的河岸植被覆盖度指标赋分标准

| 乔木覆盖度变异状况 | 灌木覆盖度变异状况 | 草本植被覆盖度变异状况 | 赋分 | 说明 |
|---|---|---|---|---|
| (TC-TCr)/TCr(<) | (SC-SCr)/SCr(<) | (HC-HCr)/HCr(<) | | |
| 5% | 5% | 5% | 100 | 接近参考点状况 |
| 10% | 10% | 10% | 75 | 与参考点状况有较小差异 |
| 25% | 25% | 25% | 50 | 与参考点状况有中度差异 |
| 50% | 50% | 50% | 25 | 与参考点状况有较大差异 |
| 75% | 75% | 75% | 0 | 与参考点状况有显著差异 |

表 2.3-3 中,TC、SC 和 HC 分别为评估河段乔木、灌木及草本植物的覆盖度,TCr、SCr 和 HCr 分别为评估河段所在生态分区参考点的乔木、灌木及草本植物的覆盖度。

直接评估赋分方法:乔木、灌木及草本植物的覆盖度赋分标准如表 2.3-4 所示。

**表 2.3-4 河岸植被覆盖度指标直接评估赋分标准**

| 植被覆盖度(乔木、灌木、草本) | 说明 | 赋分 |
|---|---|---|
| 0 | 无该类植被 | 0 |
| 0~10% | 植被稀疏 | 25 |
| 10%~40% | 中度覆盖 | 50 |
| 40%~75% | 重度覆盖 | 75 |
| >75% | 极重度覆盖 | 100 |

## 2.3.5 湖泊萎缩演变评价分析

随着人类社会的发展,人类活动对湖泊的干扰不断加深,加之区域自然态环境变化的影响,湖泊的数量、面积、水质及流域生态环境等都发生了较为显著的变化。湖泊萎缩演变评价是衡量湖泊演变过程的重要方面,可采用动态变化率指标进行评价。

针对单个湖泊萎缩演变分析,其动态变化率 $K$ 是指一定时间范围内湖泊水域面积的变化,应用湖泊动态变化率分析湖泊的时空变化,可以真实反映区域湖泊水域面积变化的剧烈程度,其表达式为

$$K = \frac{S_b - S_a}{S_a} \times \frac{1}{T} \times 100\%$$

式中:$K$ 为某研究时段内湖泊动态变化率;$S_a$、$S_b$ 分别为研究时段初及研究时段末的湖泊水域面积;$T$ 为研究时段长,当 $T$ 的时段设定为年时,$K$ 值表示该研究区湖泊水域面积的年变化率。

当 $T$ 值为 1 时,$K$ 值则是 $a-b$ 时段内研究区湖泊水域面积的动态变化率。$K$ 值为正,表示湖泊水域面积增加;$K$ 值为负,则表示湖泊水域面积减少;$K$ 值的绝对值越大,表示湖泊水域面积变化越剧烈。

湖泊水域遥感提取:多时相遥感数据是实现湖泊动态变化监测的重要数据源,在可见光和近红外波段内,水体和其背景地物的光谱反射差异是遥感水体信息提取的基本依据。目前,国内外常用的湖泊信息提取方法主要有目视解译法和计算机自动提取法,计算机自动提取法主要又包括监督/非监督分类法、谱间关系法、光谱混合分析法、色度判别法等。一般在提取湖泊面积数量较少的情况下可直接采取目视解译法,大范围、数量较多的湖泊信息提取还是以计算机自动提取为主,再运用目视解译法对计算机自动提取湖泊的结果进行检验、修正和补充,确保湖泊提取的精确性和完整性。

# 2.4　生物状况调查评价

根据《全国生物物种资源调查技术规定(试行)》《生物多样性调查与评价》《自然保护区生物多样性监测技术规范》等标准及规范,调查区域动、植物物种资源的种类、分布、数量、受威胁因素等,客观反映动、植物物种资源数量、利用和保护现状,分析与评价动、植物物种资源的数量消减动态及原因,提出动、植物物种资源利用与保护建议。

## 2.4.1　生物多样性调查方法

### 2.4.1.1　文献资料收集

收集当地环境、林业、农业、自然资源主管部门生物种类及分布相关资料;检索当地生物多样性文献。

### 2.4.1.2　实地调查采样

现有资料欠缺,不足以支撑生物多样性评价的,需进行实地调查采样。调查方法参照生态环境、林业及农业主管部门或行业协会发布的相关标准及规范。选取有代表性的区域进行样点布设或样方划定,并按规范记录或采样。

### 2.4.1.3　鉴别与数据分析

样品鉴定需由专业人员根据"动物志""植物志"中的描述进行物种鉴定。物种情况明确后,可选取合适的生物多样性指标对丰富度、均匀度、稀有性及受威胁程度等方面进行评价。

## 2.4.2　生物多样性指标选取

从物种多样性、群落多样性及生态系统多样性不同尺度,从丰富度、均匀度、独特性、胁迫性多维度分析工程区域内生物多样性现状。丰富度可采用物种数、格莱森(Gleason)指数;均匀度可采用香农-威纳(Shannon-wiener)多样性指数和 Pielou 均匀度指数。

(1)格莱森(Gleason)指数:

$$D = \frac{S}{\ln A}$$

式中:$A$ 为调查的总面积;$S$ 为群落中的物种总数目。

(2)香农-威纳(Shannon-wiener)多样性指数:

$$H' = - \sum P_i \ln P_i$$

式中:$P_i = \dfrac{N_i}{N}$;$N$ 为总物种数;$N_i$ 为 $i$ 物种的数量。

(3)Pielou 均匀度指数:

$$E = \frac{H}{H_{\max}}$$

式中:$H$ 为实际观察的物种多样性指数;$H_{\max}$ 为最大的物种多样性指数,$H_{\max} = \ln S$($S$ 为群落中的总物种数)。

（4）区域生物多样性综合指数。是由野生维管束植物数、野生动物数、生态系统类型数、外来物种入侵度、物种特有性、受威胁物种丰富度六个参数归一化,加权计算得出的。其将生物多样性分为高、中、一般和低四级。计算公式如下:

①外来物种入侵度:

$$EI = \frac{N_I}{N_v + N_p}$$

式中:$N_I$ 为区域内外来物种数;$N_v$ 为区域内野生动物总数;$N_p$ 为区域内维管束植物总数。

②物种特有性:

$$ED = (NEV/635 + NEP/3\ 662)/2$$

式中:NEV 为区域内中国特有野生动物总数;NEP 为区域内中国特有维管束植物总数。

③受威胁物种丰富度:

$$RT = (NTV/635 + NTP/3\ 662)/2$$

其中:NTV 为区域内受威胁野生动物总数;NTP 为区域内受威胁维管束植物总数。

④区域生物多样性综合指数:

$$BI = RV' \times 0.2 + RP' \times 0.2 + D'E \times 0.2 + (100 - EI') \times 0.1 + ED' \times 0.2 + RT' \times 0.1$$

式中:RV' 为归一化后的动物数;RP' 为归一化后的植物数;D'E 为归一化后的生态系统数;EI' 为归一化后的外来物种入侵度;ED' 为归一化后的物种特有性;RT' 为归一化后的受威胁物种丰富度。

生物多样性考虑野生维管束植物(包含种子植物、被子植物及蕨类植物)、哺乳动物、鸟纲、爬行纲、两栖纲和硬、软骨鱼纲及节肢动物门的昆虫纲、底栖动物(甲壳亚门)、其他甲壳亚门(虾、枝角类、桡足类)、螯肢亚门、多足亚门及蛛形纲等动物。

# 2.5　社会经济与文化景观调查评价

## 2.5.1　防洪(排涝)调查评价

防洪指标适用于有防洪需求的河流,无此功能要求的河流可以不予评估。

河流防洪指标用于评估河道的安全泄洪能力。影响河流安全泄洪能力的因素较多,其中的防洪工程措施和非工程措施的完善率是重要方面。此处重点评估工程措施的完善程度。河段的防洪标准按照《防洪标准》(GB 50201—2014)的要求确定。河流防洪指标(FLD)计算公式如下:

$$FLD = \frac{\sum_{n=1}^{NS} (RIVL_n \times RIVWF_n \times RIVB_n)}{\sum_{n=1}^{NS} (RIVL_n \times RIVWF_n)}$$

式中:FLD 为河流防洪指标;$RIVL_n$ 为河段 $n$ 的长度,评估河流根据防洪规划划分的河段数量;$RIVB_n$ 根据河段防洪工程是否满足规划要求进行赋值,达标时 $RIVB_n = 1$,不达标时 $RIVB_n = 0$;$RIVWF_n$ 为河段规划防洪标准重现期(如 100 年)。

防洪指标赋分标准见表 2.5-1。

表 2.5-1　防洪指标赋分标准

| 赋分 | 100 | 75 | 50 | 25 | 0 |
|---|---|---|---|---|---|
| 防洪指标（FLD） | 95% | 90% | 85% | 70% | 50% |

具有排涝功能的河流评价方法可参考防洪指标评价。

### 2.5.2　灌溉供水调查评价

河流灌溉供水功能通常用水资源开发利用率指标评价。水资源开发利用率是指评估河流流域内供水量占流域水资源量的百分比。水资源开发利用率表达了流域经济社会活动对水量的影响，反映了流域的开发程度，以及经济社会发展与生态环境保护之间的协调性。有关水资源总量及开发利用量的调查统计遵循水资源调查评估的相关技术标准。水资源开发利用率的计算公式如下：

$$WRU = WU/WR$$

式中：WRU 为评估河流流域水资源开发利用率；WU 为评估河流流域水资源开发利用量；WR 为评估河流流域水资源总量。

指标赋分：国际上公认的水资源开发利用率合理限度为 30%~40%，即使是充分利用雨洪资源，开发程度也不应高于 60%。水资源的开发利用率合理限度确定的依据应该按照人水和谐的理念，既可以支持经济社会合理的用水需求，又不对水资源的可持续利用及河流生态造成重大影响，基于此提出的水资源开发利用率指标赋分模型呈抛物线，在 30%~40% 为最高赋分区，过高（超过 60%）和过低（0）开发利用率均赋分为 0（见图 2.5-1）。概念模型公式为

$$WRUr = a \times (WRU)^2 + b \times (WRU)$$

式中：WRUr 为水资源利用率指标赋分；WRU 为评估河段水资源利用率；$a$、$b$ 为系数，$a = 1\,111.11$，$b = 666.67$。

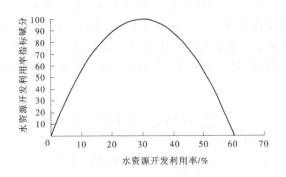

图 2.5-1　评估河段水资源开发利用率指标赋分概念模型

　　概念模型仅适用于水资源供水需求量与可供水量之间存在矛盾的河流流域,不适用于无水资源开发利用需求的评估河段,或水资源供水需求量远低于可利用量的河段。对于这些评估河段,可以根据实际情况对水资源开发利用率指标进行赋分,如果供水量占水资源总量的比例低于 10%,且已经满足流域经济社会的用水需求,则可以赋 100 分。

## 2.5.3　人文景观调查评价

### 2.5.3.1　人文景观调查

　　人文景观,又称文化景观,是自然与人类创造力的共同结晶,反映区域独特的文化内涵,最主要体现在其场地范围内人文景源、社会景源、综合景源等人文景观资源。尤其是涉水人文景观,是以展示和宣扬与水相关的文化、历史、建筑、艺术、风俗、语言、宗教、科技等,具有一定历史性、文化性,一定的实物和精神等表现形式的旅游吸引物。从整体涉水产业的开发角度来看,是指一定区域内承载着水文化思想和内涵的水工程、水文明、水哲学、水艺术、水风俗、水景观等具有一定历史文化价值的资源。

　　在对人文景观尤其是涉水人文景观进行调查时,应根据表 2.5-2 综合考虑。

表 2.5-2　人文景观调查细类分类

| 大类 | 中类 | 小类 |
|------|------|------|
| 自然景源 | 天景 | 1. 日月星光(旭日夕阳、月色星光、日月光影、水照云光、白夜、极光) |
| | | 2. 虹霞蜃楼(虹霓、宝光、露水佛光、日华、月华、朝霞、晚霞、冰湖蜃景) |
| | | 3. 风雨晴阴(风色、雨情、陆风、山谷、干热风、峡谷风、冰川风) |
| | | 4. 气候景象(四季常青、干旱草原景观、干旱荒漠景观、垂直带景、观潮、台风、避寒避暑) |
| | | 5. 自然声像(风声、雨声、水声、雷声、涛声、鸟语、蝉鸣、蛙叫) |
| | | 6. 云雾景观(云海、瀑布云、玉带云、形象云、彩云、低云、中云、流雾、山岚、彩雾) |
| | | 7. 冰雪霜露(冰雹、冰流、冰凌、雾凇、降雪、冰雕雪塑) |
| | | 8. 其他天景(晨景、暮景、夜景、海光海火) |
| | 地景 | 1. 峡谷(峡、沟、谷、川、关、壁、石窟、一线天、谷盆) |
| | | 2. 洞府(穿洞、群洞、水洞、水帘洞、乳石洞、人工洞) |
| | | 3. 风蚀景观(海蚀景观、溶蚀景观、风蚀景观、丹霞景观、黄土景观、雅丹景观) |
| | | 4. 州岛屿礁(连岛、孤岛、群岛、半岛、三角洲、基岩岛、火山岛礁、珊瑚岛礁) |
| | | 5. 海岸景观(枝状海岸、躯干海岸、泥岸、沙岸、岩岸、珊瑚礁岸) |

续表 2.5-2

| 大类 | 中类 | 小类 |
|------|------|------|
| 自然景源 | 水景 | 1. 泉井(溢流泉、间歇泉、奇异泉井、海底泉、矿泉、温泉) |
| | | 2. 溪涧(泉溪、涧溪、沟溪、瀑布溪) |
| | | 3. 江河(河口、河网、平川、江峡河谷、江河之源、暗河、悬河、内陆河、顺直河、弯曲河、分汊河、游荡河、人工河) |
| | | 4. 湖泊(狭长湖、圆卵湖、枝状湖、弯曲湖、串湖、群湖、卫星湖、高原湖、天池、地下湖、堰塞湖、冰川湖、溶湖、风成湖、人工湖) |
| | | 5. 潭池(泉溪潭、江河潭、瀑布潭、岩溶潭、彩池) |
| | | 6. 沼泽滩涂(泥潭沼泽、潜育沼泽、苔草草甸沼泽、冻土沼泽、丛生蒿草沼泽、河湖漫滩、海滩、海涂) |
| | | 7. 冰雪冰川(冰山冰峰、大陆性冰川、海洋性冰川、冰河、雪山、雪原) |
| | 生境 | 森林、草地草原、珍稀生物、植物生态类群、动物群栖息地、苔原动物群、落叶林动物群、内陆水域动物群、海洋动物群、野生动物栖息地 |
| 人文景源 | 园景 | 1. 历史名园(皇家园林、寺庙园林、文人园林、名胜园) |
| | | 2. 现代公园(综合公园、社区公园、文化公园、海洋公园、森林公园、水上公园) |
| | | 3. 专类公园(游乐园、文化艺术景园、异域风光园、民俗游园、生活体验园、观光果园、劳作农园) |
| | 建筑 | 1. 文娱建筑(文化宫、博物馆、展览馆、天文馆、学府书院) |
| | | 2. 宗教建筑(坛、会址、庙宇、纪念堂馆、纪念碑柱、佛塔) |
| | | 3. 工程构筑物(水利工程、水电工程、海岸工程) |
| | 史迹 | 遗址遗迹、石窟、摩崖石刻、纪念地、科技工程、古墓群 |
| | 风物 | 节假庆典、民族民俗、宗教礼仪、神话传说、民间文艺、地方人物、地方物产 |
| 综合景源 | 游憩景地 | 水上运动区、冰雪运动区、沙草运动区 |
| | 娱乐景地 | 文教园区、科技园区、游乐园区、演艺园区、康体园区 |
| | 保健景地 | 度假景地、休养景地、疗养景地、福利景地、医疗景地 |
| | 城乡景观 | 田园风光、耕海牧渔、特色村街寨、古镇名城、特色街区 |

### 2.5.3.2 涉水人文景观的现状特点

涉水人文景观是水利文化旅游的核心要素,是水利文化宣扬、水利生态文化产业繁荣和发展的必要条件。一方面,水文化揭示了人类发展的历史进程;另一方面,水文化也是我国灿烂文化的重要组成,是治水先辈给我们留下的丰富的水文化遗产。现今,水文化旅游已经成为大部分地区经济发展的主导产业。丰富的水利文化旅游资源为发展水利文化旅游创造了有利的条件,但总体开发利用程度较低。

## 参考文献

[1] 牛翠娟,娄安如,孙儒泳,等.基础生态学[M].北京:高等教育出版社,2002.

[2] 孟伟,张远,渠晓东.河流生态调查技术方法[M].北京:科学出版社,2011.

[3] 国家环保总局《水和废水监测分析方法》编委会.水和废水监测分析方法[M].4版.北京:中国环境科学出版社,2002.

[4] 蔡庆华.水域生态系统观测规范[M].北京:中国环境科学出版社,2007.

[5] 中华人民共和国环境保护部.区域生物多样性评价标准:HJ 623—2011[S].北京:中国环境科学出版社,2011.

[6] 中华人民共和国水利部.河湖生态环境需水计算规范:SL/T 712—2021[S].北京:中国水利水电出版社,2021.

# 第 3 章　生态流量保障技术

为保障河流各项生态功能正常发挥,必须同时满足一定水深、流速、水质和水量条件。首先,生态基流避免断流,实现了河流从河源、上游、中游到下游的纵向连通,以及从地表水到地下水的垂向连通,使生态基流的其他功能可以正常发挥作用。其次,生态基流的自然功能中还应包含水文功能和地质功能。水文功能涵盖范围广,在河面蒸发和河流两岸植被蒸腾的作用下,河流中的水分不断蒸发,换化为水汽上升到高空,被气流带到其他地区;与此同时,河流上方的空气相对湿度较大,空气中的水汽易于饱和、凝结,以降水形式重新回到河流;随着水位变化,地表水与地下水相互转化,在这一过程中会产生生态环境效应。

此外,生态基流在流动过程中搬运、输送泥沙,防止淤积,维持河流的泄洪排沙能力及水沙动态平衡。生态基流在输水和输沙过程中,会产生生态环境效应,如为水生动物提供迁移和洄游的通道,为物种提供栖息地;收集、运送有机质和营养盐,为河流两岸的植被提供营养物质;分解废物,净化水质等。

因此,需要计算不同功能的生态需水量,最终选取外包值或叠加值,确定生态基流。在某一河段现状无法满足生态基流时,应考虑增加上游控制性工程的流量泄放或从其他河流调水。

## 3.1　生态流量计算

生态需水满足程度为河流断面实际下泄水量满足其最小生态流量的程度。生态需水满足程度评价需根据规划河湖生态需水特点,分别进行生态基流和敏感生态需水满足程度评价。

参考《水资源保护规划编制规程》(SL 613—2013)、《河湖生态环境需水计算规范》(SL/T 712—2021)、《全国水资源保护规划技术大纲》,计算方法如下。

### 3.1.1　一般生态基流计算

选取生态基流控制断面时,主要考虑下列几个方面:

(1)主要河流的重要控制断面。

(2)重要大中型水利枢纽的控制断面。

(3)重要水生生物栖息地及湿地等敏感水域控制断面。

(4)为便于监控,所选择的控制断面要尽可能与水文测站相一致。

在确定生态基流时,要满足以下基本要求:

(1)采用尽可能多的方法计算生态基流,并对比分析各计算结果,选择符合流域实际的方法和结果。

（2）对我国南方河流，生态基流一般采用不小于 90% 保证率最枯月平均流量和多年平均天然径流量的 10% 两者之间的大值，也可采用 Tennant 法取多年平均天然径流量的 10%~30% 或以上。对北方地区河流，生态基流分非汛期和汛期两个水期分别确定，一般情况下，非汛期不低于多年平均天然径流量的 10%；汛期可以按多年平均天然径流量的 20%~30% 计算；在冰冻期，如天然来水不足多年平均天然径流量的 10%，生态基流可以按天然来水下泄。对水资源开发利用程度较低的河流，可以考虑循序渐进开发控制的原则，选取适宜的生态基流。

生态基流计算方法见表 3.1-1。

表 3.1-1　生态基流计算方法

| 序号 | 方法 | 方法类别 | 生态基流 | 适用条件及特点 |
|---|---|---|---|---|
| 1 | Tennant | 水文学法 | 将多年平均天然径流量的 10%~30% 作为生态基流 | 适用于流量较大的河流；拥有长序列水文资料（宜 30 年以上）。方法简单快速 |
| 2 | 90% 保证率法 | 水文学法 | 90% 保证率最枯月平均流量 | 适合水资源量小，且开发利用程度已经较高的河流；应拥有长序列水文资料 |
| 3 | 近 10 年最枯月平均流量法 | 水文学法 | 近 10 年最枯月平均流量 | 与 90% 保证率法相同 |
| 4 | 流量历时曲线法 | 水文学法 | 利用历史流量资料构建各月流量历时曲线，以 90% 保证率对应流量作为生态基流 | 该法简单快速，同时考虑了各个月份流量的差异。应分析至少 20 年的日均流量资料 |
| 5 | 湿周法 | 水力学法 | 以湿周–流量关系图中的拐点确定生态流量；当拐点不明显时，以某个湿周率相应的流量，作为生态流量。湿周率为 50% 时对应的流量可作为生态基流 | 适合于宽浅矩形渠道和抛物线型断面且河床形状稳定的河道，直接体现河流湿地及河谷林草需水 |
| 6 | 7Q10 法（最小净化水量法） | 水文学法 | 90% 保证率最枯连续 7 d 的平均流量 | 水资源量小，且开发利用程度已经较高的河流；应拥有长序列水文资料 |

Tennant 法推荐流量见表 3.1-2。

表 3.1-2　Tennant 法推荐流量

| 栖息地等定性描述 | 推荐的基流标准(年平均流量百分数,%) | |
| --- | --- | --- |
| | 一般用水期<br>(10 月至翌年 3 月) | 鱼类产卵育幼期(4—9 月) |
| 最大 | 200 | 200 |
| 最佳流量 | 60~100 | 60~100 |
| 极好 | 40 | 60 |
| 非常好 | 30 | 50 |
| 好 | 20 | 40 |
| 开始退化的 | 10 | 30 |
| 差或最小 | 10 | 10 |
| 极差 | <10 | <10 |

## 3.1.2　敏感生态需水计算

### 3.1.2.1　生态敏感区

主要包括列入国家重要湿地名录的河流、湖泊或河口,列入《全国重要江河湖泊水功能区划》的重要敏感区水域,以及《全国主体功能区规划》中明确的国家级或省级自然保护区、国家级水产种质资源保护区等涉水的重要敏感区水域。

### 3.1.2.2　生态敏感期

生态敏感期是指维持生态系统结构和功能的水量敏感期,如果在该时期内,生态系统不能得到足够的水量,将严重影响生态系统的结构和功能。生态敏感期包括植物的水分临界期,水生动物繁殖、索饵、越冬期,水-盐平衡、水-沙平衡控制期等。

一般来说,Ⅰ类生态系统敏感生态需水为丰水期的洪水过程;Ⅱ类生态系统敏感生态需水以月均生态水量的形式给出;Ⅲ类生态系统敏感生态需水以年生态需水总量的形式给出;Ⅳ类生态系统敏感生态需水为重要水生生物繁殖、索饵、越冬期所需的流量过程。

不同生态敏感区的敏感期应按表 3.1-3 确定。

表 3.1-3　生态敏感区类型及其敏感期

| 生态敏感区类型 | 敏感期 |
| --- | --- |
| 河流湿地和河谷林草 | 丰水期 |
| 河流直接连通的湖泊 | 逐月 |
| 河口 | 全年 |
| 重要水生生物产卵场 | 繁殖期 |

### 3.1.2.3　敏感生态需水计算

在确定生态敏感区河敏感时期的基础上,开展河流湿地、河谷林草、湖泊、河口和重要水生生物需水等敏感生态需水计算。敏感生态需水计算公式见表 3.1-4。

1. 河流湿地及河谷林草生态需水量($W_W$)

河流湿地及河谷林草生态需水可用最小洪峰流量($q_w$)、丰水期天数($D$)、必需的总洪水历时($d$)表征。最小洪峰流量采用湿周法,采用湿周率为 100%时的流量;敏感时段的总天数为该流域的丰水期天数。计算采用公式 4。

2. 湖泊生态需水($W_L$)

湖泊生态需水指入湖生态需水量及过程,一般需要逐月计算。对吞吐型湖泊,湖泊生态需水量 $W_L$=湖区生态需水量+出湖生态需水量;对闭口型湖泊,湖泊生态需水量 $W_L$=湖区生态需水量。其中,出湖生态需水量是指用来满足湖口下游的敏感生态需水的湖泊下泄水量。

湖区生态需水量包含湖区生态蓄水变化量和湖区生态耗水量两个部分。前者采用最小生态水位法计算(见公式 2),后者采用水量平衡法计算(见公式 3),其中最小生态水位是湖泊能够维持基本生态功能的最低水位(见公式 1)。

3. 河口生态需水($W_M$)

现有的计算河口生态需水量的方法不统一,且比较复杂。推荐采用历史流量法,以干流 50%保证率水文条件下的年入海水量的 60%~80%作为河口生态需水量。北方缺水地区的河流入海口,特别是已经建闸的河口,可以适当减小比例。

4. 重要水生生物生态需水($W_B$)

推荐采用生境模拟法对重要水生生物的生态需水进行计算(见公式 5)。详细计算说明参见《水工程规划设计关键生态指标应用指导意见》。

5. 输沙需水量($W'$)

输沙需水量是指河道内处于冲淤平衡时的临界水量,计算方法见公式 6。

对于多沙河流,须根据规划不同水平年来水来沙状况和水工程运用不同阶段,确定可接受的冲淤比。

当规划范围内涉及两种以上生态敏感区时,应分别计算这些敏感区的敏感生态需水量及过程,再采用公式 7、公式 8 分别计算逐月敏感生态需水量和全年总敏感生态需水量,最后取各需水过程线的外包线确定总的生态需水量及过程。

## 3.1.3　生态需水满足程度评价

生态需水满足程度评价包括生态基流和敏感生态需水满足程度评价。生态基流满足程度可用年内河道实测月均流量和生态基流目标流量的比例来表征。敏感生态需水满足程度可用敏感期内实测日均流量或月径流量与生态需水量的比值表征。生态需水满足程度指标评价标准见表 3.1-5。

表 3.1-4　敏感生态需水计算公式

| 序号 | 表达式 | 说明 |
|---|---|---|
| 公式 1 | $Z_j = \mathrm{Min}(Z_{ij})$ | Min 为最小值函数;$Z_j$ 为 $j$ 月最低水位;$Z_{ij}$ 为水位数据序列中第 $i$ 年 $j$ 月天然月均水位 |
| 公式 2 | $W_{ja} = (Z_j - Z) \times S_j$ | $W_{ja}$ 为 $j$ 月湖区生态蓄水量;$Z_j$ 为维持 $j$ 月湖泊生态系统各组成分和满足湖泊主要生态环境功能的最小月均水位;$Z$ 为现状水位;$S_j$ 为 $j$ 月的水面面积 |
| 公式 3 | $W_{jb} = F(j)\left[\sum\limits_{j=1}^{n} E(j) - \sum\limits_{j=1}^{n} P(j) + \sum\limits_{j=1}^{n} KI\right]$ | $W_{jb}$ 为 $j$ 月湖区生态耗水量;$F(j)$ 为月均水面面积,$m^2$;$E(j)$ 为 $j$ 月湖面蒸散发量,$m^3$;$P(j)$ 为 $j$ 月湖面降水量,$m^3$;$K$ 为土壤渗透系数;$I$ 为湖泊渗流坡度 |
| 公式 4 | $W_W = (D - d) \times \mathrm{Max}(q_b, W') + d \times \mathrm{Max}(q_W, W')$ | $W_W$ 为敏感期河流湿地及河谷林草生态需水量;$q_W$ 为最小洪峰流量;$q_b$ 为生态基流;$D$ 为丰水期天数;$d$ 为必需的总洪水历时;$W'$ 为输沙需水量,$m^3$,在不考虑输沙水量的河流,此项为 0 |
| 公式 5 | $W_B = (D - d) \times \mathrm{Max}(q_b, W') + d \times \mathrm{Max}(q_a, W')$ | $W_B$ 为敏感期重要水生生物生态需水量;$q_a$ 为适宜生态流量;$q_b$ 为生态基流;$D$ 为丰水期天数;$d$ 为需要达到适宜生态流量的天数;$W'$ 为输沙需水量,$m^3$,在不考虑输沙水量的河流,此项为 0 |
| 公式 6 | $\dfrac{\Delta W_S}{W_S} = (W_{S进} - W_{S出}) \div W_{S进}$ $W' = Q \times D \times 86\,400$ | $W'$ 为输沙需水量,$m^3$;$W_S$ 为输沙量,亿 t;$Q$ 为流量,$m^3/s$;$D$ 为日数,d;$W_{S进}$ 为规划或工程影响范围上断面输沙量,t;$W_{S出}$ 为规划或工程影响范围下断面输沙量 |
| 公式 7 | $W_{总i} = \mathrm{Max}\left[(W_{Wi} - W_{CW}),\ (W_{Bi} - W_{CB}),\ (W_L - W_{CL})\right]$ | $W_{总i}$ 为第 $i$ 月规划或工程影响范围内总生态需水量;在 $q_W$ 和 $q_a$ 为 0 时,$W_{Wi}$ 和 $W_{Bi}$ 也为 0;$W_{CW}$、$W_{CB}$、$W_{CL}$ 为生态需水敏感区至其计算断面之间的区间汇流 |
| 公式 8 | $W_{总N} = \mathrm{Max}\left(\sum\limits_{i=1}^{12} W_{总i},\ W_M\right)$ | $W_{总N}$ 为第 $i$ 月规划或工程影响范围内全年总生态需水量;当影响范围内没有河口时,$W_M$ 为 0 |

表 3.1-5　生态需水满足程度指标评价标准

| 指标名称 | 评价标准/% | | | | |
|---|---|---|---|---|---|
| | 优 | 良 | 中 | 差 | 劣 |
| 生态需水满足程度 | 100 | 80~100 | 60~80 | 50~60 | <50 |

## 3.2　特殊情况下的生态流量泄放

按照引水式、堤坝式、混合式等不同开发类型,水电站生态泄流设施应确保安全可靠,从解决河道减水脱水问题出发,遵循技术合理、经济适用的原则进行选择,泄流装置应设置在坝址处或尽量靠近坝址的地方,其泄流能力应不小于核定的最小生态下泄流量。

（1）利用引水系统改造泄流。

①采用渠道引水的水电站,在渠道过坝后的适当位置开口修建侧堰或埋设放水管,向下游坝后河道泄放流量。

②采用隧洞引水的水电站,可利用原有的近坝施工支洞改造或新挖泄水洞,并安装放水管向下游河道泄放流量。

③技术经济可行的项目,可在放水管出口安装生态机组。

（2）利用泄洪闸小开度泄流。

对闸坝电站,可一孔或多孔闸门不完全关闭、控制一定开度向下游河道泄放流量。闸门泄流开度通过闸孔泄流公式计算确定后,可通过闸门行程控制器或在闸底板设置限位墩（水泥墩）等方式控制。

（3）利用溢洪道闸门改造泄流。

根据电站枢纽布置的实际情况,可对溢洪道工作闸门进行改造,设置门中门或舌瓣门,增设启闭设备,向下游泄放流量。

（4）利用大坝放空设施改造泄流。

对大坝原有的底孔设施（如导流底孔、排沙孔、水库放空孔、泄洪洞等）进行改造,增设闸控系统,调整调度运行方式,泄放生态流量。

（5）设置生态基荷或采用反调节调度泄流。

对堤坝式电站,通过机组发电放水能满足生态下泄流量的水电站,可不设置专用泄流设施,根据上游来水情况、调节库容和电站发电机组的特性,优化水库调度运行,保证电站至少有 1 台机组不间断运行,通过基荷或反调节调度泄放流量,并尽量减小下游河道流量日内变幅。

（6）安装生态机组。

在大机组之外安装单独设置的、长期正常运行的、承担生态下泄流量泄放任务的生态发电机组。

（7）利用机组旁通管改造泄流。

在机组进水控制阀旁通管上开孔引接放水管等,利用电站原有的引水设施改造后向下游泄放流量。

（8）增设大坝放水设施。

在坝区适当位置增设倒虹吸管、抽水系统、泄流通道等设施，不间断地从水库上游取水跃坝再泄入坝下游河道，满足生态流量要求。

### 3.2.1　水利水电工程施工中生态流量泄放措施

#### 3.2.1.1　分期围堰导流的水利水电工程

采用分期围堰导流的水利水电工程，在一期通过束窄的河床过流，在二期导流时一般通过一期工程修建的导流泄水建筑物过流，过流条件好、泄流量较大，在蓄水时段可以利用一期修建的泄水建筑物的控制闸门等控泄生态流量，故分期围堰导流的水利水电工程蓄水期的生态流量泄放，一般不需考虑专门的泄放设施即可满足要求。

#### 3.2.1.2　导流洞导流的水利水电工程

采用一次拦断河床，导流洞导流的水利水电工程，根据不同的工程特点，蓄水期常用的生态流量的泄放方案如下：

（1）对于土石坝等不便于在坝身开孔坝型的水利水电工程，在导流洞封堵后，可采用单独设置生态供水洞，或者通过改建导流洞，或者在导流洞封堵体上布置放水孔等措施泄放生态流量。

（2）对于混凝土重力坝、拱坝等坝型的水利水电工程，在导流中后期一般会通过坝身开孔来满足过流，在蓄水期间一般通过导流底孔等导流设施泄放生态流量。

对于大型水利水电工程，在导流洞下闸后，水位达到底孔水位前，有短暂的时期需考虑生态流量泄放。方式如下：

（1）常规生态补水措施：①通过导流洞底预埋的临时生态放水管向下游提供生态流量，之后，对临时生态流量放水管进行封堵。这种方法工程投资相对较省，能够满足泄放生态流量的要求，但这种放水措施一般应用于下泄生态流量较小的工程，且会对导流洞封堵工作产生一定的干扰。②采用泵站抽水跨过大坝泄放生态流量基本上可以适用于任何水利水电工程，技术可行、风险相对较小，但其设备投资和运行费用很高，也易受到扬程过高和流量过大等因素的限制。③当下闸期间所需生态流量较大时，结合工程实际情况，可采取在导流洞进口处布置旁通洞的措施向下游供水。旁通洞过流流量大，可满足下泄生态流量要求，同时旁通洞启闭机容量小，操作布置较为容易，技术相对可靠，风险相对较小。但旁通洞及其闸室结构复杂，与导流洞闸室及进口段结构存在施工干扰，且旁通洞过流流速大，出口处水流会对该段导流洞衬砌结构产生不利影响。

（2）特殊生态补水措施：①在导流洞下闸期间，结合工程特点，利用过水围堰，对下游过水围堰进行适当加高后，形成坝下、堰前生态蓄水池，在导流洞下闸至永久底孔泄放生态流量前，利用下游围堰预留的充水道作为泄水通道，将生态蓄水池存水下泄，保证下游的生态用水需要。②汛期下闸，利用下游支流及汇水解决生态流量问题。③导流洞平板闸门局部开启下泄生态流量，在导流洞开启的情况下蓄水。④一些梯级电站在导流洞下闸期间，可以通过对下游电站水库进行调节，使下游水库回水达到坝址下游，高于天然河道水位，不造成下游河道减水脱流，从而避免增加工程设施，不但节省了相关放水设施的投资,还简化了施工程序,缩短了工期。

## 3.2.2　下泄水中气体过饱和的防治

### 3.2.2.1　过饱和水体的形成

河道内水体溶解气体过饱和问题,最早于20世纪60年代在美国哥伦比亚河及斯奈克河上被发现并开始研究。在我国这个问题发现得比较晚,直至1982年,葛洲坝水利枢纽抬高水位泄流时,在枢纽下游附近捞起的鱼苗或幼鱼出现了气泡病症状,甚至一些鱼类由于气泡病而死亡。

1. 气体过饱和的因素

造成溶解气体过饱和现象的原因比较多,包括自然因素和人为因素。

自然因素有:①光合作用是导致池塘水体气体过饱和的主要原因,同时也发生在湖泊和江河中。白天阳光充足时,如水中水生植物数量过多,就发生强烈的光合作用,产生大量氧气,在静水压力下形成气体过饱和水体。②地下水往往压力较高,相应的气体溶解度较大,未经曝气的地下水含有大量的氮气,常处于过饱和状态。

人为因素有:①大坝建成后,在泄洪过程中,水与空气中的气体混合后一起释放到坝下的消力池中,在静水压力的作用下,空气溶解到水中,深水高压区的水体被带到下游浅水低压区,气体溶解度下降,溶解的气体来不及释放而形成气体过饱和。②大量热电厂和原子能发电厂的修建,从工厂排放出来的热水如进入小水面,使整个水层增温,进入大水面则形成一定范围的暖水区,使水体水温升高,气体溶解度下降,溶解的气体来不及释放而形成气体过饱和。

导致水中气体过饱和的原因还有很多,如瀑布、抽水系统、大气压力改变等。

2. 水利工程造成气体过饱和的关键因素

气体溶解并产生过饱和现象主要取决于温度、压力、掺混和足量的气体4个关键因素。这4个关键因素从一种状态转变到另一种状态,引起了溶解气体的溶解度变化,进而产生了过饱和现象。对水利工程而言,泄洪过程为这4个关键因素从一种状态进入另一种状态提供了物理基础。

(1)温度。坝上水库水温分层,水库水温最高应与下游水温相等,泄流时如果下泄的是低温水,那么气体溶解度较高,在泄流过程中会溶解较多的气体,在下游河道输移过程中,随着水温的升高,这些溶解气体的水会有成为过饱和水的趋势。

(2)压力。水库下泄水体挟带气体进入下游消力池,消力池的设计是以冲刷安全为目标,具有足够的深度,只要水体能将气泡带入,下泄水体中挟带的气泡将承受相应的压力,进而增大气体溶解度,因此泄流过程提供了足够的压力。

(3)掺混。泄洪消能过程就是利用水气的掺混过程耗散水体的能量,因此消力池或水垫塘内掺混非常剧烈,为饱和水体的扩散提供了足够的速度。掺混过程将气泡冲散为更小的气泡,也为气相与水相的交换提供了更大的表面积,使溶解过程获得更快的速度。

(4)足量的气体。水库下泄过程如果是挑流消能,那么挑流水舌将挟带大量的空气进入水垫塘,为溶解提供了足够的溶质;如果水库下泄采用的是其他消能形式,将有助于减少气体的掺入。

温度、压力、掺混程度、足量的气体取决于泄水建筑物的形式和运行方式,因此水利工程的泄水建筑构成直接影响了其下游水体中溶解气体的过饱和状态。

下游河道中的溶解气体过饱和事实上是两个过程:第一个过程是库中水体下泄在消力池中形成过饱和水,即产生过程;第二个过程是过饱和水体离开消力池向下游输移,过饱和状态向饱和状态转变,即输移逸出过程。

### 3.2.2.2 溶解气体过饱和对鱼类的影响

水中溶解气体,尤其是溶解氧的增加对水质的改善具有积极作用,但是含有过饱和空气的水体会造成鱼类的气泡病,导致鱼类损伤或死亡。

造成水中溶解气体过饱和导致鱼类发生气泡病的因素主要有:①地下水未经曝气常含有饱和的氮气;②浮游植物过多,在强光和高温条件下藻类光合作用旺盛可引起水中溶解氧过饱和;③水温增加,如工厂废热水、大棚温室效应及鱼类从低温水游至高温水等情况;④溢洪道放水,河水被过度充气和鱼类从深水游入浅水等情况。

引起气泡病的主要原因是水体中含有过饱和的氮气或氧气。其余气体如二氧化碳等也可溶于水,但是含量较少;而且二氧化碳进入血中之后大多会与钙盐等结合而不易出现气泡阻塞血管现象。气体进入鱼体内可能会栓塞在不同的组织结构中,引起各种症状与病变,如呼吸困难、突眼、贫血,甚至死亡。鱼类气泡病一般发生在夏秋高水温期。鱼类气泡病的发生和严重程度还与鱼类种类、生活史(年龄与体长)、水温、水深等有关,其死亡率一般低于5%,但急性病例可使鱼苗死亡率达到100%。相关研究表明,鳊鱼对氧饱和度最敏感,草鱼次之,鲢鱼、鳙鱼、鲤鱼、鲫鱼敏感性较差。鱼类个体越小,对气泡病越敏感,因此气泡病对鱼苗、鱼种的危害最大,常常引起鱼苗大量死亡。

### 3.2.2.3 泄水建筑物气量控制

河道中的溶解气体过饱和事实上对水利工程没有任何不利影响,甚至对水化学环境具有积极的作用,只是对鱼类的影响比较显著。因此,溶解气体的消减目标是避免在鱼卵孵化的时间段内产生溶解气体过饱和的水体,并将溶解气体过饱和的水体控制在水利工程下游一个可以接受的河段内。

1. 对已建工程的气量控制技术

对于已建工程,可通过以下三步制定运行管理程序对下游气量进行控制。

(1)根据建筑物下游指示鱼种的耐受性,确定下游气体饱和度的阈值。

采用实验室人造过饱和水体的耐受试验的方法,测量下游各保护鱼种的溶解气体过饱和耐受性,获得指示鱼种的溶解度耐受量,确定下游气体饱和度的阈值。

(2)根据阈值确定建筑物适宜下泄流量。

根据阈值确定建筑物适宜下泄流量,包括以下三种方法:

①根据现场原型观测研究成果,直接确定下泄流量。

②根据模型预测下游过饱和程度,由饱和度阈值推算允许下泄流量。

③最大日负荷(TMDL)方法。

(3)根据允许的下泄流量启动可行的运行方式。

在建立运行方式时,应将以下调度优化纳入考虑:尽可能增大厂房流量,减少溢洪道泄洪流量;有多条泄洪道的条件下,采用尽可能多的泄洪设施泄洪,降低单宽流量;调整不同闸门开启度,尽可能减小加权单宽流量。

2. 工程建设气量控制技术

对于拟建工程,可以在工程设计阶段考虑削减措施,对下游远区河段中的水体进行调控。如通过绕岸式溢洪道,降低水力坡度,在挑流式溢洪道的消力池下游与出池水流汇合,以稀释过饱和的水体等。具体的工程措施包括以下几个方面:

(1)安装溢洪道导流装置。导流装置的形状、安置位置需根据电站实际情况研究确定。已有观察发现,导流装置的安装高度非常重要,安装得太高,可能引起掺气水流进入水垫塘底部,产生高的总溶解气体;安装得太低,则产生水跃,从而卷吸更多空气进入。

(2)在大坝底部埋置多根泄水通道,将水库深层水排泄至尾水底部。这一措施也可以和导流装置结合使用,但由于造价高和可能对鱼造成伤害而不被推荐。

(3)消力结构溢洪道。在溢洪道中建立泄洪渠道,渠道内交错布置与消力池中类似的消力墩,使泄流能量耗散,避免将水带入水垫塘底部。

(4)建立专门的边渠泄洪道。泄洪边渠尾部为反弧形溢洪道,引导水流进入水深较浅的水垫塘。边渠泄洪道也可设计成阶梯式。

(5)增加溢洪道。增加溢洪道,可使水流更为分散,从而减小单宽流量。

(6)增加水垫塘底部高度。增加下游水垫塘的高度,可以避免掺气水流进入消力池深层,从而避免高压条件下的气体溶解。但为泄洪需要,可能同时需要增加消力池的长度。这一措施也可以结合导流装置采用。

(7)增加尾水底部高程。有的水利工程泄洪时卷入的空气在消力池下游几百米范围即可以迅速释放到空气中,因此可以适当抬高底部高程,从而加速气泡的释放。但增加尾水底部高程会增大河流流速,影响河道航运,需要通过物理模型和数学模型来深入研究抬高高度、程度及采用的材料,同时要考虑抬高后所造成的发电水头减少损失。这一措施也可以结合导流装置使用。

(8)降低溢洪道闸门位置,建立更高更大的闸门。这样可使洪水在尾水水位以下进入水垫塘,从而避免水流与大气的接触。

(9)水轮机在泄洪期工作。水轮机在泄洪期工作的作用与在大坝底部埋置泄水通道的作用类似,没有掺气的水轮机出水,与高总溶解气体的溢洪道泄流混合,可起到稀释作用。

## 参考文献

[1] 陈昂.河流生态流量差异化评估方法研究[M].北京:中国水利水电出版社,2018.

[2] 胡亚安,李中华,杨宇,等.水利工程鱼类保护技术[M].北京:中国水利水电出版社,2016.

[3] 王明疆,张锦堂,郭浩洋,等.水利水电工程蓄水期生态流量泄放措施研究[J].西安理工大学学报,2021,37(1):53-56.

[4] 董杰英.大坝泄洪至河道溶解气体过饱和及其对鱼类的影响[D].南京:河海大学,2011.

# 第4章　地貌形态保护与修复技术

河湖地貌是指河流(湖水)作用于地球表面,经侵蚀、搬运和堆积过程所形成的各种侵蚀、堆积地貌的总称。河湖地貌形态的多样性决定了沿河(湖)生物栖息地的有效性和总量。河湖地貌修复是河流生态修复的重要内容之一。

人类活动引起河流渠道化、河湖水系阻隔河道及湖泊萎缩并导致河湖生态系统退化时,应进行河湖地貌形态保护与修复。新建及改扩建的防洪及河道治理工程应充分考虑河湖地貌形态保护与修复要求。

河湖地貌形态保护与修复措施应包括断面形态多样性修复、生态型护岸及地貌单元生态重建、河湖水系生态连通、河滨带和湖滨带保护等。

## 4.1　河道断面设计

### 4.1.1　河道断面设计总体原则

河道断面多样性修复包括河流纵断面坡降确定、横断面多样性改善、深潭浅滩序列布局等,并应以改善河湖生态系统的结构、充分发挥栖息地功能和提高生物群落多样性为导向。

河道断面设计技术或工艺应符合下列总体原则:

(1)应分析防洪、排涝、灌溉、供水、航运、水力发电、文化景观、生态环境、河势控制和岸线利用等各项开发、利用和保护措施对河道整治的要求,确定河道整治的主要任务。

(2)协调好各项整治任务之间的关系,综合分析确定河道整治的范围。

(3)符合整治河段的防洪标准、排涝标准、灌溉标准、航运标准等,并应符合经审批的相关规划;当整治设计具有两种或两种以上设计标准时,应协调各标准之间的关系。

(4)与岸线控制、岸线利用功能分区控制等要求相一致,并应符合经审批的岸线利用规划。

(5)满足河道整治任务、标准、治导线制定、治理河宽、水深、比降、设计流量等河道整治工程总体布置要求,并满足河道整治设计相关规范、标准的规定。

(6)宜从有利于河道生态环境健康的角度,进行河道生态治理的平面形态。

### 4.1.2　河道类型划分

根据不同的划分原则,河道有不同的分类。一般情况下,主要有以下三类:

(1)根据河型、平面形态和河段特点,可分为顺直型、弯曲(蜿蜒)型、分汊型、游荡型等典型河段。

(2)根据河型动态分类,可分为稳定型和不稳定型,或相对稳定型和游荡型两类。再按平面形态分为顺直、弯曲、分汊等类型。

（3）根据地区分类，可分为山区（包括高原）河流和平原河流两类。

此外，根据河道流经的不同区段，也可分为城（镇）市区段、城（镇）郊区段、农村段（村落段、田野段）、重要保护区段（如自然保护区、风景名胜区、山地森林区、自然文化遗产区、水源保护区等）及其他自然形态区段等。

## 4.1.3　河道断面设计技术重点

### 4.1.3.1　根据河型、平面形态和河段特点分类

根据河型、平面形态和河段特点分类，不同类型河段生态治理的断面设计技术重点和相关要求总体如下。

**1.顺直型河段**

从河道整治的角度，顺直型河段应在分析浅滩演变规律的基础上进行必要的整治，稳定现有河势，并满足安全通过设计泄洪流量和航运相关要求。

从河道生态保护的角度，水生态治理工程技术可侧重于河岸的生态化改造或保留稳定的自然岸坡，突出自然属性，并应充分保护河道浅滩所具有的生境条件。当有利于形成稳定的河槽时，也可采取必要的疏浚措施改善浅滩。

**2.弯曲（蜿蜒）型河段**

从水利防洪的角度，弯道水流所遇到的阻力比同样长度的顺直河段要大，将抬高弯道上游河段的水位，从而对宣泄洪水不利。此外，曲率半径过小的弯道汛期水流不平顺，形成顶冲凹岸的现象，危及堤岸安全。从航运的角度，河流过于弯曲，航道弯曲半径将不满足航行安全要求，且航行视线不利，弯道往往也形成不利航行安全的流势、流态。一般情况下，对适度的弯曲型河段，宜维护、稳定现有的河型、河势，可根据情况采取如下措施：

（1）稳定现状，防止其向不利的方向发展。当河湾发展至适度弯曲时，采用防护工程或控导工程控制凹岸发展及改善弯道，防止弯道继续恶化。

（2）改变现状，使其向有利的方向发展，即因势利导，通过人工裁弯工程将迂回曲折的河道改变为有适度弯曲的连续河湾，从而稳定河势。

从河道生态保护的角度，弯曲（蜿蜒）型河段形态蜿蜒曲折，是自然河流的重要特征，河流的蜿蜒性使得河流形成主流、支流、河湾、沼泽、急流和浅滩等丰富多样的生境。此外，由于弯曲河段的流速不同，在急流和缓流的不同生境条件下，可形成丰富多样的生物群落，如急流生物群落和缓流生物群落。

水生态治理工程应在满足河道水利防洪、航运等行业综合整治的基础上，尽量顺应河道平面形态的蜿蜒特征，保持岸线和河槽的适度弯曲形态。在充分调查和论证基础上，可采用经验关系推算、模拟复制、模型研究等技术方法，确定适宜的平面形态布置方案。

**3.分汊型河段**

从河道整治的角度，分汊型河段的整治技术措施一般主要有汊道的稳定、改善与堵塞。其中，汊道的稳定与改善，目的在于调整汊道的水流条件及汊道间的分流比等，维持与创造有利河势，从而对防洪和航运有利，并与经济社会发展相适应；汊道的堵塞，往往是从汊道通航环境条件和对泄洪能力的影响等角度分析考虑，经技术经济充分论证确定后，

有意淤废或堵塞一汊,常见的工程措施为修建锁坝。

从河道生态保护的角度,分汊型河道作为一种常见的天然河道形态,可形成较为丰富多样的生物群落,应侧重汊道生态流量的研究,保护河流生态环境,维持河流健康,科学开发和利用水资源。当条件允许时,亦可结合地形、水文条件等,因地制宜地布置浅滩湿地、江心洲湿地或生态岛等。

目前,对于生态需水规律的研究及生态流量的计算方法尚不成熟,可在河道总体生态环境研究成果的基础上,采用水文学方法、水力学方法、生物栖息地或生境模拟法及合适的模型研究方法等,提出汊道不同季节适宜的最小、最大生态流量要求。

**4. 游荡型河段**

从河道整治的角度,游荡型河段的整治应采取逐步缩小主流的游荡摆动范围、稳定河势及流路的工程措施,工程布局宜以坝护湾、以湾导流、保堤护滩。

从河道生态保护的角度,游荡型河段应充分利用水利工程逐步稳定下来的河势,采取必要的工程、生物等措施,发挥河漫滩及边滩丰富的生态价值,并利用部分滩地串沟,尤其是堤防临水侧堤脚附近的水沟、构筑生态水槽,提供良好的生物栖息条件。此外,尚可利用自然或人工放淤的边滩,构筑滩地小型的湿地环境,恢复或保持生物的多样性。

### 4.1.3.2 根据地区分类

根据地区分类,不同类型河段生态治理的断面设计技术重点和相关要求可综合体现如下。

**1. 山区(包括高原)河流**

山区河流,尤其是中小型山区(包括高原)河流分布广泛,因山区地形和地质结构复杂、气候差异悬殊、自然条件恶劣,山区河流具有暴雨后洪峰出现时间短、洪峰流量大、河道坡降陡、洪水洪枯变幅大、洪水冲刺力强、河岸植被脆弱、水土流失严重等显著特点。

山区河流的规划整治,应首先满足河道水利防洪整治的要求,确定整治的重要河段和重点部位,一般以城镇、集镇、村庄、耕地面积集中成片的河段为重要河段,以易垮塌、易冲刷、决口损失较大的地段为重点部位。对河道的岸线、堤线进行上下游、左右岸统筹布置,河道转弯半径不宜太小,适度调整河势和流向,充分发挥天然河道的作用。此外,尚需处理好整条河道的平面、断面之间的关系,提高堤防护岸迎水面的防冲能力。

从河道生态保护的角度,应注重整治的整体效果,结合城镇建设、生态环境建设、农田改造项目,统筹规划,协调布置,互不干扰,分步分项逐步实施。水生态治理技术形式主要可从如下方面重点体现:

(1)进行河道整治,科学采取上堵、下排措施,修建堤防、护岸工程。上堵就是在河道上游修建一定的拦沙坝、谷坊坝等拦截泥沙;下排就是疏浚河道,清除阻水障碍,保持河道畅通。

(2)关键河段修建堤防或护岸工程,约束水流,保护岸坡稳定;适宜的水文、地质条件下可选择生态型护坡型式。

**2. 平原河流**

平原地区一般人口稠密,农业和经济发达,地形地势平坦,河道行洪排涝不畅,从而成为洪涝灾害的多发地。

平原河流具有线状分布里程长、河道周边农田分布广、自然河流和人工运河交叉密布（包括行洪、排涝、灌溉等渠道）、水流受人工泵闸调控等显著特征。

从河道整治的角度，平原河流以提高地区河道防洪、除涝标准为主，保障人民群众生命财产安全、改善农业生产环境、促进国民经济持续发展。水利工程的主要整治措施一般有分洪道（灌渠）或人工运河开挖、河道疏浚、弯道裁弯取直、护岸堤防建设等，主要整治建筑物一般包括防洪闸、水闸（节制闸）、船闸、泵站、防洪堤防、渠道等。

从河道生态保护的角度，排洪、除涝、设闸等措施可能导致污染转移、河道原有水文条件改变、水体流动性变差、纳污能力下降以及对地下水水质造成不利影响等情况。此外，人工运河、排洪渠或灌溉沟渠等挖填土方工程量较大，可能扰动和破坏原有地貌形态并侵占土地、林地、水塘、农田等。根据平原河流的相关特征，水生态保护治理技术应注重如下几个方面：

（1）尽量保持河道岸线原有的自然形态，对改善行洪排涝条件的人工运河、排洪渠、裁弯取直河段及灌溉渠等宜进行生态化改造或建设。结合堤防或护岸建设要求，河道两侧尽量留有一定宽度的缓冲带范围（一般不宜少于 15 m），改善河岸带生境条件。

（2）设闸的河道，根据河道洄游生物情况，宜设置洄游道，并提出泵闸工程的生态调度需求，改善河道的水文条件。

（3）疏浚工程、裁弯取直工程等应重点论证，减少对河道底栖生物生存环境的破坏，河道裁弯取直后对原有弯曲河段不应轻易填埋，而应通过技术经济和生态环保需求的充分论证，综合确定处理措施，宜最大限度地保持原有弯曲河段的生境条件。

（4）进行护岸、堤防建设时，应在满足河岸稳定的基础上，尽量采用生态护坡形式。在条件允许时，应优先采用斜坡式结构。

### 4.1.3.3　根据河道流经的不同区段

根据河道流经的不同区段，不同类型河段生态治理的断面设计技术重点和相关要求如下。

1. 城（镇）市区段河道

由于城市（尤其是老城区）的建设基本成型，一般情况下，城（镇）市区段河道的形态已基本固定，河道两侧或周边的用地基本受限，规模化改造河道的平面形态及布局难以实现。此外，城（镇）市区段河道两岸大部分建有各种形式的护岸，并以硬质护岸结构形式为主，且一般分布有大量不同类型的排水口。

生态治理工程的断面设计技术重点一般可考虑：河道两侧沿线的护岸、堤防或防汛墙的生态化改造、景观绿化节点布置、河道局部形态改变等。治理中应注重河流生态景观建设与城市发展及历史文化背景的结合，重点关注城（镇）居民对河流景观功能的需求，通过修复使河流更具休闲游憩空间和良好的亲水性。

此外，宜充分利用河道两侧的城市绿地或景观带，进行必要的水质净化工程布置，最大限度地提升城（镇）市区段河道的生态、人文、环境等品质。

2. 城（镇）郊区段河道

总体来说，城（镇）郊区段河道两岸用地相对较为宽裕，一般情况下，尚保留着河道原有的岸线形态。随着城市的经济建设和发展，城（镇）郊区也逐步纳入城（镇）相关的规划发展范围,相关用地规划也逐步呈现。

从河道生态保护的角度,应首先将河道生态保护或治理的相关要求纳入城(镇)开发建设的总体规划内容中,从规划开始就体现河道生态保护的控制要求,将属于河道的水域和陆域通过规划保护起来。

生态治理工程的断面设计技术重点主要体现在河道自然形态的保持、生境条件的改善、河道两侧缓冲带的建设,最大限度地保留河道沿线的自然属性。当条件允许时,尚可结合河道的地形、地貌和水文条件等,进行局部形态的改变,适当增加河道的蜿蜒性,构筑必要的滩、洲、湿地等,提升河道的生物或生境多样性。

3. 农村段河道

农村段根据村落和农田的分布情况,又可细分为农村村落段和农村田野段。农村段河道周边主要为村落、耕地、农田、经济林、果园等,受农业生产发展的影响,农村段河道周边可能分布有一定的农业生产设施,如取、排水口,灌溉沟渠,闸涵及堤防,田埂等,但河道总体形态一般保持着自然状态。

一般来说,田野段的耕地保护要求较高。农村段河道断面设计不宜过多占用耕地,宜总体保持原有的河道形态;因地制宜地布置局部适宜规模的湿地、生态沟槽等,改善河道生境条件,恢复生物多样性。村落段由于居民房屋、农村道路等一般临河而建,拆迁产生的社会问题较大,宜在符合区域建设整体规划的基础上,结合村落环境的综合治理要求,在有条件的情况下进行河道生态堤岸建设,并沿河设置必要的提倡环保的宣传、教育及提示性标志标牌,规范垃圾倾倒行为,保持或美化村落区河道沿岸的良好环境。必要时,可设置供村民休闲、散步的临河亲水步道或景观节点。

农村段河道生态治理,应充分调查和研究农田面源污染入河情况,尤其对村落生活污水直排入河及农灌渠的灌溉余水入河进行必要的沿岸分散处理。可充分利用现场的地形、地貌条件,结合水塘、池塘的分布,选取适宜的位置布置湿地或其他分散处理工程。在有条件时,可在农灌渠入河口布置河口小型湿地,或沿河岸坡脚布置与河道基本平行的生态沟槽,拦截并处理入河生活污水或灌溉余水。

此外,农村段河道根据河岸的稳定情况,宜进行必要的岸坡防护,并宜首先采用生态化护坡及斜坡式结构型式。

4. 重要保护区段及其他自然形态区段

重要保护区段河道原则上位于自然保护区、风景名胜区、山地森林区、自然文化遗产区、水源保护区等,往往保持着自然的、原始的河道形态;其他自然形态区段的河道,一般也具有相同的自然属性或原始属性。

对于重要保护区段及其他自然形态区段河道,以保持现状形态和生态环境为重,一般不应采取过多的人工干预措施,宜根据河道来水、来沙等情况,分析河槽、河岸及河床的稳定性,研究确定是否采取必要的工程措施,减少自然灾害,防止水土流失,增强重要保护区范围的保护能力。

## 4.1.4　河道断面设计

对应于不同的河道平面形态,在满足河道水利、航运等行业规划断面的基础上,应充分考虑河道的生态保护需求,根据河道的水位、流量、流速、流态、泥沙等水文要素,结合河道的堤防、护岸及防汛道路等工程建设方案,合理确定河道的断面设计形式。河道断面形式总体上分为横断面形式、纵断面形式两大类。

#### 4.1.4.1　河道横断面设计

横断面形式根据河道断面的几何形态,主要可分为矩形、梯形、复合型等。

矩形断面主要受河道两岸用地限制,一般布置于城(镇)市区段,河道水生态系统恢复条件较差。

梯形断面适用于河道面宽较宽、用地相对充裕的河段,一般布置于城(镇)郊区段、农村村落段等,河道水生态系统恢复条件一般。

复合型断面更加贴合河道的自然特征,适用于河道自然形态保持较好的河段,往往可体现河道浅滩、边滩、水槽、滩地串沟等的自然特征,河道范围占地面积一般较大,生境条件较好,且易构建利于河道水生态修复的平面形态和断面条件。此外,对于以水利、航运等整治工程为主的河道,顺直河段一般以对称型、几何尺度规则化为主;而对于现状自然属性显著的河道,可根据水流、泥沙及河床演变等特性,宜保留其自然的、不规则、不对称的河道复合断面形态。

河道横断面形式设计,主要包括下列内容:

(1)根据河道基本功能要求,确定河槽宽度及底高程。

(2)根据河道地质和水文等条件,确定水下开挖或疏浚边坡。

(3)确定水下平台、护岸、堤防、缓冲带等河道相关整治工程和水生态修复工程各部分的竖向高程及横向尺度。

(4)根据河道平面或岸线形态保持要求,确定深槽、浅滩、边滩、生态沟渠、支流、汊道、沙洲、水槽、生态沟渠及其他水生态修复工程的断面布置范围及相关尺度。

(5)复合型断面的主槽糙率和滩地糙率应分别确定。河道过水断面湿周上各部分糙率不同时,应求出断面的综合糙率,当沿河长方向的变化较大时,应分段确定糙率,从而进行必要的河道水力计算。

图 4.1-1 所示为渠道化河道断面多样性修复设计。图 4.1-1(a)所示是用调查数据复原的原自然河流的断面图。图 4.1-1(b)所示是历史上人工渠道化改造的河道标准断面图,可以看出,其断面为梯形,河床边坡用混凝土衬砌,岸坡无植物生长,景观受到很大破坏。图 4.1-1(c)所示是河道蜿蜒性修复后的断面,河宽不变,采用复合型断面,低水位时水流在深槽流动,深槽以上平台可以布置休闲绿道和场地;汛期水位超过深槽时,水流满溢,促进河滨带水生生物生长。通过开挖形成不对称的深潭断面;岸坡采用干砌块石护坡,配置以乡土植物为主的植物。图 4.1-1(d)所示是河床加宽的理想断面,空间上可以扩展河宽,扩大河漫滩,并采用复式断面,开挖并形成不对称的深潭断面,汛期和非汛期随水位变化形成动态的栖息地特征,优化配置水生植物和乔灌草结合的岸坡植物,形成更为自然化的景观。

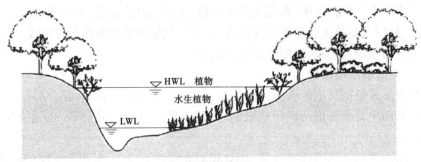

(a)原自然河流断面

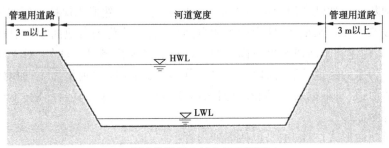

(b)渠道化混凝土衬砌标准断面

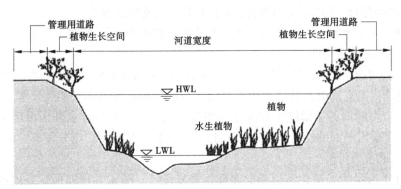

(c)修复后断面

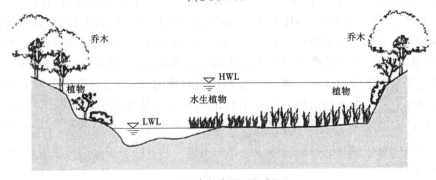

(d)河床加宽的理想断面

HWL—高水位;LWL—低水位。

图 4.1-1　渠道化河道多样性修复断面设计示意图

复合型断面人工化河道在满足设计洪峰流量和平滩流量的基础上,对断面进行局部调整,以形成多样化的断面形态。人工化复合型断面多样化形态修复见图 4.1-2。

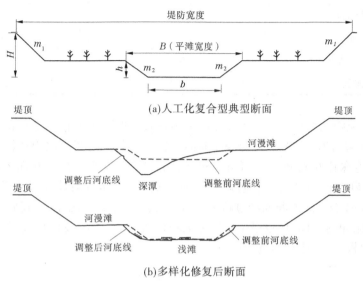

(a)人工化复合型典型断面

(b)多样化修复后断面

**图 4.1-2　人工化复合型断面多样化形态修复示意图**

#### 4.1.4.2　河道纵断面设计

河道纵断面设计应统筹协调好各项河道整治任务和相应专业规划的关系,宜根据相关水力计算、河床演变分析等河道整治工程研究结论,在不影响河道整治效果的基础上,适度形成深浅交替的浅滩和深槽,构建急流、缓流和滩槽等丰富多样的水流条件及多样化的生境条件。深潭与浅滩宜成对设计,每个河湾段或者 1 km 以内的河道直线段宜配置一对深潭与浅滩,每对深潭、浅滩可按河宽的 3~10 倍距离来交替布置。在河湾段,深潭宜设在弯曲段外侧,浅滩宜设在弯曲段内侧。

有条件时,还可以结合河道纵向的基底特征,进行局部水下微地形的改造,如构建局部砾石(抛石)河床、小型结构物、人工鱼巢等,形成多样性的河床基底及流态,改善河道纵断面生境条件。

(1)抛石河床:河床抛石区面积不超过河底面积的 1%~3%,河床抛石区宜根据河道形态呈斑块状分散,不宜过分集中;石块直径不小于 0.3 m,每处抛石区石块间距至少为 2~3 倍石块直径。

(2)小型结构物:包括导流装置、生态潜坝等,可在河道内部形成多样性流态,改变流向。

(3)人工鱼巢:鱼巢宜根据河道鱼类调查资料进行布设,优先考虑与亲水平台结合。鱼巢可采用植物根茎、木材、石材、多孔性混凝土及其他人工材料等。

#### 4.1.4.3　断面宽深比

河流断面的宽深比是一个控制性指标。适宜的宽深比具有较高的过流能力,还可以防止泥沙冲淤。断面宽深比与河床基质材料和河岸材料类型有关,不同类型材料如砂砾石、砂、泥沙–黏土、泥炭对应的宽深比见表 4.1-1。河岸植被具有护岸作用,有植被的岸坡可将表 4.1-1 中宽深比降低 22%。

表 4.1-1　河床基质和河岸材料对宽深比的影响

| 材料种类 | 自然河道宽深比 | 改造后河道宽深比 |
|---|---|---|
| 砂砾石 | 17.6 | 5.6 |
| 砂 | 22.3 | 4.0 |
| 泥沙-黏土 | 6.2 | 3.4 |
| 泥炭 | 3.1 | 2.0 |

　　蜿蜒型河流断面宽深比沿河变化,这是由深潭-浅滩序列格局造成的。如图 4.1-3(a)所示,蜿蜒型河道 $X—X$ 断面为深潭断面,具有窄深特征,宽深比相对较小;$Y—Y$ 断面为浅滩断面,宽深比相对较大。河道经过疏浚治理后,改变了自然断面形状。图 4.1-3(b)表示浅滩断面经过疏浚后,宽度过大,宽深比偏大,其后果是流速下降,导致河床淤积。图 4.1-3(c)表示深潭断面经过疏浚后,深度过大,即宽深比偏小,其后果是断面环流发展,引起河床冲刷,可能导致塌岸和局部失稳。所以,河道疏浚设计应尽可能以稳定的自然河道为模板,选择适宜的宽深比。

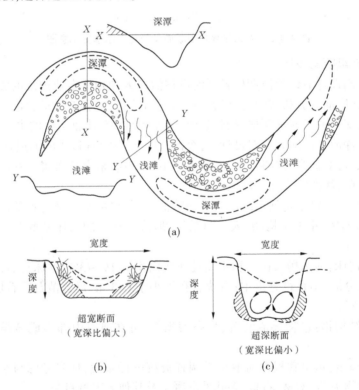

图 4.1-3　蜿蜒型河流河道断面宽深比

　　深潭与急流交错的格局对于河流泥沙输移也具有重要意义。深潭作为底流区,其功能是使泥沙在这里储存起来。而在洪水期间,泥沙则被急流搬运到下游邻近的深潭中。在深潭中的泥沙逐渐集中在内侧一岸(凸岸)形成沙洲,这又进一步加强了深潭与急流交错的格局形态,这导致对外侧一岸(凹岸)的冲刷加剧,蜿蜒性进一步发展。

## 4.1.5　河流平面形态蜿蜒度构建技术

### 4.1.5.1　河流蜿蜒度构建原则

蜿蜒度构建技术是指利用复制法、经验关系法等多种方法修复河流的平面蜿蜒性特征。其主要目的是在满足河道行洪能力的前提下,通过改善河流蜿蜒度提高河流平面形态多样性,从而形成异质性的地貌单元,增加河流地貌特征的多样性。

河流蜿蜒性特征的修复可采用如下几种方法:

(1)复制法。完全采用干扰前的蜿蜒模式。

(2)经验关系法。采用航拍等手段对某一特定区域的蜿蜒模式进行调查,并在此基础上建立河道蜿蜒参数与流域水文和地貌特征的关系。

(3)参考附近未受干扰河段的模式。在恢复河道段的蜿蜒设计中,将附近未受干扰河段的蜿蜒模式作为模板。

(4)自然恢复法。通过适当设计,允许河流自身调整,并逐渐演变到一个稳定的蜿蜒模式。

表征河流蜿蜒性特征的参数如图 4.1-4 所示。图中,$L_m$ 为河湾跨度,$Z$ 为弯曲段长度,$R_c$ 为曲率半径,$\theta$ 为中心角,$A_m$ 为河湾幅度,$D$ 为相应于梯形断面的河道深度,$D_m$ 为平均深度(断面面积/$W$),$D_{max}$ 为弯曲段深槽的深度,$W$ 为河道宽度均值,$W_i$ 为拐点断面的河道宽度,$W_p$ 为最大冲坑深度断面的河道宽度,$W_a$ 为弯曲顶点断面的河道宽度。

### 4.1.5.2　深潭与浅滩断面参数计算

深潭-浅滩是自然蜿蜒型河流的主要特征。自然蜿蜒型河流地貌格局与河流水动力交互作用,形成深潭与浅滩交错、缓流与湍流相间的景观格局。

计算蜿蜒型河道断面参数,首先需要根据蜿蜒型河段宽度的沿程变化进行分类,然后按经验公式确定河道断面尺寸。Brice(1975)把蜿蜒型河道断面分为三种类型:等河宽蜿蜒模式(Te 型)、有边滩蜿蜒模式(Tb 型)、有边滩和深槽的蜿蜒模式(Tc 型)。

(1)Te 型:沿蜿蜒型河道宽度变化很小。其典型特征表现为宽深比小,河岸抗侵蚀能力强,河床材料为细颗粒(砂或粉砂),推移质含量少,流速低,河流能量低。

(2)Tb 型:弯曲段河宽大于过渡段,边滩发育但深槽少。其典型特征表现为中度宽深比,河岸抗侵蚀能力一般,河床材料为中等粒径(砂和砾石),推移质含量中等,流速和河流能量不高。

(3)Tc 型:弯曲段河宽远大于过渡段,边滩发育,深槽分布广。其典型特征表现为宽深比大,河岸抗侵蚀能力弱,河床材料为中等粒径或粗颗粒(砂、砾石或鹅卵石),推移质含量高,流速和河流能量高。

在实际工程设计中,当蜿蜒度大于 1.2 时,河道断面的几何参数一般可按照下列经验公示计算:

弯曲顶点:

$$\frac{W_a}{W_i} = 1.05Te + 0.30Tb + 0.44Tc \pm u$$

深槽:

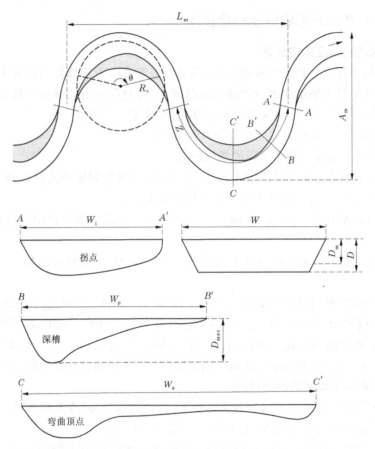

图 4.1-4 表征河流蜿蜒性特征的参数

$$\frac{W_p}{W_i} = 0.95\mathrm{Te} + 0.20\mathrm{Tb} + 0.14\mathrm{Tc} \pm u$$

式中：$W_a$ 为弯曲顶点断面河道宽度（$C$—$C'$ 断面）；$W_i$ 为拐点断面河道宽度（$A$—$A'$ 断面）；$W_p$ 为最大深槽断面河道宽度（$B$—$B'$ 断面）；Te、Tb、Tc 为系数，上述三种蜿蜒模式，Te 均等于 1.0。Te 型蜿蜒模式：Tb = 0.0，Tc = 0.0；Tb 型蜿蜒模式：Tb = 1.0，Tc = 0.0；Tc 型蜿蜒模式：Tb = Tc = 1.0。$u$ 为河宽变化偏差（查表 4.1-2）。

实际计算时，假设拐点断面河道宽度 $W_i$ 近似等于平滩宽度 $W$，由此计算出 $W_a$ 和 $W_p$。

表 4.1-2 不同置信度条件下沿蜿蜒型河段河宽变化的偏差 $u$

| 置信度/% | $W_a/W_i$ 公式 | $W_p/W_i$ 公式 |
| --- | --- | --- |
| 99 | 0.07 | 0.17 |
| 95 | 0.05 | 0.12 |
| 90 | 0.04 | 0.10 |

弯曲段最大深槽的深度上限可以按照下列公式进行估算：

$$\frac{D_{max}}{D_m} = 1.5 + 4.5\left(\frac{R_c}{W_i}\right)^{-1}$$

式中：$D_{max}$ 为最大深槽断面处深度，m；$D_m$ 为平均深度，m；$R_c$ 为曲率半径，m；$W_i$ 为拐点断面河道宽度，m。

对于不允许摆动的河段，要在深槽河段进行边坡抗滑稳定分析，以保证河岸的整体稳定。

# 4.2　生态型护岸设计

## 4.2.1　河道岸坡防护技术的发展

传统的河道护坡工程常采用抛石、干砌块石、浆砌块石、现浇混凝土护坡、预制混凝土块体护坡、土工膜袋混凝土护坡和绳索铰链混凝土板块护坡等。这些形式的护坡方式多注重河道本身的岸坡稳定性和河道行洪排涝的基本功能，很少考虑对生存环境、景观环境和生态的影响。

随着人民生活水平的提高，人们对水环境的要求也越来越高，河道生态问题备受关注，城市河道不仅仅具有防洪、除涝、引水、航运等河道的基本功能，还具有景观、旅游、生态等功能，人们渴望见到水清天蓝、绿树夹岸、鱼虾洄游的河道生态景观。

生态护坡是指开挖边坡形成以后，通过种植植物，利用植物与岩土的相互作用（根系锚固作用）对边坡表层进行防护、加固，使之既能满足对边坡表层稳定的要求，又能恢复被破坏的自然生态环境的护坡形式，是一种有效的护坡、固坡手段。生态护坡包括以下两个要素：

（1）河道护坡满足防洪抗冲标准要求，要点是构建能透水、透气、生长植物的生态防护平台。

（2）河道护坡满足边坡生态平衡要求，即要建立良性的河坡生态系统，由高大乔木、低矮灌木、花草、鱼巢、水草、动物、沿滩地、迎水边坡、坡脚及近岸水体组成河坡立体生态体系。

## 4.2.2　生态岸坡防护的功能

生态护坡应是既满足河道体系的防护标准，又利于河道系统恢复生态平衡的系统工程。前一个要素是人对自然的要求，即人们为了经济社会的发展和安全改造自然；后一个要素反映了人们对自然的尊重，即改造自然但不破坏自然的平衡。二者结合体现了"人与自然和环境协调发展"理念。

与传统的河道护坡方式相比，生态护坡技术除具有增强岸坡稳定性、满足城市河道防洪排涝、防止水土流失等功能外，还体现了水土交换、减少人为硬化河道带来的生物灭绝、河道发臭，增强了河道天然净化污水的能力，体现了现代城市"亲水"的概念，对于营造城市生态景观、改善人居环境起到了积极的作用。但生态护坡也有一定的局限性：

（1）选用的材料和建造方法不同,堤岸的防护能力相差很大。

（2）建造初期若受到强烈干扰,则会影响到以后防护作用的发展。

（3）不能抵抗强度高、持续时间长的流水冲刷。

（4）需要大量运用植物材料时,施工有一定的季节限制。

根据国内外生态护坡的成功经验,结合河道的特点,生态护坡的设计和建设应兼顾以下原则:

（1）生态护坡应满足渠道功能和堤防的稳定要求,并降低工程造价。

（2）尽量减少刚性结构,增强护坡在视觉中的"软效果",美化工程环境。

（3）进行水文分析,确定水位变幅范围,结合植物调查结果,选择合适的植物。

（4）应设置多孔性构造,为生物提供一个安全的生长空间。

（5）布置时考虑人们的亲水要求。

### 4.2.3　常用的生态岸坡防护形式

#### 4.2.3.1　格宾

格宾是由基础面板、侧面边板和可能用到的中间隔板,采用绑扎钢丝或 C 型钉等方法连接而成的格宾类结构(见图 4.2-1)。它是由特定的金属线材箱体、内填卵石或块石材料而成的组合体。

图 4.2-1　格宾示意图

#### 4.2.3.2　加筋麦克垫

加筋麦克垫是将聚合物挤压到双绞合钢丝网面上,形成的一种三维土工网垫(见图 4.2-2)。加筋麦克垫工艺结构空隙利于自然土的沉积,有利于自然长草;通过创造能够提高植物在土工垫上生长能力的环境来增强土壤的抗侵蚀能力;由于结合了土工垫的抗侵蚀性能,而且钢丝有较高强度的特点,具有机械张拉力及更强的防冲刷结构,能够有效保障位于滑坡面、路堤、排水渠、河道和其他易受冲刷破坏的表层土壤的稳定性;同时由于材料具有一定的延展性,可适应基础变化,施工工艺简单,施工成本相对较低。

图 4.2-2　加筋麦克垫示意图

#### 4.2.3.3　生态联锁式混凝土块护坡

1. 联锁式

生态联锁式护坡是一种集护坡、生态恢复、装饰为一体的生态建设系统。它适用于中小水流情况下土壤水侵蚀控制的新型联锁式预制混凝土块铺面系统。由于采用独特的联锁设计,每块砖与周围的 6 块砖产生超强联锁,使得铺面系统在水流作用下具有良好的整体稳定性。同时,随着植被在砖孔和砖缝中生长,一方面铺面的耐久性和稳定性将进一步提高,另一方面起到增加植被、美化环境的作用。

2. 铰接式

铰接式生态护坡砖是由一组尺寸、形状和质量一致的预制混凝土块,用一系列经过每个块体内部的预制孔内的横向绳索相互连接,而形成的联锁型柔性矩阵。

3. 自嵌式

自嵌式加筋挡土墙是随着普通挡土墙的研究与应用发展起来的,是根据要求做好预制混凝土块后进行检测,达到指标后作为建筑材料的新型挡土结构,在施工过程中可以采用无砂浆砌筑的环保节能型直接干垒的方法,主要工作特性是依靠带有后缘的嵌锁作用及重力荷载作用来提供防止滑动倾覆荷载。

某生态联锁式混凝土块示意图见图 4.2-3。

#### 4.2.3.4　生态砌块

生态砌块复合挡墙技术是在综合生态挡墙的优点的基础上,采用完全透水的高强反滤生态混凝土材料预制的,线形流畅优美的 M 形空腔砌块和柔性生态材料棕榈纤维复合而成的新型生态复合挡墙,具有高强耐久、适应变形能力强、防波浪冲刷、自然排水透水、实现植物生长和生物繁殖等促进自然生态环境以及营造自然景观等突出的优点,有效地避免、缓解或补偿了工程对生态系统的负面影响,保持了生态系统的完整性,同时还保证

**图 4.2-3 某生态联锁式混凝土块示意图**

了生态系统具有很强的自发性修复能力。

生态砌块示意图见图 4.2-4。

**图 4.2-4 生态砌块示意图**

### 4.2.3.5 Enkamat 水土保护毯

Enkamat 水土保护毯是一款创新型的柔性生态护坡材料,起到促进植被生长、保护坡面、固持水土的作用。材质是聚酰胺,在工艺上,Enkamat 水土保护毯是采用国际上先进的单丝干拉成型工艺制成的,不过水冷却。这个技术能够保证纤维表面张力不被破坏,三维空间形状稳定,使产品的力学性能、化学稳定性和结构稳定性达到最优。

Enkamat 水土保护毯示意图见图 4.2-5。

**图 4.2-5 Enkamat 水土保护毯示意图**

#### 4.2.3.6　仿木桩护岸

仿木桩是表面经过仿木处理的钢筋混凝土桩,断面有圆形、方形,制作方式可预制,也可现浇。仿木桩有实心的,也有空心管桩。

防护桩护岸类似于木桩护岸,是一种多在坡脚或岸坡利用钢筋混凝土仿木桩为维护陡岸稳定的护岸措施。仿木桩可用于岸坡较陡的河岸、观景平台下部等对岸坡稳定要求较高但用地受限的区域。仿木桩密排布置后相当于轻型挡土墙。

仿木桩护岸示意图见图 4.2-6。

**图 4.2-6　仿木桩护岸示意图**

#### 4.2.3.7　PET 土石笼袋

PET 土石笼袋是由 PET 作为主要原材料单股单一纤维编制而成的筒状布加工而成的。石笼袋除底部、上盖外,可以无接缝,具有抗穿刺力、抗老化及耐冻性能等特性,因其常配合石笼共同施工于土木防护、河道护岸工程,所以被称为土石笼袋、土工固袋。

PET 格宾土石笼袋是在传统格宾石笼基础上开发的新产品。相比较于传统的格宾石笼,PET 格宾土石笼袋由于增加了袋体,对石笼内装填的建筑材料适应范围更广。格宾网及网袋均采用 PET 材料加工制作。PET 别称涤纶,优点是:有良好的力学性能,耐折性好;耐油、耐稀酸稀碱、耐大多数溶剂;具有优良的耐高、低温性能,可在-70~120 ℃内长期使用,且高、低温对其机械性能影响很小;无毒;抗蠕变性、耐疲劳性、耐摩擦性、尺寸稳定性很好。

PET 土石笼袋示意图见图 4.2-7。

#### 4.2.3.8　植物毯

植物毯以天然的植物纤维为原材料,比如麻椰、稻草椰丝混合、椰丝,连同定型网、保水剂、营养剂等经大型流水线一次缝合加工而成的一种生态护坡草毯,并且可以根据设计需求,添加不同的定型网,使边坡防护效果更强、更保险,实现生态护坡循环系统,提高景观性。

常见的植物毯有秸秆草毯、稻秸和椰壳混合料草毯、椰壳类纤维草毯等。

图 4.2-7　PET 土石笼袋示意图

秸秆草毯:用于风和水侵蚀较小的地方,如斜坡、风景建设、果园铺敷、街道绿化,防止水土流失和扬尘。

稻秸和椰壳混合料草毯:用于中等侵蚀和损害的场地,如陡峭山坡、矿山治理区、桥端三角洲、河流堤坝和中等雨量的场所。

椰壳类纤维草毯:耐盐水和紫外线侵蚀,用于水土流失大、要求防止冲刷的场地,如需长时间保护的斜坡、水池及河岸加固绿化,水坝、道路、沙质土的绿化,高速公路两侧的绿化及重要风景区绿化等。

植物毯实物示意图见图 4.2-8。

植物毯应用示意图见图 4.2-9。

## 4.2.4　岸坡带植被修复设计

岸坡带植被修复设计宜遵循以下原则:

(1)生态学原则。主要包括生态演替规律、生物多样性规律、生态位原则等。在植物生态恢复的过程中,宜根据生态系统自身的演替规律分步骤、分阶段进行恢复,并根据生态位和生物多样性的原则,构建生态系统结构和生物群落,达到水文、植被、生物的自然演替。

(2)景观性原则。在岸坡带生态修复过程中,自然美、人文景观宜和谐统一,营造一个舒适、优美的景观环境。

(3)亲水性原则。岸坡带的植被修复宜体现人们亲水的要求,以满足人们亲水和赏

图 4.2-8 植物毯实物示意图

图 4.2-9 植物毯应用示意图

景的要求。

(4)稳定性原则。岸坡带的植被修复应结合岸坡防护工程(如生态型护岸)综合考虑,适应河道滨岸带的水流条件。在通航河道上还应考虑船行波对植被的破坏影响,从而确保植被修复后的稳定性。一般情况下,适宜植被稳定生长的流速不宜超过 0.4 m/s,航行波波高不宜超过 0.3 m。

河道岸坡带的修复范围宜为设计高、低水位之间的岸边水域。设计高水位之上至河水影响完全消失为止的地带,应进行适宜的植被修复,一般宜保证有 3~5 m 的宽度范围。

植物栽种时间一般宜满足下列要求:

(1)一般陆生植物、球宿根植物的最佳种植时间为植物休眠期。

(2)水生湿地植物种植的最佳时间一般是春夏或初夏,设计时应考虑各种配置植物的生长旺季及越冬时的苗情,防止在栽种后出现因植株生长未恢复或越冬植物弱小而不能正常越冬的情况出现。

(3)耐水性差的种类宜在生长期种植,耐寒性强的种类一般可在休眠期种植,耐寒性差的种类不宜在休眠期种植。

(4)低温或高海拔地区宜在生长期种植。

水生植物根据其生活方式和形态特征可分为沉水植物、浮水/叶植物、挺水植物和湿生植物。河道有通航、行洪排涝的要求时,一般不宜在河道岸坡带栽种沉水植物和浮水/叶植物。岸坡带水生植物选择主要为挺水植物和湿生植物。

水生植物的栽种水深一般宜满足下列要求:

(1)水深>110 cm 时,除部分荷花品种外,不适宜生长其他挺水植物。

(2)水深 80~110 cm 时,适宜生长的植物有荷花等。

(3)水深 50~80 cm 时,适宜生长的植物有芦苇、香蒲、水葱等。

(4)水深 20~50 cm 时,适宜生长的植物有芦苇、香蒲、水葱、黄菖蒲、旱伞草、梭鱼草等。

(5)水深<20 cm 时,适宜生长的植物较多,除上述植物外,还有千屈菜、长根草等。

岸坡带植物栽种水深示意图见图 4.2-10。

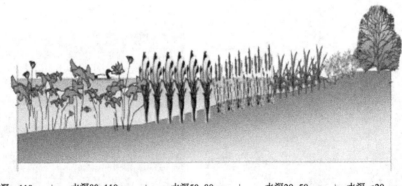

| 水深>110 cm | 水深80~110 cm | 水深50~80 cm | 水深20~50 cm | 水深<20 cm |

**图 4.2-10 岸坡带植物栽种水深示意图**

植物种植方式选择宜满足下列要求:

(1)挺水植物一般可以采用裸根幼苗种植、收割大苗的移植及盆栽种植方法栽种,一般选择前两种。

（2）浮叶植物可采用先放浅水再逐渐加深的方法进行栽种,如睡莲、荇菜、菱、中华萍逢草等。

（3）浮水植物（漂浮植物）一般采用打捞引种法,并注意控制生长范围,如槐叶萍、浮萍等。

植物种植密度的确定宜满足下列要求:

（1）植物种植的设计密度根据植物类型、生长特性、成活率等要求,按有关标准确定。

（2）一般情况下,若时间充裕,湿地植物施工密度可以适当小于设计密度。

（3）分生能力强的植物一般可以稀植。种植密度从分蘖特性大致可分为三类:第一类是不分蘖,如慈姑;第二类是一年只分蘖一次,如玉蝉花、黄花鸢尾、德国鸢尾等;第三类是生长期内不断分蘖,如再力花、水葱等。针对不同的差别,种植密度可有小范围的调整。

植物品种的选择宜满足下列要求:

（1）岸坡带水生、湿生植物宜选择项目所在地区的适宜品种。一般情况下,岸坡带水深变化范围在 0~60 cm,可选择芦苇、千屈菜、黄菖蒲、水葱、香蒲等植物。

（2）陆缘植物主要为乔、灌木,可根据河道所在地区的盐碱情况、土壤、地下水及项目建设要求,宜首先选择当地成熟品种,并考虑植物的耐水湿性,如杉科、杨柳科等物种。

（3）岸坡带的野生植被也可达到良好的护坡和生态效果,宜进行利用和自然恢复,维持野生植被的自然演替状态。

# 4.3　河湖水系连通技术

恢复河湖水系连通性是河湖生态修复的重要措施之一。当不透水堤防、护岸、闸坝等工程导致河湖横向、纵向、垂向连通性破坏,引起河湖水系阻隔、河湖洪水满溢过程阻断、水体渗透性破坏等现象时,应进行河湖生态连通性修复。河湖水系连通性是指在河流纵向、横向和垂向的物理连通性和水文连通性。物理连通性是水系地貌空间结构的连通情况,是流域内河流与湖泊、河道与河漫滩之间的物质流、信息流和物种流保持畅通的基本条件,也是水生态系统结构参数之一;水文连通是水系在一个水文周期内呈现出的连通、不连通、半连通等水流动态特征,河湖间的水文连通保证了注水和泄水的畅通,维持着湖泊最低蓄水量和河湖间营养物质交换。

以生态保护为主要功能的连通性修复任务主要包括修复河流纵向、横向和垂向空间维度及时间维度上的物理连通性和水文连通性,改善水动力条件,促进物质流、物种流和信息流的畅通流动。

## 4.3.1　纵向连通性恢复

在河流上建造大坝和水闸,会造成上下游物质流和物种流受阻,并且水库径流调节会影响鱼类产卵和生存。恢复和改善纵向连通性的措施,主要包括改善水库的调度方式、建设过鱼设施、推进绿色小水电发展、拆除大坝、改建引水式电站闸坝生态等。

### 4.3.1.1　推进绿色小水电发展

根据《世界小水电发展报告 2019》统计,全球小水电资源蕴藏量估算约为 229 GW。

截至 2019 年底,全球小水电(低于 10 MW)的总装机容量为 78 GW,对比 2013 年增加了约 10%。世界上大部分(66%)的小水电资源仍未开发。截至 2020 年底,全国在建农村水电站规模 348.2 万 kW,共建成 43 957 座,装机容量 8 133.8 kW,占全国水电装机容量的 22%。

我国小水电主要分布在丘陵山区,多为引水式电站。引水式电站造成闸坝与厂房之间的河段常年或季节性断流,对厂坝间河段的生态系统造成了严重破坏,特别是山区河流梯级开发造成的累积效应,更是加剧了生态系统退化。

2016 年水利部印发了《水利部关于推进绿色小水电发展的指导意见》(水电〔2016〕441 号),从小水电站规划、新建小水电站环境影响评价要求、最低生态流量保障、已建小水电站改造、监控系统建立及管理等诸多方面提出了政策要求。

(1)严格项目准入。将生态安全、资源开发利用科学合理等作为新建小水电项目核准或审批的重要依据。对于资源开发不合理、取水布局不合理、无生态需水保障措施的新建小水电项目,不予核准或审批通过。不能满足生态需水泄放要求的新建水电项目,不得投入运行。

(2)实施升级改造,推动生态运行。保障小水电站厂坝间河道生态需水量,增设泄流设施。改善引水河段厂坝间河道内水资源条件,保障河道内水生态健康。

(3)健全监测网络,保障生态需水。新建小水电站的生态用水泄放设施与监测设施,要纳入小水电站主体工程同步设计、同步施工、同步验收。已建小水电站要逐步增设生态用水泄放设施与监测设施。加强对小水电站生态用水泄放情况的监管,建立生态用水监测技术标准,明确设备设施技术规格,建立小水电站生态用水监测网络。

(4)完善技术标准。将生态需水泄放与监测措施、生态运行方式等规定作为强制性条文,纳入小水电站可行性研究报告编制规程、初步设计规程等规范。

(5)依法监督检查。

(6)鼓励联合经营、统一调度。

2017 年水利部批准发布了《绿色小水电评价标准》(SL 752—2017)。该标准规定了绿色小水电评价的基本条件、评价内容和评价方法。评价内容包括生态环境、社会、管理和经济 4 个方面。其中,在生态环境部分,评价内容包括水文情势、河流形态、水质、水生及陆生生态、景观、减排;在社会部分,评价内容包括移民、利益共享和综合利用。

2021 年 12 月 23 日,水利部、发展和改革委员会、自然资源部、生态环境部、农业农村部、能源局、林业和草原局联合印发《关于进一步做好小水电分类整改工作的意见》(水电〔2021〕397 号),意见指出,小水电分类整改工作应以习近平生态文明思想为指导,坚决落实党中央、国务院决策部署,从生态整体性和流域系统性出发,统筹生态保护、绿色发展与民生改善。

2022 年 9 月 30 日,水利部办公厅印发《库容 10 万立方米以下小水电大坝安全评估技术指南(试行)》(办水电〔2022〕272 号),作为地方开展评估、自查与抽查的参考指导。

截至 2020 年底,19 个省份累计创建小水电站 338 座,长江经济带小水电清理整改阶段性任务如期完成,3 900 多座退出类电站中,应于 2020 年底完成的立即退出类 3 000 多座已全部退出,应于 2022 年底前完成的限期退出类 900 多座,已退出 450 多座,仍在运行的电站已按规定下泄生态流量并接入各级监管平台。

#### 4.3.1.2　拆除大坝

我国现有水库90%以上兴建于20世纪50—70年代,受到当时工程质量控制不严、水文地质资料欠缺及财力不足等经济技术条件限制,很多工程质量较差,加之后期管护不到位,大量已建水库经多年运行后仍然存在各种安全隐患。病险水库不但不能正常发挥效益,还有很高的溃坝风险,严重威胁下游群众生命财产安全。有大批水库经多年运行,库区淤积严重,有效库容已经或基本淤满,水库已丧失原设计功能。另外,有些水库大坝阻断了水生生物洄游通道,威胁濒危、珍稀、稀有生物物种生存。对这些有重大安全隐患、功能丧失或严重影响生物保护的水库,经论证评估应对水库降等或报废。

水库降等与报废及大坝拆除是一项政策性和技术性很强的工作,必须充分论证,确保科学决策,避免决策任意性。2003年5月,水利部发布了《水库降等与报废管理办法(试行)》(水利部令第18号)。2013年10月水利部发布了《水库降等与报废标准》(SL 605—2013)。从行政规章和技术准则两个方面,规范了水库降等与报废工作。

《水库降等与报废标准》(SL 605—2013)规定了水库降等和水库报废的适用条件,提出了善后处理的工程措施和非工程措施。其中,水库报废条件为:①库容与功能指标,指严重淤积、严重渗漏、失去水源、原设计功能丧失。②工程安全条件,指存在严重险情或安全隐患,而除险加固经济不合理;工程质量问题严重;因洪水、地震等原因,工程遭到严重破坏。③其他情况,指征地、移民问题未能妥善解决;库区有重大考古发现;水库大坝阻断了水生生物洄游通道,为保护珍稀生物物种,需要拆除大坝;库区发现珍稀或濒危动植物物种,其原生地不得淹没破坏,又无法迁移保护,需空库予以保护的;水库蓄水引起上、下游生态环境及水文地质条件严重恶化,需拆除大坝的;水事纠纷严重。水库报废的善后处理技术主要包括拆坝方式、淤积物处理方法、相应水土保持、环境保护、生态修复措施。

美国土木工程协会能源分会水力发电委员会编写出版的《大坝及水电设施退役指南》(以下简称《指南》),较为全面地阐述了大坝退役的基本原则、拆坝工程可行性评估、环境评价以及淤积物管理等方法。《指南》把大坝退役工作分为六个阶段:第一阶段为初始退役评估,确定退役研究范围及边界条件;概述工程退役的优缺点;对公众利益影响;退役成本等。第二阶段是各个利益相关者的协商阶段。第三阶段是数据收集与分析阶段,《指南》对数据收集范围有明确的界定,并且详细说明了量化的退役可选方案及评估方法。第四阶段为对可选方案评估,通过敏感性分析,确定实施方案。第五阶段为立项、设计和施工阶段。第六阶段为长期管理阶段,包括土地用途变更、淤积物处理、拆除大坝和设备的遗留问题处理等。

#### 4.3.1.3　改建引水式电站闸坝生态

引水式电站靠拦河闸坝抬高水位形成前池,通过进水口将水引入河谷一侧约几千米长的压力钢管或隧洞,其下游出口连接水轮机室,水流推动水轮机组发电。引水式电站对河流生态系统产生严重的干扰和破坏。引水式电站除汛期短期弃水闸坝溢洪外,在非汛期,电站运行会造成闸坝与厂房间河段断流、干涸,其长度往往达到几千米至十几千米。其后果直接影响沿河居民饮水和用水,使水生植物失去水源供给,加之拦河闸坝阻碍了鱼类和底栖动物运动,给滨河带植被和水生生物群落带来了毁灭性打击,造成河流生态系统的退化。

为保证引水式电站脱水河段下泄环境流量及克服鱼类洄游障碍,需要对引水式电站闸坝进行生态改建,其技术要点如下:

(1)引水式电站闸坝生态改建的目标是:①保障厂坝间河段居民用水和河道环境流量;②保障鱼类和底栖动物能够上溯或降河运动;③增设生态用水监测设施,实现下泄流量自动监管。

(2)核算生态流量,简易方法可采用 Tennant 法。

(3)引水式电站改建工程,需保留拦河闸坝大部分,以继续发挥挡水和泄洪功能。只需改造部分坝段,用于下泄水流,以保证环境流量。改建坝段坝顶高程,根据水位-流量关系曲线和环境流量确定。改建的溢流坝段可以设置控制闸门,小型闸坝也可以不设控制闸门,允许自然溢流。

(4)改建的溢流坝段按鱼坡设计。鱼坡是为鱼类洄游专门设计的一种鱼道型式,是具有粗糙表面的缓坡。鱼坡能满足鱼类溯河或降河运动需求,也适合底栖动物通过。

(5)将鱼坡结构整体嵌入堰坝中,构成组合式结构称为鱼坡式溢流坝段。鱼坡式溢流坝段具有双重功能,既可以满足下泄环境流量的要求,也可以解决鱼类洄游问题。

(6)改建后的闸坝溢流坝段常年泄水,满足生态流量的要求。同时,鱼类和底栖动物可以通过鱼坡进行上溯或降河运动。在汛期,洪水通过保留坝段泄洪,同时调节鱼坡闸门,控制下泄流量,以防止冲毁鱼坡。

(7)对于新建引水式电站,在设计之初就要考虑下泄环境流量和鱼类洄游问题,鱼坡式溢流坝结构不失为一种合理选择。

## 4.3.2　横向连通性恢复

在河流横向有两类连通性受到人类活动干扰:一类是河流与湖泊之间的连通性由于围垦和闸坝工程影响受到阻隔;另一类是河流与河漫滩之间连通性由于堤防约束而受到损害。横向连通性恢复可以采取的工程措施包括恢复河湖连通性、堤防后靠和重建,以及连通河漫滩孤立湿地等。

### 4.3.2.1　恢复河湖连通性

历史上,为达到围垦造田和防洪等目的,建设闸坝等工程措施,破坏了河湖之间的自然连通性,造成了河湖阻隔,使一些通江湖泊变成孤立湖泊,失去了与河流的水力联系。历史上,长江中下游地区的大多数湖泊均与长江水系相通,能够自由与长江水系保持水体交换,称为通江湖泊,是长江中下游独特的江湖复合生态系统。由于自然演变、湖泊退化,特别是 20 世纪 50 年代后的围湖造田,80 年代后的围网养殖,通过建闸、筑堤等措施,原有的 100 多个通江湖泊目前只剩下洞庭湖、鄱阳湖等个别湖泊。江湖阻隔后,水生动物迁徙受阻,产卵场、育肥场和索饵场消失,河湖洄游型鱼类物种多样性明显降低,湖泊定居型鱼类所占比例增加。但两种类型的鱼类总产量都呈下降趋势。江湖阻隔使湖泊成为封闭水体,水体置换缓慢,使多种湿地萎缩。加之上游污水排放和湖区大规模围网养殖污染,湖泊水质恶化,呈富营养化趋势。河湖阻隔的综合影响是特有的河湖复合生态系统退化、生态服务功能下降。

自然状态的河湖水系连通格局有其天然河流性。河湖连通工程规划,应以历史上的河湖连通状况为理想状况,确定恢复连通性目标。当然,目前完全恢复到大规模河湖改造和水资源开发前的自然连接状况几乎是不可能的,只能以自然状况下河湖水系连通状况作为参照系统,立足现状,制定恢复连通性规划。具体可取大规模水资源开发和河湖改造前的河湖关系状况,如 20 世纪 50—60 年代的河湖水系连通状况作为理想状况,通过调查获得的河湖水系水文、地貌历史数据,重建河湖水系连通的历史景观格局。在此基础上,再根据水文、地貌现状条件和生态、社会、经济需求,确定改善河湖连通性目标。为此,需要建立河湖水系连通状况分级系统。在分级系统中,生态要素包括水文、地貌、水质、生物,以历史自然连通状况作为优级赋值,根据与理想状况的不同偏差率,再划分良、中、差、劣等级。一般情况下,修复定量目标取为良等级。

### 4.3.2.2　堤防后靠和重建

在防洪工程建设中,一些地方将堤防间距缩窄,目的是腾出滩地用于房地产开发和农业耕地,其后果:一方面切断了河漫滩与河流的水文连通性,造成河漫滩萎缩,丧失了许多湿地和沼泽,导致生态系统退化;另一方面,削弱了河漫滩滞洪功能,增大了洪水风险。生态恢复的任务是将堤防后靠和重建,恢复原有的堤防间距,这样既满足防洪要求,也保护了河漫滩栖息地。堤防后靠工程除堤防重建外,还应包括清除侵占河滩地的建筑设施、农田和鱼塘等。

### 4.3.2.3　连通河漫滩孤立湿地

河流在长期自然演变过程中,会形成河漫滩多样的地貌形态。在历史上大中型河流的主河道由于自然因素或人工因素改道,原有河道成为脱离主河道的故道。由于河道自然或人工裁弯取直,形成了脱离河流主河道的牛轭湖。河漫滩上还有一些面积较大的低洼地,形成了间歇式水塘。这几种地貌单元在降水或洪水作用下,形成了季节性湿地。在自然状况下,这类湿地与主河道之间存在间歇式的水文连通。当汛期洪水漫溢到牛轭湖、故道或低洼地时,河流向这类湿地补水。在非汛期,这类湿地只能依靠降水和少量的地表径流汇入维持。所以,调查故道或牛轭湖的水文、地貌状况时,需要调查补水的时机、延时及当时河流流量和水位。

由于防洪需要建设堤防,完全割断了河流与故道或牛轭湖的水文连通性,使得故道或牛轭湖变成了孤立湿地。因缺乏可靠水源,孤立湿地的水位往往较低,旱季还可能面临干涸的风险。孤立湿地中的水体缺乏流动性,加之污染物排放,夏季常常出现水华现象,甚至变成蚊虫孳生的场所。

故道或牛轭湖湿地的生态修复有两种情况:一种是故道或牛轭湖位于堤防以内,生态恢复的任务是修复河流—湿地的物理连通性,控制水位,扩大湿地面积,实现自流式补水。另一种是位于堤防外侧,属于孤立湿地,生态修复的任务是人工恢复河流–湿地的物理连通性和水文连通性,使湿地具有可靠的水源并能满足湿地的生态水文需求,实现河流–湿地泵送补水。

## 4.3.3　垂向连通性恢复

河流垂向连通性反映地表水与地下水之间的连通性。人类活动导致河流垂向物理连通性受损,主要缘于地表水与地下水交界面材料性质发生改变,例如不透水的河湖护坡、护岸和堤防衬砌结构,阻碍了河湖地表水与地下水交换通道。恢复垂向连通性的目的在于尽可能恢复原有的水文循环特征,缓解垂向物理连通性受损引起的生态问题。地下水严重超采是对垂向水文连通性的损害,因此地下水回灌同样是恢复垂向连通性的任务。

为恢复河湖的垂向连通性,可采用透水的自然型河道护岸技术。河道岸坡防护的目的是防止水流对岸坡的冲刷、侵蚀,保证岸坡的稳定性。自然型河道护岸技术是在传统的护岸技术基础上,利用活体植物作为护岸材料,不但能够满足护岸要求,而且具有透水性能,保证地表水与地下水的交换,还能提供良好的栖息地条件,改善自然景观。自然型河道护岸主要包括天然植物护岸、植物纤维垫、石笼类护岸、木材-块石类护岸、多孔透水混凝土构件、半干砌石以及组合式护岸结构。

为解决地下水严重超采引起的环境问题,管理部门可采取限采、封井等措施。

## 4.4　河漫滩与河滨带生态修复治理技术

### 4.4.1　河漫滩与河滨带概述

河漫滩是河流洪水期淹没的河床以外的谷底部分,既是行洪通道,也是重要的水生生物栖息地。河滨带是水体边缘与河岸坡交汇的水陆交错带,其独特的地理位置使其成为水陆之间物质交换、能量传递及信息交流的重要场所,具有维护河岸稳定、截留污染物、保护河流水质、保护物种多样性及景观功能等多种生态功能。

人类活动的干扰以及长期大规模开发和侵占,导致河漫滩、河滨带萎缩及生物多样性降低、水生态系统退化等。河漫滩与河滨带修复的主要任务是确保行洪安全,加强岸线管理和划定水域岸线保护红线;重建河漫滩栖息地,恢复缓冲带功能,重建河滨带植被。

### 4.4.2　河漫滩与河滨带生态修复理念

目前,河流生态修复大多关注水质的改善与河道内绿化条件的提升,但要恢复城市河流自净能力、生物生产力、生物栖息地多样性等生态功能,仅仅依靠河道内部水质的恢复与栖息地条件的改善是无法完成的。

河漫滩是河流生态结构中典型的群落过渡带,具有连通水域和陆域的作用,是动植物群落生存与河流能量转换的重要场所。河滨带是形成水生态与水质的重要保护圈层,是河流水环境必不可少的生态保护屏障。在城市待建区域的河道治理工程中,将河流漫滩区及河滨带结构纳入规划范围内,能避免传统河道治理挤占河道、高筑堤防等不可持续发展模式的发生。基于此,应确立“大滩区、河滨带”的河道治理思路,利用河流自然滩区滞洪削峰,建立滩区结构与防洪工程协同作用的耦合模式,才能再利用河流滩区创造生态价值。同时,以生态学原理为基础,调整河滨带内土地利用形式,修复自然物理基底,修复河滨带退化的生态系统,稳定生态结构,让鸟类、鱼类归回栖息地,建立河滨带生态屏障,保证河流的良性发展。

### 4.4.3　河漫滩与河滨带生态修复空间布局

河漫滩生态修复是通过挺水植物—浮叶植物—沉水植物从上至下构建进行的。河滨带生态修复则是通过中生植物—湿生植物—挺水植物从上至下构建进行的。河漫滩及河滨带的修复空间范围由河流的水位变幅带和水向辐射带组成,属于水域范围,其空间布局需要根据场地的地质地貌进行配置。

### 4.4.4　河漫滩生态修复治理技术

#### 4.4.4.1　**重塑河漫滩**

河漫滩重塑就是在河漫滩对地形地貌进行有条件的微处理,以形成多元的滩区地貌。地形的处理应当以不阻碍行洪作为基础依据。河漫滩一般以向下游辐聚的鬃岗与洼地相间分布为主要特征,在进行工程设计时,应模仿与顺应这种地貌类型。此外,在河道沿途若有低洼且可利用的区域,可以有条件地设置开放滩区,开放滩区在单侧或两侧放开堤防,以自然地形或通过修改来达到防洪目的。

#### 4.4.4.2　**重建河漫滩栖息地**

重建河漫滩栖息地有两种方法,一种是开挖河道侧槽,侧槽上下游均与主河道连通,侧槽与现存或新开挖的河道旁侧池塘、湿地连接,提高了栖息地的水文保证率。另一种是侧槽修建在地下水位较高的河漫滩,开挖的侧槽仅在其下游尾部与主河道连接。侧槽纵坡较缓,仿照天然河道铺设卵石,侧槽的地貌形态可以设计成蜿蜒型的深潭浅滩序列。河道侧槽可为多种鱼类提供优质产卵场和索饵场,重建低流速的鱼类栖息地。

利用河漫滩现有的卵石坑、凹陷区、水塘和洄水区,通过相互连通及与主河道连通,达到增加鱼类栖息地的目的。施工方法除开挖以外,还可以利用抛石丁坝、木桩人工鱼巢、局部河床铺设沙砾层等,形成深潭、水塘等地貌单元。这些低流速栖息地能够成为多种鱼类的索饵场,这也为食鱼鱼类提供避难所。

#### 4.4.4.3　**构建河漫滩防护林**

河漫滩的植被构建,首先需满足行洪要求。《中华人民共和国防洪法》规定:"禁止在行洪河道内种植阻碍行洪的林木和高秆作物。""禁止在河道、湖泊管理范围内建设妨碍行洪的建筑物、构筑物,倾倒垃圾、渣土,从事影响河势稳定、危害河岸堤防安全和其他妨碍河道行洪的活动。"如上所述,岸坡植被具有固土护岸、降低流速、减轻冲刷的功能,同时为鱼类、水禽和昆虫等动物提供栖息地。护堤护岸林木,不得任意砍伐。采伐护堤护岸林木的,须经河道、湖泊管理机构同意后,依法办理采伐许可手续,并完成规定的更新补种任务。河漫滩植被构建设计,在优先满足防洪安全的前提下,根据河漫滩的不同区位,采取乔灌草相结合方法,合理配置植物,布置多样化的植物分布格局,既能形成多样化的生境条件,又能创造居民亲近自然、休闲运动的临水空间。

### 4.4.5　河滨带生态修复治理技术

#### 4.4.5.1　**河滨带植被重建**

植被重建是河滨带生态修复的一项重要任务。植被重建要遵循自然化原则,形成近自然景观。河滨带植被重建主要从植物种类选择、植物配置与群落构建、植物群落营造等方面考虑。

1. 植物种类选择

植物种类选择原则如下所述：

(1)坚持优先选择乡土植物原则。指的是项目所在地广泛分布的物种(不包括外来入侵物种)。乡土植物适应当地土壤气候条件,成活率高、病虫害少、维护成本低,有利于维持生物物种多样性和生态平衡。

(2)坚持适地适树原则。以恢复河滨带生态系统结构与功能为目标。依据河滨带的护岸防堤、水土保持、过滤净化水体等主体功能,针对不同恶劣环境,选择抗逆性强的植物,有利于植物成活生长,优先选择适应河道主体功能的植物。如平原河道,汛期退水缓慢,植物淹没时间较长,这就需要选择耐水淹的植物;山地丘陵区,溪流水位暴涨暴落,土层薄且贫瘠,需选择耐贫瘠植物;沿海地区河道,土壤含盐量高,需选择耐盐性强的植物;在北方风沙大的沙质河滨带,可选择具有防风固沙作用的沙棘、紫穗槐、白蜡等;在常水位以上的部位易受干旱影响,可选择耐旱植物,如合欢、野桐等。而且依据景观生态学原理,也可起到遮阴作用,以及提高景观美学价值。

(3)坚持根据河流不同水位合理选择植物原则。河流岸坡土壤含水率随水位变化呈现规律性变化。应依据不同水位选择岸坡植物种类,从岸坡顶部(堤顶)至设计洪水位、设计洪水位至常水位、常水位以下等3种区间植物类型分别为中生植物、湿生植物、水生植物,其中水生植物分为沉水植物、浮叶植物和挺水植物。

堤顶至设计洪水位区间,是营造河道景观的重点。此区间内土壤含水率相对较低,夏季遇有旱情存在干旱威胁。配置的植物以中生植物为主,树种以当地能够自然形成片林景观的物种为主。选择既具景观效果又有一定耐旱能力,物种类型丰富多样,季相变化多姿的树种。

设计洪水位至常水位区间,是固土护岸的重点部位。汛期岸坡受洪水侵蚀和冲刷,枯水季岸坡裸露,因此宜选择根系发达、抗冲能力强的物种。需根据立地条件和气候特点来构建植物群落。立地条件较好的地段可采用乔灌草结合方式,土壤条件较差的地段采用灌草结合方式。接近常水位线的部位以耐水湿生植物为主,上部选择中生植物但能短时间耐水淹。此区域以多年生草本、灌木和中小型乔木为主。

常水位以下区间,主要配置水生植物,也可以适当种植耐淹的乔木等。此区域是发挥植物净化水体功能的重点部位。沿河道常水位向河道内方向,依次配置挺水植物、浮叶植物、沉水植物。常水位以下,土壤含水率长期处于饱和状态。据此,宜选择具有良好净化功能的挺水植物等,挺水植物构建是以莲、香蒲、菰等为建群种的挺水植被带,可以吸收底泥中的营养元素,为水生昆虫、鱼类和两栖动物提供食物和繁育场所。浮叶植物构建是以荇菜、睡莲等为建群种的浮叶植被带,可以吸收和降解水体与底泥中的营养元素与污染物,减少水面蒸发,为水生动物(鱼、虾、蟹)提供产卵场、索饵场和隐蔽处,为水禽提供营巢处。沉水植物构建是以眼子菜属的微齿眼子菜、竹叶眼子菜、菹草、篦齿眼子菜和穿叶眼子菜,黑藻属的轮叶黑藻,苦草属的苦草,狐尾藻属的穗花狐尾藻和金鱼藻属的金鱼藻等大型沉水植物为建群种的大面积"水下森林",能大量吸收和降解水体中的营养元素和污染物,有效降低水中氮、磷和有毒有害物质的浓度,为鱼类、鸟类和软体动物提供饵料、栖息地和产卵地,提高水环境质量,保障水体生态安全。

(4)坚持遵循经济适用原则。选择当地容易获取种子和苗木、发芽力强、育苗容易、抗病虫害能力强、造价低的植物,以降低植物养护成本,争取达到种植初期少养护、植物生长期免养护的目标。

2. 植物配置与群落构建

构建健康的河滨带植物群落,是发挥植物生态功能的重要措施,为此需要进行河滨带植物群落设计。

1)植物种类的配置原则

(1)乔灌草相结合原则。乔灌草相结合的复层结构既有草本植物速生、覆盖率高的优点,又能发挥灌木和乔木植株冠幅大、根系深的优势,综合发挥固土护坡、减轻污染负荷及遮阴的作用,优势互补,相得益彰。

(2)物种互利共生原则。选择的植物应在空间和生态位上具有一定的差异性,避免物种之间激烈竞争,保证群落稳定。河滨带植物群落构建,是依据生态位原理,引入适宜的物种,填补空白生态位,使原有群落的生态位趋于饱和,这不仅可以抵抗病虫害和生物入侵,而且可以增强群落稳定性,增加物种多样性。河滨带选用的植物种类应在植物群落中具有亲和力,既不会被群落物种所抑制,也不会抑制其他植物种类的正常生长。

(3)常绿树种与落叶树种混交原则。常绿树种与落叶树种混交可以形成明显的季节变化,避免冬季河滨带色彩单调,提高河滨带景观的美学价值。

(4)深根系植物与浅根系植物相结合原则。这种结合可形成地下根系立体结构,不仅可以有效发挥植物固土护坡、水土保持功能,还能提高土层的营养利用率。但是,要特别注意防止在堤防护坡种植主根粗壮植物,避免植物根部对堤防产生破坏。

2)植物布置方式和种植密度

河滨带植被重建,要坚持自然化原则,以自然状态营造近自然的植被景观。避免趋同于城市园林绿化,要避免植物种类单调、植物布置整齐划一及修剪造型的人工造景方法。不同植物的合理配置、种植密度的稀疏,都应仿照自然植被布局。比如,不同的乔木树种可采取株间或行间混交;灌木随机布置在乔木株间或行间;草本植物播撒在整个河滨带。

#### 4.4.5.2　河滨带土壤改良技术

河滨带土壤受河流水位周期性变化的影响,通常表现为季节性积水或常年非积水但非常湿润的现象。河滨区土壤的恢复在吸附和吸收污染物、净化水质、支撑植被生长繁殖方面起着关键作用,是河滨生态修复的重要内容之一。

土壤的恢复可以通过客土改良技术来完成,属于物理修复模式。客土改良要注意土壤机械组成恢复的合理结构,粗粒与黏粒比例适宜,以达到改善河滨带生境结构的目的。另外,河滨带一旦被破坏,想要重新建立一个新的稳定的河岸带,在重新种植植物之前需要用合适的表层土与深层土替换原来的土壤,深层土要有一定的导水率以满足地下水有合理的传输时间。表层土与深层土都应该具有足够的碳含量来支持微生物的活动,从而使地下水中产生较低的氧化还原电势。

# 4.5　湖滨带生态修复技术

## 4.5.1　功能分析

### 4.5.1.1　缓冲净化功能

对湖滨带水陆生态系统间的物质流、能量流、信息流和生物流发挥屏障、过滤和缓冲功能。经过一定宽度的湖滨带通过水-土-植物-微生物系统的渗透、过滤、沉积、吸收、滞留、分解等物理、化学和生物作用,可控制、减少来自地表径流的溶解性污染物质,达到降解环境污染物、净化水质的目的。

### 4.5.1.2　生态保护功能

保持湖滨带及岸线生物多样性并提供野生动植物栖息地以及其他特殊地的保护功能,增加生态空间。湖滨缓冲带交替出现的干湿变化造成了湖滨栖息地和植被斑块的多样性和时间变化性,并产生一些依赖这种生境的特有物种。这种变化增加了湖滨缓冲带内物种的丰富度,同时提高了总物种的共存性。此外,湖滨带内植被能维持诸如水温低、含氧量高的水生条件,有利于某些鱼类生存,并为水生食物链提供有机质,特别是挺水植物和沉水植物为产黏性卵的鱼类提供了重要的附着基质,使得湖滨带成为鱼类重要的孵化和哺育场所。

### 4.5.1.3　固坡护岸功能

具有稳定湖岸、控制土壤侵蚀的护岸功能。湖滨缓冲带内植被,一方面可减小岸边水流流速,从而降低风浪侵袭湖岸的强度,保护湖岸免受风浪的直接冲刷和侵蚀;另一方面通过植物根系可以增强湖岸土壤的强度,以提高湖岸的稳定性。

### 4.5.1.4　经济美学功能

可提供丰富的资源、舒适的环境等经济美学功能。流域湖滨缓冲带内水分、光照充足,来自陆域和水域的沉积物使得湖滨缓冲带内的有机物和营养物质十分丰富,形成了湖滨带很高的初级生产力。此外,湖滨缓冲带内丰富的动植物资源,不仅使湖滨带具有很高的生物资源开发潜力,而且造就了湖滨带独特而秀丽的自然景观,具有很高的经济价值和美学价值,是重要的旅游资源。同时,湖滨带内较高的生物多样性,以及环境因子与动植物群落之间存在的复杂联系,为居民百姓休闲及绿色出行提供目的地,也为教育和科研提供了重要的基地。

## 4.5.2　湖滨带生态环境调查分析

### 4.5.2.1　调查目的

湖滨带生态环境调查的目的是甄别湖滨生态退化因子及其作用强度,为湖滨带生态修复设计提供依据。

### 4.5.2.2　调查范围

湖滨带调查范围包括整个湖滨带范围,根据湖滨带外围实际情况,可向陆向和水向纵深适当外延200~1 000 m。

#### 4.5.2.3　湖滨带生境调查

湖滨带生境调查因子包括湖滨带地形地貌、土地利用、污染源、水文、水质、底质等。

#### 4.5.2.4　地形

对项目区地形需进行工程测量,一般要求进行地形测图和断面测量。地形测图比例一般采用 1:2 000~1:5 000(研究阶段)、1:500~1:2 000(设计阶段),对于地形复杂、有重要构筑设施的区域,测图比例宜进一步加大。地形测图除一般常规要求外,还应标明现有植被的分布区域、各种污染源位置,以及进入湖滨带的河流、沟渠底高程及水流向,必要时还应专门进行雨、污水通道测绘。断面测量比例一般采用竖向 1:100~1:200、横向 1:500~1:2 000,断面一般垂直于岸线,断面间距一般为 200~1 000 m(研究阶段)、20~200 m(设计阶段),若湖滨带横断面变化较大区域,宜缩小间距。此外,必要时还需进行河道、沟渠纵断面测量。

#### 4.5.2.5　土地利用

土地利用重点调查湖滨带内村落、农田、鱼塘、码头、旅游点、水利工程设施等用地情况,土地利用应根据湖滨带外围人类活动压力适当向湖滨带外围扩展 500~2 000 m。

#### 4.5.2.6　污染源及人类对湖滨带干扰活动

污染源重点调查湖滨带内工业、生活、农田、养殖、旅游等污染,同时,还需调查湖滨带外围水土流失,以及进入湖滨带内的径流污染、管道排污情况等。调查湖滨带内植物资源利用、放牧、采砂等人类干扰活动。

#### 4.5.2.7　水文

水文重点调查进入湖滨带内的河流、沟渠等径流水量情况等,湖泊水位季节性变化、风浪特征、岸坡侵蚀及岸线稳定性等,调研区域降雨、蒸发、洪水等情况。

#### 4.5.2.8　水质、底质

水质、底质理化特征调查应包含所有二级类型湖滨带,并分别在挺水植物、浮叶植物、沉水植物、无植物的敞水区进行布点监测。水质重点调查总氮、氨氮、总磷、高锰酸盐指数、COD、透明度(或浊度)、溶解氧等指标,底质重点调查淤泥厚度、含水率、总氮、总磷、有机质等指标,调查方法参考《水和废水监测分析方法》(国家环境保护总局、《水和废水监测分析方法》编委会,中国环境科学出版社)。

#### 4.5.2.9　湖滨带生物调查

湖滨带生物调查应针对生物多样性保护目标展开,一般保护湖滨带内植被、浮游生物、底栖动物、鱼类、水鸟、两栖动物、爬行动物等;通常以湖滨带内植被调查为主,主要调查乔木、灌木、陆生草本植物、挺水植物、沉水植物、浮叶植物及漂浮植物等。采用陆生-水生断面调查,每个植被类型区分别布点调查植物种类、生物量、覆盖度等指标。调查时需同时记录保护物种及外来物种的入侵情况,湖滨带生物调查方法参考《湖泊富营养化调查规范》(金相灿、屠清瑛,中国环境科学出版社)。

#### 4.5.2.10　湖滨带现状类型划分

湖滨带的类型可以依据生态特征、生态功能等进行划分。一级分类主要依据地貌特征进行划分,二级分类主要依据生境、现状土地利用类型进行划分。

### 1. 一级分类

根据湖滨带地貌将湖滨带划分为缓坡型湖滨带与陡坡型湖滨带2种一级类型。缓坡型湖滨带平均坡度小于20°，初级生产者一般以高等植物为主；陡坡型湖滨带平均坡度大于20°，初级生产者往往是以附生生物为主的低等生物。

### 2. 二级分类

根据湖滨带的生境及土地利用类型，又可将湖滨带进一步划分为二级类型，主要包括滩地型、农田型、房基型、河口型、鱼塘型、自然山地型、路基型和堤防型湖滨带等。

#### 4.5.2.11　湖滨带生态环境问题调查与分析

在湖滨带污染现状、生境、生物调查的基础上，结合收集的湖滨带自然、社会经济等资料，对生态环境问题进行分析与评价。主要指标涉及洪水、风浪侵蚀、生物生境、植被、鸟类、底栖动物、鱼类、水质、底质、基底物理结构等自然因子，以及农田、鱼塘、村落、旅游、植物资源利用、挖沙采石、外围污染、人工水位调控、外来物种入侵等人为因子。

测量调查成果需提供地形图、土地利用图、植被类型图、水质分布图、底质分布图、多年水位过程线图、风玫瑰图等。评价成果应包括湖滨带类型及分布、湖滨带退化关键因子、湖滨带自然化率、植被物种数、修复区植被覆盖度、物种多样性指数等现状数值。

## 4.5.3　湖滨带生态修复总体设计

### 4.5.3.1　主要内容

(1)湖滨带生态修复总体设计，包括湖滨带生态功能定位、生态修复目标和设计原则的确定、整体设计、分区修复设计等。

(2)湖滨带分区生态修复工艺设计，主要对基底修复与群落配置的工艺进行设计。

(3)湖滨带生态修复工程的维护管理，主要包括工程区基底修复设施维护、湖滨植物群落维护等。

### 4.5.3.2　设计原则

#### 1. 自然恢复为主的原则

湖滨带生态修复应符合湖滨地质发育特点，遵循湖滨带水-陆生态系统的作用及演化规律，充分发挥自然恢复的能力。

#### 2. 保护优先的原则

湖滨带生态修复应注意对湖滨带自然状态良好区域的保护，避免对其进行人工干预或干扰。

#### 3. 生态功能保护为主的原则

坚持以湖滨带生态功能保护为主，避免利用湖滨带对流域污水进行处理净化。

#### 4. 生境改善先行的原则

依据生境决定生态系统的原理，控制湖滨带内及外围污染源，恢复湖滨生境，为湖滨带生态修复创造条件。

#### 5. 整体设计、分阶段修复的原则

全湖湖滨带生态修复应进行整体设计，充分考虑湖滨带与全湖泊生态环境的相互作用，同时与流域污染及生态工程相衔接，将生态修复分阶段设计，以适应湖滨生态自然演

变的规律。

6. 以本土物种为主的原则

湖滨带生态修复应充分利用本土物种进行生态修复。

### 4.5.3.3  生态功能定位及区划

湖滨带生态修复设计应从全湖出发,重点考虑生物多样性保护、水质净化、水土保持与护岸等生态功能,同时尽量兼顾景观美学价值、经济价值等。根据湖滨带生态功能定位,结合湖滨带历史特征、现状特征,对湖滨带要实现的主体功能进行划分。每个区域除一种主体功能外,还可划分多种非主体功能。具有多种生态功能的,主体功能优先划定为生物多样性保护功能。

1. 生物多样性保护功能区划分

湖滨带作为重要的生态交错带,其干湿交替变化造成了湖滨栖息地和植被斑块的多样性和时间变化性,产生一些依赖这种生境的特有物种,增加了湖滨带边缘物种的丰富度。具有保护脆弱栖息地、增强栖息地连通性、改善栖息地质量、增加物种丰富度的功能。同时,湖滨带作为湖泊鱼类、鸟类、底栖动物等生物的重要栖息地,对湖泊敞水区生物多样性保护具有非常重要的作用。

可以将以下区域划定为生物多样性保护功能区:①湖滨坡度较缓、变幅带较宽的区域;②湖滨地形变化丰富、湖湾发育度高的区域;③水鸟、鱼类、两栖和爬行动物类比较丰富的区域。根据保护的对象,生物多样性保护功能区可进一步细化为湖泊鱼类栖息地,湖泊底栖动物栖息地,水鸟栖息地,植被、两栖和爬行动物栖息地,小型哺乳动物栖息地等保护区;湖滨生境复杂的区域也可以单独划定,如河口湿地区、特殊湖湾区。

2. 水质净化功能区划分

湖滨带是湖泊的"天然生态屏障",其水-土壤(沉积物)-植物系统的过滤、渗透、吸收、滞留、沉积等物理、化学和生物作用,具有控制、减少来自湖泊流域地表径流中的污染物的功能。同时,湖滨带也可以通过营养竞争、化感作用等抑制湖泊水华藻类,改善湖体水质。

水质净化功能区可分为入湖径流水质净化区和湖泊水质净化区。湖滨外围农田分布面积较大、山体水土流失较重、入湖径流较多、浅层地下径流丰富的区域都可划定为入湖径流水质净化区;湖滨藻华暴发风险较高的区域可划定为湖泊水质净化区。

3. 水土保持与护岸功能区划分

湖滨带植被可降低湖滨径流冲刷,减轻水土流失;湖滨带植被的消浪、固岸等作用可以降低风浪对湖岸线的侵蚀强度,提高湖岸的稳定性。

水土保持与护岸功能区包括水土保持功能区和护岸功能区。湖滨带内坡度较大、水土流失风险较高的区域划定为水土保持功能区;对岸基不稳定、护岸要求较高的区域划定为护岸功能区。

4. 景观美学功能区划分

湖滨带丰富的空间格局和物种造就了独特而秀丽的湿地景观,可供人群休闲娱乐,具有很高的美学价值。

对景观美学价值较高的区域,可适当选择部分区域划定为休闲娱乐区,但应严格控制休闲娱乐区的面积,其面积一般不超过湖滨区域的 10%,休闲娱乐区也需同时强调生物多样性保护、水质净化、水土保持与护岸等生态功能。

5. 经济价值区划分

湖滨带内丰富的植物资源和野生动物资源,使湖滨带具有很高的生物资源开发潜力和经济价值。

对湖滨带内植物资源利用价值高且生长旺盛的区域,可划定为植物资源利用区;对于良好湖泊,应严格控制植物资源利用区的面积,植物资源利用区的面积一般不超过湖滨带面积的 30%。

#### 4.5.3.4　湖滨带生态修复目标和指标

湖滨带生态修复目标以一定历史时期的生态特征为参考,或相近区域湖泊湖滨带生态特征为参考,重点确定湖滨带生物多样性保护、水质净化及护岸(坡)等生态修复目标。

根据湖滨带生态修复目标,进一步细化主要修复指标,主要包括生物多样性保护、湖滨带修复面积($km^2$)、湖滨带自然化率增加值(%)、湖滨带平均宽度(m)、景观连通性、植被物种数(种)、修复区植被覆盖度(%)、植被平均生物量($kg/m^2$)、生物多样性指数(维纳香浓指数)、特殊保护物种(保护物种名称)、水质净化径流拦截净化量($m^3/$年)、径流污染物净化率(%)、水土保持与护岸、稳固岸线长度($km^2$)、休闲娱乐、经济价值等。

#### 4.5.3.5　湖滨带生态修复整体设计要求

从湖滨带的生态功能出发,结合水文地质、土地利用、生态环境等现状特征,进行系统考虑,确定湖滨带生态修复整体指标参数。

1. 湖滨带自然化率

遵循现状湖滨带自然化率不降低的原则。对于水功能区划要求为 I 类的湖泊,湖滨带自然化率不应低于 85%~90%;对于 II~III 类的湖泊,湖滨带自然化率不应低于 75%~85%;对于 IV~V 类的湖泊,湖滨带自然化率不应低于 75%~80%。

2. 湖滨带陆向辐射带宽度

湖滨带陆向辐射带是湖滨带核心区及整个湖泊的重要保护带。浅水湖泊湖滨带陆向辐射带的平均宽度不应小于 50 m,深水湖泊湖滨带陆向辐射带的平均宽度不应小于 30 m。湖滨带陆向辐射带宽度可根据外围汇水区径流量、湖滨带基底坡度和土壤渗透性等进行相应调整。

3. 景观连通性

湖滨带整体应保持高连通性,防止景观破碎化,每 10 km 被人为建(构)筑物中断(>100 m)不应超过 2 m 处,中断处应尽量通过宽度大于 30 m 的绿色廊道连接。

4. 水上建(构)筑物

码头、房屋、泵站等水上建(构)筑物设计时应考虑对湖滨带生物多样性、水文水质等影响,尽量减少对湖滨带的干扰和破坏,并设计廊道连接被隔断的湖滨带。建(构)筑物应远离环境敏感区、生物多样性保护区、特征物种分布区、鱼类及底栖动物栖息地、小型湖湾等环境重要保护区域,距离不应小于 20 m;现有建(构)筑物对环境重要保护区域造成影响的,应进行拆除和搬迁;建(构)筑物尽量架空小体量建设,以保持湖滨带的自然状态;建(构)筑物及管线应利用植被系统进行遮挡,尽量避免破坏湖滨生态景观。

5. 外围污染控制要求

为了保持湖滨带生态健康,湖滨带不应承担污水处理的功能,进入湖滨带的水质应控制在低污染水平,并在其自然净化能力范围之内。进入湖滨带的径流污染应按照水环境功能区划要求控制在相应水质目标内,没有明确要求或水质要求不高的情况下,进入缓坡型湖滨带的径流水质不应劣于《地表水环境质量标准》(GB 3838—2002)所规定的 V 类;进入陡岸型湖滨带径流水质不应劣于《地表水环境质量标准》(GB 3838—2002)所规定的Ⅳ类。

## 4.5.4　湖滨带生态修复工艺

考虑湖滨带类型、要实现的生态功能、生态修复目标等,提出湖滨带生态修复模式。

### 4.5.4.1　缓坡型湖滨带

1. 滩地型

该类型湖滨带现状为地势平缓,原有湖滨带生态系统仍有保留,但人为干扰造成其生态退化。该类型湖滨带生态修复重点考虑生物多样性保护功能,一般按陆生生态系统向水生生态系统逐渐过渡的完全演替系列设计,植被类型包括乔灌草植物带、挺水植物带、浮叶植物带、沉水植物带(见图 4.5-1)。湖滨大型底栖动物、鱼类退化严重的区域,可在沉水植物带增加大型底栖动物和鱼类的栖息地的设计。

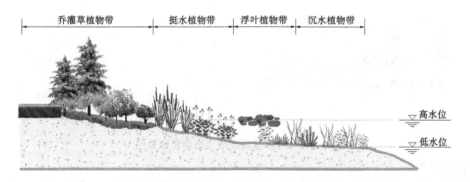

**图 4.5-1　滩地型湖滨带生态修复示意图**

根据水位高程及其变化设计植物带。水位变幅小的湖泊,陆生乔木带设计在最高水位线以上,湿生乔木和挺水植物带设计在常水位 1 m 水深以内的区域,浮叶植物带设计在常水位 0～2 m 水深的区域,沉水植物带设计在常水位 0.5～3 m 水深的区域。水位变幅大的湖泊湖滨带植被应充分参考湖泊植被的历史状况及现状的季节性变化,并以湿生草本植物带自然恢复为主。

2. 农田型

该类型湖滨带现状为受农田侵占,地形地貌受到一定的破坏。退田后在湖滨带外围一般仍存在大量农田。农田型湖滨带以农田径流水质净化功能为主,尽量恢复成完全演替系列(见图 4.5-2)。植物配置中应采用根系发达的大型乔木净化农田区浅层地下径流;在基底修复中应加固原有农田外围的护岸设施,维持基底的稳定性。由于护岸工程对浮叶植物带生长影响大,植物配置中也可设计成浮叶植物带缺失的不完全演替系列。

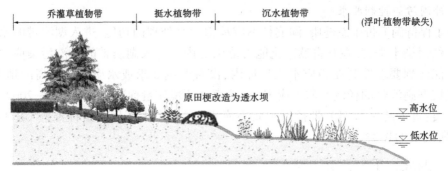

图 4.5-2　农田型湖滨带生态修复示意图

**3. 房基型**

该类型湖滨带现状为被村落房屋侵占,湖滨生态系统被破坏。以生物多样性保护为主的修复区,全部退房还湖并进行基底修复。植被尽量修复为完全演替系列。

房屋不能完全清退的,拆除部分房屋并设计生态岸坡,做护岸处理,坡度小于 25°;植被带可设计成陆生植被带或浮叶植物带或挺水植物带缺失的不完全演替系列(见图 4.5-3)。

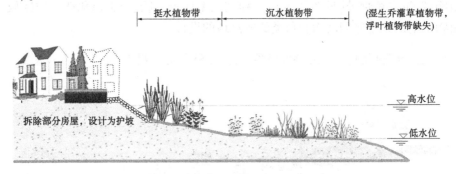

图 4.5-3　房基型湖滨带生态修复示意图

**4. 鱼塘型**

该类型湖滨带现状为大面积鱼塘,湖滨水质恶化、生态系统受损。鱼塘型湖滨带一般修复为多塘湿地,基底修复是将鱼塘塘埂拆除至水面以下而仅保留塘基,上部石料与塘埂内的土料混合后,就地抛填在塘埂两侧形成斜坡;水面以下部分应每间隔一定距离将塘基清除,使塘内外土层沟通,塘基呈散落状分布,同时覆土覆盖鱼塘污染底泥。

针对底质污染较重、底泥较厚的鱼塘,应先对污染底泥进行清淤,再拆除塘基,防止退塘时淤泥再悬浮污染湖泊水质。植物修复根据各鱼塘水深、水位波动种植挺水植物、浮叶植物、沉水植物等(见图 4.5-4)。

**5. 堤防型**

该类型湖滨带被大堤隔断,外湖滨带(大堤外)被用地侵占,内湖滨带(大堤内)受风浪侵蚀,植被退化。对外湖滨带,构建人工湿地,修复乔灌草植物带、挺水植物带、浮叶植物带;对内湖滨带,有条件的采用抛石消浪或进行生态堤岸改造,植物修复以恢复沉水植

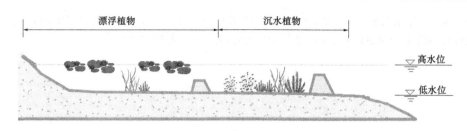

图 4.5-4　鱼塘型湖滨带生态修复示意图

物为主。

6. 码头型

规划新建或改造的码头,尽量考虑架空设计,减小硬化面积,未硬化区域可修复为不完全演替系列的植被系统,被码头隔断的湖滨带应通过廊道连接。

7. 其他专有修复模式

其他专有修复应遵循湖滨带生态功能定位,遵循因地制宜的原则进行设计,维持湖滨带的自然性和生境复杂性。

### 4.5.4.2　陡坡型湖滨带

1. 山地型

该类型湖滨带现状为山体直接入湖,地势较陡,湖滨带宽度较窄。生态功能定位为水土流失控制区的,仅修复陆生植被,采用不完全演替系列修复模式。具有大型底栖动物和鱼类重要栖息地功能且生态受损的,通过基底构建、生态岸坡构建、群落调整等,恢复附生藻类生物多样性,构建底栖动物和鱼类栖息地。

2. 路基型

该类型湖滨带现状为路基侵占湖滨带,生境受损。路基型湖滨带以护岸功能为主,但应同时考虑生物多样性保护。通过消浪、生态岸坡构建、修复营造鱼类及其他水生动物栖息地进行生态修复。

3. 房基型

该类型湖滨带现状为被房基侵占,生境受损。因陡坡型湖滨带生态脆弱,侵占房屋应全部清退。房基型湖滨带主要以生物多样性保护功能区为主,通过消浪、生态岸坡构建、修复营造鱼类及其他水生动物栖息地进行生态修复。

4. 其他专有修复模式

其他专有修复应遵循湖滨带生态功能定位,根据因地制宜的原则进行设计,维持湖滨带的自然性和生境复杂性,同时兼顾岸坡的稳定性。

### 参考文献

[1] 董哲仁.生态水利工程学[M].北京:中国水利水电出版社,2019.

[2] 中华人民共和国水利部.河湖生态系统保护与修复工程技术导则:SL/T 800—2020[S].北京:中国水利水电出版社,2020.

[3] 李宗礼,郝秀平,王中根,等.河湖水系连通分类体系探讨[J].自然资源学报,2011,26(11):1975-1982.

［4］李后强，艾南山.分形地貌学及地貌发育的分形模型［J］.自然杂志,1992,15(7):516-519.

［5］强盼盼.河流廊道规划理论与应用研究［D］.大连:大连理工大学,2011.

# 第 5 章　水质保护与改善技术

保护与改善河湖水环境治理是落实科学发展观的重要实践,是防洪保安全、优质水资源、健康水生态、宜居水环境、先进水文化的美丽幸福河湖建设的重要内容。随着工业化和城镇化进程的不断发展,人类活动对河湖的影响日益加剧,污染和富营养化严重,生态功能退化、萎缩,直接影响着人类生产和生活。水环境常见问题包括蓝藻、水绵、浮萍等藻类暴发的富营养化问题、黑臭问题等。这些水环境问题每年都会发生,并且没有办法彻底解决,因为水体是开放性,污染源没有办法彻底清除。随着水体中的营养物质富集,水环境问题不断出现,这是每个河道、湖泊、景观水体都会面临的挑战。

河湖水环境治理要坚持"山水林田湖草是生命共同体"理念,从生态系统整体性和流域系统性出发,在充分了解水环境具体情况的基础上,以入河排污口排查整治为抓手,系统开展内源污染和面源污染治理,有效削减流域入河污染物的排放总量,同时采取一定的水质强化处理措施,修复水体生态系统,利用动植物、微生物恢复水体生物多样性及健康状态,最终打造健康水环境,恢复水体自净能力。

## 5.1　入河排污口整治

入河排污口是污染源和水体的直接链接点,开展入河排污口的排查整治,可掌握进入水体的污染来源,是实现溯源的基础。首先应在原有入河排污口的基础上开展进一步的排查,并在排查基础上进行问题的识别、审批手续的完善和规范化整治工作,最终实现污染源、排污口、水体的一一对应,为下一阶段水环境精细化管理奠定基础。对于已排查出的入河排污口,按照"统筹规划、综合治理、区别对待、分步实施"的原则,采取排污口归并、调整、排放水提标、规范化建设、日常监督管理等措施对现有排污口进行综合整治,实现科学治污、精准治污和依法治污。

### 5.1.1　入河排污口排查

按照全国、省(市)入河排污口整治工作方案,创新工作方式,采取无人机+遥感+人工现场复核等多种形式,完成主要河流、水体入河排污口位置、数量的排查,按照河流形成入河排污口清单,并在此基础上进行人工的现场复核,识别入河排污口类型、废水排放量、污染物种类及与之对应的污染源信息,通过查阅资料及相关部门了解,梳理已有入河排污口设置审批手续办理情况。最终汇总形成主要河流、水体入河排污口信息清单。

### 5.1.2　完善入河排污口设置审批手续

根据梳理排查结果,限期完善未办理过手续的入河排污口设置审批手续,根据已有监测数据及实际排污情况,实际客观评价入河排污口设置的技术、政策法规的符合性,对于具备审批手续的完成审批,对于不符合技术规范、政策法规的限期整改甚至限期退出。

### 5.1.3　开展入河排污口整治

按照"取缔一批、合并一批、改造一批"的原则,制定实施排污口分类整治方案,明确整治目标和时限要求。对历史原因在禁止区内已存在入河排污口,以及其他区域违反法律法规规定的入河排污口,予以取缔。对位于水处理排污单位污水收集管网覆盖范围内废水可以接入管网的排污口,应提出清理合并任务。对有废水混入的城镇雨洪排污口,应提出实施雨污分流改造、截断污染源的任务措施;对排水直接影响受纳水体生态环境功能的农田退水排污口,应提出科学改造和集中治理措施。对未达到受纳水体生态环境功能的水体,对汇水范围内的入河排污口提出迁建、改造、临时限排等综合整治措施。

### 5.1.4　入河排污口规范化建设

对于经论证满足相关技术规范、政策法规要求的入河排污口,需按照《入河排污口管理技术导则》(SL 532—2011)要求,规范入河排污口设置。对设置不合理、影响河道防洪、建筑物存在病险问题、危及河道运行安全的入河排污口,抓紧落实整改,采取拆除重建、除险加固等措施消除隐患。实行排污口立标管理,竖立明显的建筑物标示牌,标明入河排污口编号、名称、地理位置、地理坐标、排入水功能区、入河排污口设置单位、污染物排放标准,明确责任主体及监督单位、河(段)长负责人、监督电话等内容。

## 5.2　内源污染治理

底泥是河流、湖泊中的内源污染,大量的污染物质累积在底泥中,包括重金属离子、营养盐、难降解的有毒有害有机物等。在一定条件下,这些有害物质被释放进入水体,会影响水生生物或者通过食物链累积在生物体内。同时,底泥中的营养元素也很容易释放进入表层水体,导致藻类繁殖,使水质发生急剧恶化。与控源截污一样,内源治理也是河湖水质保护与改善的基础和前提。内源污染治理措施分为异位治理技术和原位治理技术两大类。

### 5.2.1　异位治理技术

异位治理技术以底泥清淤最为典型。底泥清淤是去除底泥中有害物质的最快速简便的方法。其原理是通过采取人工、机械的方法移除水体底部污泥,以削减累积在底部的氮、磷、有机物等污染物质,从而增加河湖水体容量和降低内源污染,改善水体水质。工程上,一般在底泥中污染物浓度超出本底值3~5倍且潜在危害人类及水生生态系统的情况下,优选采用清淤异位治理技术。目前,底泥清淤包括3种方法:干水作业、带水作业、环保清淤。不同清淤方式对水环境的影响不同。其中,环保清淤是带水作业的一种特殊方式,主要清除水底表层20~40 cm的淤泥层,在施工过程中,注重保护物种和生物多样性,且为后续生态修复工程创造较好的基底条件。根据污染源和底泥的厚度,可将河道底泥从上到下分为浮泥层、淤泥层和老土层。为保证河流生态系统的完整性,底泥清淤通常是清除浮泥层和淤泥层的底泥,保留老土层底泥。

江苏省滆湖北部区通过底泥疏浚后,与未疏浚区域相比,疏浚区 TN、TP 和有机质的平均含量减少了 51.4%、51.2% 和 72.0%,浮游植物密度和生物量分别减少了 19.8% ~ 28.1% 和 19.5% ~ 50.2%。江苏省太湖东部湖区通过底泥疏浚工程措施,表层沉积物中营养物质得到有效去除,底泥重金属含量及潜在生态风险明显降低。但对不同类型湖区而言,底泥疏浚对水质和生物群落结构的影响存在明显差异。在实施环保疏浚后,江苏蠡湖表层沉积物中有机质、TN 和 TP 的含量分别下降了 51.48%、2.52% 和 77.39%,为水生植物生态修复营造了良好的生长环境。

虽然底泥疏浚能快速转移部分污染物,但存在一些不足。比如,底泥清淤花费巨大,滇池一期、二期工程总计投资为 4.275 亿元。底泥清淤会对水底生态系统造成破坏,具体表现为水生植物和底栖动物种类、丰富度与生物量的减少等方面。同时,表层污染物在施工过程中通过扰动扩散作用对周边水体产生不利影响,浙江省宁波市对月湖进行底泥清淤一段时间后,儿童公园附近水域 TN 浓度上升 150%,TP 浓度上升 13.5%。此外,被清淤的底泥具有量大、含水率高及污染物成分复杂等特点,容易给环境带来二次污染。

## 5.2.2 原位治理技术

原位治理技术是指原位保留底泥,采取工程措施阻止或削弱底泥中污染物进入上覆水体。与底泥清淤异位治理技术相比,其具有对底泥扰动小、可避免底泥清淤过程中底泥再悬浮对水体的污染等特点。

### 5.2.2.1 底泥覆盖

底泥覆盖是通过在污染底泥上部铺设一层或多层材料,隔断底泥与上覆水,达到阻止或减弱底泥中污染物释放的效果。常用的覆盖材料包括天然材料(如细沙、红土、方解石和石英砂等)及改性矿石。在工程上,一般采用表层倾倒和表层撒布等方式,将覆盖材料铺设在底泥上,但使用时需考虑一些条件:①水体的外污染源已经得到控制;②底泥污染物具备低毒性和低迁移率时才能考虑此技术;③覆盖材料现成易得;④水体流速较缓;⑤覆盖后不会影响现今或将来的建设和水路使用。

1988 年,在美国华盛顿州塔科马 St. Paul 航道实施了原位覆盖工程,利用河道中粗糙沙砾对含 PAHS、苯酚等有机物的底泥进行原位治理,10 年的监测表明未见污染物迁移。利用红壤,原位覆盖成都清水河黑臭底泥,抑制底泥中氮、磷污染物的释放,发现 60 d 后上覆水中 TN、氨氮、TP 和 SRP 的释放抑制率分别为 77%、63%、60% 和 65%。郭赟等对太湖流域梁塘河进行底泥原位活性覆盖实验室模拟研究,发现通过方解石+沸石组合覆盖,底泥中 TN 和 TP 的平均释放抑制率为 60%,达到了稳定削减氮磷释放量的目的。

底泥原位覆盖能够适用于多种污染底泥,具有环境潜在危害小等优点,但存在一些不足和局限。一方面,覆盖工程量大,投加覆盖材料会减小水体库容,改变湖底坡度。另一方面,底泥原位覆盖并没有将水体中的污染源清除,仍存在污染物释放到水体的风险。

### 5.2.2.2 投加化学药剂

投加的化学药剂通过与沉积物中的污染物发生氧化、还原、沉淀、水解、络合、聚合等反应,降低底泥中污染物含量或转化低毒甚至无毒形态。目前,常用的化学药剂有铝盐、铁盐、生石灰、$Ca(NO_3)_2$、$CaO_2$、$H_2O_2$ 和 $KMnO_4$ 等。其中，铝盐、铁盐、生石灰投入水体后，铝离子、铁离子和钙离子 3 种金属离子通过在底泥表面形成活性层，与底泥中的磷反应形成沉淀，减少甚至抑制向水体扩散的磷含量。$Ca(NO_3)_2$ 中的钙离子能与底泥中的磷酸盐反应形成稳定的钙结合态磷，减弱了底泥中磷的释放。张华俊等向黑臭水体中投放硝酸钙，与空白组相比，有效降低了上覆水中 TP 的含量。$CaO_2$ 的强氧化性能改变重金属的形态，其强碱性能与重金属发生化学沉淀，二者可共同降低沉积物中重金属污染的风险。王熙等在试验中通过向黑臭水体投加 $CaO_2$，泥-水界面处的亚铁离子含量降低了21.22%。同时，$CaO_2$ 具有缓释氧气的功能，能强化底泥微生物新陈代谢的能力，促进微生物对黑臭底泥的修复。$H_2O_2$ 和 $KMnO_4$ 可通过强氧化性提高底泥的氧化还原电位，减少硫化物的酸挥发性，有效改善底泥黑臭。

然而，投放化学药剂会带来一些风险。首先，化学药剂可能增加水体毒性。研究发现，向水体中投加铝盐后，当水体中铝浓度超过 2 $\mu mol/L$ 时，对鱼类存在潜在毒性风险。其次，化学药剂的投放可能造成污染物的异常释放和稳态变化，容易改变水体中的生物和生态环境。因此，投放化学药剂一般用于应急处理情况。

### 5.2.2.3 微生物修复

作为生态系统中的分解者，微生物通过代谢等作用将水体中的污染物进行削减。通过向黑臭水体底泥中投加治污高效菌，原位降解底泥中的有机污染物，重建严重受损的底端生物链，加速底泥的矿化进程，底泥被分解转换和传递，底泥中有机物含量减少，体积和厚度也随之降低和减少。

微生物处理技术具有较好的处理效果、资金消耗较少、耗能较低及后期运行成本低廉等特点。另外，该技术无须向污染水体投放药剂，无二次污染风险。然而，目前利用微生物菌剂对黑臭底泥的治理还处于实验室和中试阶段。如吴光前等利用微生物制剂（主要成分为硝化细菌、杆菌、放线菌、真菌、丝状菌）处理南京林业大学校内紫湖溪黑臭河水中的厌氧底泥，结果显示底泥厚度由 0.1 m 减少为 0.02 m，底泥 $COD_{Cr}$ 由 26 640 mg/kg 降至 1 843 mg/kg。涂玮灵等向南宁市朝阳溪黑臭底泥中投加 0.5 $g/m^3$ 的反硝化细菌制剂，6 周后，底泥厚度得到有效降低，有机质降解率和生物降解能力得到显著提高。姚宸朕等采用固定化微生物技术（主要包括乳酸菌、酵母菌群、光合菌群、Gram 阳性杆菌群、硝化菌群）修复西安市某黑臭河道，3 个月后黑臭底泥的厚度减少 50% 左右，底泥颜色从黑色变成土黄色，底泥的生化降解能力增强。因此，今后的工作应加强工程水平的研究。

除直接投加微生物外，还可通过向底泥投加生物促生剂以刺激底泥中土著微生物的生长繁殖，加快微生物对污染物的降解速率。定期通过向受污染底泥中注入生物促进剂进行修复，能够使底泥中原有异养菌的数量由 105 个/g（以干泥计）提高到 106 个/g（以干泥计），且反硫化细菌数量大大减少。

### 5.2.2.4 底泥曝气

氧分子通过气膜及液膜从气相转移到液相的过程称为曝气过程。黑臭水体有机物含量比较高，污染严重，底泥处于缺氧或厌氧的状态。通过曝气，一方面，可以加快底泥复氧速度，增强底泥自净能力；另一方面，可增强水体中的氧化能力，促进水体中发黑发臭物质（$H_2S$、$FeS$ 和 $NH_3$ 等）氧化为高价态物质[$Fe(OH)_3$ 和 $NO_3^-$ 等物质]，生成的沉淀物可在沉积物表面形成保护层,起到减弱上层底泥再悬浮和污染物扩散释放的作用。

广州郭村涌黑臭河道治理示范工程通过底泥曝气有效氧化底泥中的硫化物,且运行 1 个月后对其去除率达到了 86.3%～92.1%,臭味基本被消除。许宽等研究底泥曝气对南京九乡河黑臭底泥氮形态的影响,发现在 pH 值＝7 的条件下,底泥曝气对上覆水、间隙水和底泥中氨氮的去除率分别为 94.31%、84.07% 和 68.29%。曝气装置安装位置不同,其处理效果存在不同,王美丽等分别将曝气头放置于底泥下方 5 cm 及 15 cm 处进行曝气,发现深度越大,底泥中溶解氧含量下降越慢,处理效果越好。

虽然大量试验表明底泥曝气能有效改善黑臭水体污染情况,但鉴于曝气耗能高、处理不彻底及受设备限制等因素,在实践中底泥曝气很少得到应用。

## 5.3　城市面源污染治理

城市面源污染主要是由降雨径流的淋浴和冲刷作用产生的,城市降雨径流主要以合流制形式,通过排水管网排放,径流污染初期作用十分明显。特别是在暴雨初期,降雨径流将地表的、沉积在下水管网的污染物,在短时间内,突发性冲刷汇入纳受水体,从而引起水体污染。据观测统计,在暴雨初期(降雨前 20 min)污染物浓度一般都超过平时污水浓度,城市面源是引起水体污染的主要污染源,具有突发性、高流量和重污染等特点。

通过增大透水面积、初雨径流蓄存、径流时空缓冲、雨水利用资源、雨水生态处理等方式进行面源控污治理,在径流源头、迁移过程、汇水过程等各阶段最大化地控制进入城市水体的降雨径流污染。在老城区和新城区采取不同的治理思路:老城区以问题为导向,重点解决城市内涝、雨水收集利用、初期雨水污染等问题;新城区以目标为导向,合理控制开发强度,实施透水铺装、绿色屋顶、下沉式绿地等低影响设施建设,以达到控制径流污染的目的。

### 5.3.1　建筑小区低影响建设

建筑小区系统涉及居住用地、商业服务设施用地、公共管理与公共服务用地、工业用地、仓储物流用地、公共设施用地。规划采取源头－中途－末端控制原则,以污染控制、水量削减、雨水回用等目标为指引,确定低影响开发设施的选择和空间布局,落实海绵城市指标。

建筑屋面和小区路面径流雨水应通过有组织的汇流与转输,经截污等预处理后引入绿地内的,以雨水渗透、储存、调节等为主要功能的低影响开发设施。因空间限制等原因不能满足控制目标的建筑小区,径流雨水还可通过城市雨水管渠系统引入城市绿地与广场内的低影响开发设施。低影响开发设施的选择应因地制宜、经济有效、方便易行,如结合小区绿地和景观水体优先设计生物滞留设施、渗井、湿塘和雨水湿地等。建筑小区低影响开发设施示意图如图 5.3-1 所示。

### 5.3.2　城市绿地及广场低影响建设

城市绿地及广场径流雨水总体分为两部分:一是城市绿地及广场自身的地表径流,通

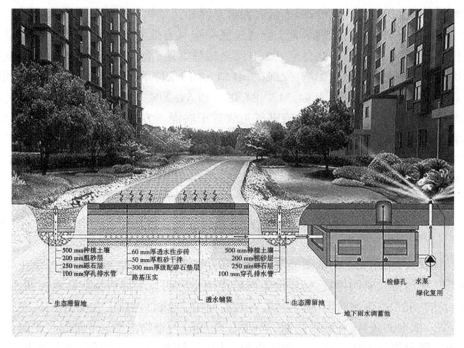

图 5.3-1　建筑小区低影响开发设施示意图

过雨水净化、蓄滞系统调节径流量；二是根据规划要求净化、蓄滞周边区域地表径流。城市绿地及广场内地表径流又分为建筑屋面径流、广场与道路地表径流及绿地径流三个部分，通过有组织的汇流与转输，经初期径流预处理后引入以雨水渗透、净化、储存、调节为主要功能的绿地中进行处理，考虑部分径流作为景观用水后衔接区域内的雨水管渠系统和超标雨水排放系统。

### 5.3.3　城市道路低影响建设

城市道路应根据设计目标灵活选用低影响开发设施及其组合系统，合理利用道路绿地、桥下绿地等区域，确定低影响开发措施布局，落实海绵城市指标。建筑小区设施的选择应因地制宜、经济有效、方便易行，如结合道路绿化带和道路红线外绿地优先设计生物滞留带、雨水湿地等。城市道路低影响开发设施示意图见图 5.3-2。

### 5.3.4　低影响开发设施指引

#### 5.3.4.1　绿色屋顶

绿色屋顶也称为种植屋面、屋顶绿化等。根据种植基质深度和景观复杂程度，绿色屋顶又分为简单式和花园式，基质深度根据植物需求及屋顶荷载确定，简单式绿色屋顶的基质深度一般不大于 150 mm，花园式绿色屋顶在种植乔木时的基质深度可超过 600 mm。绿色屋顶的设计可参考《种植屋面工程技术规程》(JGJ 155—2013)。绿色屋顶示意图见图 5.3-3。

#### 5.3.4.2　透水铺装

透水铺装结构应符合《透水砖路面技术规程》(CJJ/T 188—2012)、《透水沥青路面技

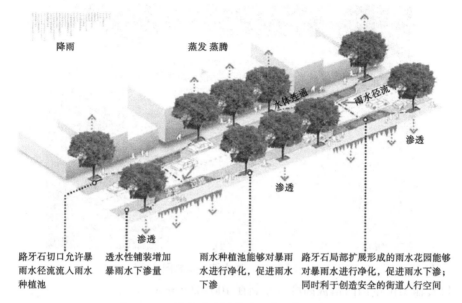

**图 5.3-2　城市道路低影响开发设施示意图**

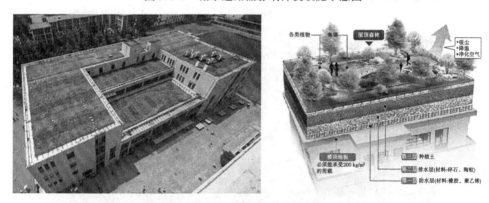

**图 5.3-3　绿色屋顶示意图**

术规程》(CJJ/T 190—2012)和《透水水泥混凝土路面技术规程(2023 年版)》(CJJ/T 135—2009)的规定。透水铺装还应满足以下要求:

透水铺装对道路路基强度和稳定性的潜在风险较大时,可采用半透水铺装结构。土地透水能力有限时,应在透水铺装的透水基层内设置排水管或排水板。当透水铺装设置在地下室顶板上时,顶板覆土厚度不应小于 600 mm,并应设置排水层。透水铺装示意图见图 5.3-4。

### 5.3.4.3　植草沟

植草沟应满足以下要求:

(1)浅沟断面形式宜采用倒抛物线形、三角形或梯形。

(2)植草沟的边坡坡度(垂直:水平)不宜大于 1:3,纵坡不应大于 4%。纵坡较大时宜设置为阶梯型植草沟或在中途设置消能台坎。

(3)植草沟最大流速应小于 0.8 m/s,曼宁系数宜为 0.2~0.3。

图 5.3-4　透水铺装示意图

（4）转输型植草沟内植被高度宜控制在 100～200 mm。

植草沟示意图见图 5.3-5。

图 5.3-5　植草沟示意图

### 5.3.4.4　下沉式绿地

下沉式绿地是指低于周边铺砌地面或道路在 200 mm 以内的绿地。下沉式绿地应满足以下要求：

（1）下沉式绿地的下凹深度应根据植物耐淹性能和土壤渗透性能确定，一般为 100～200 mm。

（2）下沉式绿地内一般应设置溢流口（如雨水口），保证暴雨时径流的溢流排放，溢流口顶部标高一般应高于绿地 50～100 mm。

下沉式绿地示意图见图 5.3-6。

**图 5.3-6　下沉式绿地示意图**

#### 5.3.4.5　生物滞留设施

生物滞留设施是指在地势较低的区域,通过植物、土壤和微生物系统蓄渗、净化径流雨水的设施。生物滞留设施分为简易型生物滞留设施和复杂型生物滞留设施,按应用位置不同又称为雨水花园、生物滞留带、高位花坛、生态树池等。

生物滞留设施应满足以下要求:

(1)对于污染严重的汇水区,应选用植草沟、植被缓冲带或沉淀池等对径流雨水进行预处理,去除大颗粒的污染物并减缓流速;应采取弃流、排盐等措施,防止融雪剂或石油类等高浓度污染物侵害植物。

(2)屋面径流雨水可由雨落管接入生物滞留设施,道路径流雨水可通过路缘石豁口进入,路缘石豁口尺寸和数量应根据道路纵坡等经计算确定。

(3)生物滞留设施应用于道路绿化带时,若道路纵坡大于1%,应设置挡水堰/台坎,以减缓流速并增加雨水渗透量;如设施靠近路基部分,应进行防渗处理,防止对道路路基稳定性造成影响。

(4)生物滞留设施内应设置溢流设施,可采用溢流竖管、盖箅溢流井或雨水口等,溢流设施顶部一般应低于汇水面 100 mm。

(5)生物滞留设施宜分散布置且规模不宜过大,生物滞留设施面积与汇水面面积之比一般为 5% ~ 10%。

(6)复杂型生物滞留设施结构层外侧及底部应设置透水土工布,防止周围原土侵入;如经评估认为下渗会对周围建(构)筑物造成塌陷风险,或者拟将底部出水进行集蓄回用,可在生物滞留设施底部和周边设置防渗膜。

(7)生物滞留设施的蓄水层深度应根据植物耐淹性能和土壤渗透性能来确定,一般为 200 ~ 300 mm,并应设 100 mm 的超高;换土层介质类型及深度应满足出水水质要求,还应符合植物种植及园林绿化养护管理技术要求;为防止换土层介质流失,换土层底部一般设置透水土工布隔离层,也可采用厚度不小于 100 mm 的砂层(细砂和粗砂)代替;砾石层起到排水作用,厚度一般为 250~300 mm,可在其底部埋置管径为 100~150 mm 的穿孔排水管,砾石应洗净且粒径不小于穿孔排水管的开孔孔径;为提高生物滞留设施的调蓄作用,在穿孔排水管底部可增设一定厚度的砾石调蓄层。

生物滞留带示意图见图 5.3-7。

**图 5.3-7　生物滞留带示意图**

# 5.4　农村面源污染治理

农村面源污染是指农村生活和农业生产活动中溶解的或固体的污染物,如农村生活污水,农田中的土粒、氮素、磷素、农药、重金属,农村畜禽粪便与生活垃圾等有机或无机物质,从非特定的地域,在降水和径流冲刷作用下,通过地表径流、农田排水和地下渗漏,使大量污染物进入受纳水体,如河流、湖泊、水库等所引起的污染。其特征为,产生的区域广泛,受气候影响,污染发生的随机性和突发性,时空变化大,无法精确确定污染来源。

农村面源污染治理应牢固树立和贯彻新发展理念,按照实施乡村振兴战略的总体要求,加强农村突出环境问题综合治理,推进农村生活污水、生活垃圾和畜禽粪污治理,调整农业种植结构,开展农业绿色发展行动,减少化肥和农药使用,推进有机肥替代化肥,实施病虫害绿色防控、农作物秸秆综合利用、废弃地膜回收,逐步控制非点源污染负荷,减少面源污染物入河(湖)量,改善和提升河湖水环境质量。

## 5.4.1　农村生活污水治理

根据农村生活污水治理现状,结合村庄分布特征及农村排水情况和地形条件,坚持集中与分散相结合、工程措施与生态措施相结合,分类推进污水治理。城镇近郊的村庄,在管道接入条件具备的情况下,尽量接入城镇污水系统,不再自建污水处理设施,采用延伸城镇管网的方式,纳入城镇污水处理厂统一处理;人口规模较大的村庄或距离较近的村庄,尽量采用集中处理模式,破除村与村之间的行政界线,整合多个村一并实施污水治理,提高污水处理设施的效率,运用 A2O、MBR、曝气生物滤池、人工湿地处理系统、土地渗滤系统等技术集中处理;人口规模较小的村庄,采用化粪池、生态氧化塘、净化槽等技术分散处理。

#### 5.4.1.1　纳管处理模式

靠近城镇的村庄、规模较大的规划发展村庄和撤并乡镇集镇区所在地村庄,产生的生活污水具备集中收集纳入管网条件(距市政管网 2 km 以内),且已建生活污水处理设施具备接纳能力,优先考虑纳管处理,将村庄生活污水接入污水管网,由现有污水处理设施集中处理、达标排放。

#### 5.4.1.2　分散处理与资源化利用模式

分散处理与资源化利用模式即在"黑(水)灰(水)"分离的基础上,"黑水"利用房前屋后的菜地、耕地等就近就地资源化利用,"灰水"用于杂用水循环利用或土地消纳。分散处理与资源化利用模式适用于日污水产生量小于 5 t 的村组。

#### 5.4.1.3　集中治理达标排放模式

根据《村镇生活污染防治最佳可行技术指南(试行)》,农村生活污水经化粪池预处理后,采取厌氧池+生态处理技术(人工湿地技术、土地快速渗滤、稳定塘)可以满足农村污水处理二级以上标准的排放要求。

1. 厌氧池+人工湿地/生态塘工艺

生活污水收集后,经格栅、沉砂等预处理,进入厌氧池,污水中大分子有机物(碳水化合物、蛋白质、脂肪等)被水解和酸化,生成有机酸、醇类、醛类等物质。污水经过厌氧水解酸化后进入人工湿地/生态塘,通过人工湿地/生态塘过滤、吸附及生物降解等作用,进一步去除污水中的污染物。

2. 厌氧池+快速渗滤池+人工湿地/生态塘工艺

生活污水预处理收集后,流入厌氧水解(酸化)池,利用厌氧微生物分解污水中的有机物,再进入快速渗滤池,污水在重力作用下迅速向下渗滤,渗滤过程中由于接触氧化、硝化、反硝化、过滤、沉淀、氧化、还原等一系列生化作用而得以净化,最后再经人工湿地/生态塘进一步净化处理。

3. 膜生物反应器(MBR)

膜生物反应器污水处理工艺,是以分离膜(通常采用超滤膜)为过滤介质,将生物降解反应与膜分离技术相结合,在一个反应器内完成生物反应和固液分离过程。该技术具有处理效率高、出水水质好、设备紧凑、占地面积少、抗冲击负荷能力强、剩余污泥减少50%~70%等优点。可以广泛应用于各地区污水经化粪池处理后,人工湿地或土地渗滤处理前的处理单元。但相对其他生物处理方法,该方法投资费用偏高,分离膜需定期更换。

4. 厌氧水解(酸化)+生物接触氧化+人工湿地工艺

该组合工艺由厌氧池、接触氧化池和人工湿地三个处理单位串联组成,具有较强的抗冲击负荷能力。污水经过预处理和厌氧水解(酸化)后进入生物接触氧化池,生物接触氧化池内设置填料,填料上长满生物膜,污水中的有机物被微生物吸附、氧化分解和转化。然后进入人工湿地,通过人工湿地过滤、吸附及生物降解等作用,进一步去除污染物。

对于农村生活污水处理设施产生的污泥,应根据处理设施类型和处理规模,对集中式污水处理设施产生的污泥采用优先就近土地利用与集中至城市污水处理厂统一处理处置相结合的方式。满足农用标准的污泥,优先就近土地利用;不能实现就近就地资源化利用的污泥,通过污泥收集车定期收集后运送至县城生活污水处理厂污泥处理设施进行统一处理处置。

为做好农村生活污水处理设施的运行维护管理工作,实现农村生活污水治理设施一次建成、长久使用、持续发挥作用,切实改善农村环境,结合流域内各村镇实际情况,建议成立县、乡(镇)农村生活污水治理领导小组,探索建立以县级政府为责任主体、乡(镇)为管理主体、村级组织为落实主体、农户为受益主体、运维机构为服务主体的"五位一体"运维管理体系。

## 5.4.2 农村生活垃圾治理

根据流域内村庄分布情况及经济社会发展水平,采取不同的生活垃圾处理模式。对于城郊接合部、离县城较近且交通便利的村庄,垃圾以城镇一体化处理为主;对于乡(镇)驻地和周边村庄,采取户分类(减量)、村收集、乡(镇)转运、县处理的模式;对于边远山区、交通不便、居住分散的村庄,采取就地分类、源头减量、就近处理的模式。

### 5.4.2.1 健全农村生活垃圾收运处理体系

建立"五有"农村生活垃圾收运处理系统,即有稳定的村庄保洁队伍、有专业的乡镇垃圾收运队伍、有达标的村级垃圾收集容器、有完善的垃圾转运设施设备、有规范的垃圾处理设施。结合当地地形条件、交通状况和经济基础等综合因素,各乡(镇)、村加强对农村生活垃圾的收集处置,切实解决农村环境卫生问题。

建立"户分类、村收集、乡(镇)转运、县处理"的运行模式。

(1)"户分类":各村辖区内所有单位、门店、摊位、农户负责自家和房前屋后的卫生保洁,自备垃圾袋或垃圾桶(内套塑料袋)对垃圾进行分类,并按规定的时间存放于自家门口或规定地点。较大的场镇人口密集区设置垃圾桶,采用垃圾压缩车收集。其他区域采用垃圾箱和钩臂车收集。

(2)"村收集":各村保洁员按规定路线,定时、定点上门将农户的生活垃圾收集转运到指定垃圾收集点或垃圾填埋场,并负责做好本村道路、河沟及其他公共区域的卫生保洁工作。

(3)"乡(镇)转运":各乡(镇)将各村收集的垃圾经过垃圾压缩转运站压缩后,集中就近转运到垃圾填埋场。

(4)"县处理":对农村生活垃圾进行规范集中处理;对交通不便的自然村,可因地制宜,采取"统一收集、就地处理"的模式进行无害化处理。积极推动相关乡(镇)按照省、市生活垃圾焚烧处理设施布点规划,加快生活垃圾焚烧发电项目建设。加大非正规垃圾堆放点整治力度,并加大整改后现场管理力度,防止偷倒、复倒现象发生。

### 5.4.2.2 综合治理农村存量生活垃圾

按照全面清理、突出重点、因地制宜、标本兼治的原则,由各乡(镇)负责,组织人力对辖区内积存的农村垃圾集中开展一次大清理行动,由广大群众负责监督,确保农村垃圾清理工作取得实效。

(1)清理辖区内各道路两侧,特别是结合部积存的垃圾、杂土,对脏乱死角进行全力清整,清除道路两侧的垃圾堆放点,确保道路干净整洁。

(2)清理河道、池塘、沟渠等水体积存、漂浮的垃圾,保持水体清澈、畅通。

(3)清理房前屋后的卫生死角、垃圾堆积点、垃圾池积存垃圾,消除蚊蝇孳生地,改善环境卫生。

(4)清理绿化带、田间地头积存的建筑垃圾、生活垃圾、白色污染和枯树残枝。

(5)彻底清除场镇内及周边积存的垃圾,严禁市场垃圾露天乱倒乱放。重点治理居民聚居点、风景名胜区周边及国道、省道、县道等主要道路沿线存量生活垃圾。

治理时综合考虑存量垃圾多少、成分构成、污染状况、所处位置、风险等级等因素,采取就地简易封场、规范封场、搬迁处理及垃圾综合利用等方式,消除农村存量生活垃圾带来的环境影响。对按时按质完成存量生活垃圾治理任务的村、居委给予资金补助。

### 5.4.2.3　建立村庄保洁制度

各地要按照不低于县域内农村人口 3‰的要求,建立稳定的村庄保洁队伍,进一步提升农村保洁队伍职业化水平。根据作业半径、劳动强度等合理配置保洁员,鼓励通过公开竞争方式确定保洁员。明确保洁员在垃圾收集、村庄保洁、资源回收、宣传监督等方面的职责,保障保洁员的工资待遇,提高保洁员的职业认同感和保洁水平。通过修订完善村规民约、与村民签订"门前三包"责任书等方式,明确村民的保洁义务。

## 5.4.3　养殖污染治理

畜禽和水产养殖治理重点在于优化养殖模式,加大污染治理力度,推广生态型养殖模式。在畜禽养殖污染治理方面,要提高畜禽粪污综合利用率,健全病死畜禽无害化处理体系,建立健全畜禽养殖废弃物处理和资源化制度,完善养殖场粪污处理实施建设,强化现有养殖场监督管理。在水产养殖污染治理方面,严格控制水库、湖泊等开放水域投饵网箱养殖,加强养殖池塘生态化改造和水产养殖尾水达标排放监测和监管,积极推进水产生态健康养殖,清洁生产环境。

### 5.4.3.1　建立健全畜禽粪污资源化利用机制

坚持保障供给与环保并重,坚持政府支持、企业主体、市场化运作的方针,坚持源头减量、过程控制、末端利用的治理路径,持续深化畜禽养殖废弃物处理和资源化利用。按照《畜禽养殖业污染物排放标准》(GB 18596—2001)要求,采用资源化利用或还田利用的,畜禽养殖场(小区)需配置数量足够的消纳土地。一方面需要积极鼓励全市畜禽养殖场(小区)开展畜禽粪污专业化集中处理,推广粪污全量收集还田利用技术模式;另一方面也需要加强对已有畜禽养殖场(小区)粪污还田和专业化处置的监督检查,核实专业化设施建设的可行性和实际运营情况。对于还田利用的,重点需要核实消纳土地的配置数量、养殖场到消纳土地间运送设施及应急设施的配置情况。

### 5.4.3.2　加强禽畜规模养殖环境监管

切实加强组织领导、压实责任、明确措施,为推动畜禽养殖废物资源化利用工作提供积极而有力的保障机制。按照禁养区和限养区划定方案,优化畜禽养殖布局,从源头控制养殖污染,大力推进畜禽养殖圈舍改造,积极推进粪污资源化利用,做好规模以上养殖场粪污处理设备建设。

坚持以地定畜、以种定养,优化畜牧业区域布局,确定畜禽养殖数量和规模;推进养殖业转型升级,积极开展畜禽养殖标准化示范创建。加强畜禽粪污资源化利用和养殖禁养区划定管理,大力推进畜禽养殖圈舍改造;强化病死畜禽无害化处理体系建设,加强收集处理体系建设,实现屠宰场(点)、畜禽规模养殖场病死畜禽无害化处理,做到处理有记录、有痕迹、有档案。

### 5.4.3.3　推进渔业绿色发展

(1)加强水产养殖生产管理。强化养殖许可证管理制度,核发养殖证前,对养殖区域进行环境影响评估,避免盲目或超负荷地发展水产养殖生产,加大养殖企业、养殖大户、合作社等经营主体"三项"记录检查力度,指导他们合理、科学地使用水产投入品,提高养殖技术及管理水平,控制有机或无机污染物质进入水体;对占用河道养殖的,须限期完成整改和退出;重视养殖尾水的处理和利用,养殖尾水用于农田灌溉或其他用途时,执行国家或地方相应的水质标准;集中连片池塘养殖区域和工厂化养殖场可因地制宜地采取生物净化、人工湿地、生态沟渠、生态塘或种植水生蔬菜花卉等措施对养殖尾水进行处理,实现养殖尾水循环利用或达标排放。

(2)强化水产健康养殖监管。规范水产养殖捕捞方式,严厉打击"电毒网"等非法捕捞行为,全面清理取缔"绝户网""底扒网""地笼"等严重破坏水生生态系统的捕捞渔具。切实规范库区养殖和捕捞行为,及时消除库区和周边风险隐患,有效保障库区水环境质量。

## 5.4.4　持续开展农田污染治理

在农业面源污染治理中,把转变农业发展方式作为根本途径,大力发展绿色、生态、循环农业。全面推进源头减量、过程控制和末端治理,实现农业投入品减量化、生产清洁化、废弃物资源化、产业模式生态化。通过提高有机肥的施用率和秸秆还田率,推广病虫害物理防治和生物防治,降低化肥、农药的使用量。调整农业产业结构,提高农业有机废弃物的综合利用及推广科学施肥技术,加大农田废弃物回收力度,按照集中和分散治理相结合的原则,推广生态农艺技术。

### 5.4.4.1　调整种植业结构与布局

依托现代农业园区发展休闲观光农业、生态循环农业,进一步延长农业产业链条,拓展农业多种功能。以现代农业园区为主体,加快发展种养大户、家庭农场、农民专业合作社等新型经营主体,加快园区科技创新,将农机农艺融合,大力推广应用现代种植、养殖、储藏、加工等新机械和新设施,全面提高园区现代装备水平。强化园区品牌建设,依托资源环境优势,发展生态循环农业,全面推行标准化生产和农产品质量可追溯体系,开展无公害、绿色、有机农产品基地认定、产品认证和国家地理标志产品认证,培育一批特色品牌。

加大力度扶持重点企业和优势基地,依托龙头企业带动形成产销一体化,打造区域性品牌,带动贫困农民增收脱贫。加快完善农业特色产业发展格局,以现代农业园区为载体,推进优质特色产业基地建设和产业链延伸,不断扩大园区规模,提高产业聚集度,建设国家重点生态产品基地。

#### 5.4.4.2　推广测土配方施肥和秸秆综合利用

继续开展取土化验、田间试验、施肥建议卡入户上墙等基础性工作基础,不断巩固测土配方施肥成果,分作物、分区域地制订详细施肥方案,指导农民科学施肥。重点扩大在蔬菜、水果、茶叶等经济作物上的应用面积,实现主要农作物测土配方施肥全覆盖。不断提高农民科学施肥意识和技能,改变传统施肥方式,减少撒放、表施及盲目施肥行为。推广机械施肥、水肥一体化、叶面喷施等科学施肥方式,充分发挥种粮大户、家庭农场、农民专业合作社等新型经营主体的示范带头作用,有针对性地开展技术培训和指导服务,大力推广先进适用技术,促进施肥方式转变。

采用多种类有机肥资源替代化肥,通过政策扶持,引导和激励农民利用有机养分资源,用有机肥资源替代部分化肥,加大有机肥推广应用力度,鼓励畜禽养殖场与种植基地对接,实行种养结合、循环利用。推进秸秆综合利用工作,狠抓秸秆肥料化、饲料化、燃料化和原料化利用几个重点领域,加大农作物秸秆综合利用技术推广,进一步提高秸秆综合利用水平。

#### 5.4.4.3　推广农作物病虫害统防统治

以绿色防控示范区建设为抓手,大力推进农作物病虫害绿色防控与专业化统防统治融合,积极推进果蔬茶病虫害全程绿色防控,集成优化推广生态调控、理化诱控、生物防治、科学用药等技术,进一步扩大绿色防控示范应用面积和覆盖范围,辐射带动大面积推广应用。

充分发挥农业项目和资金补贴引导作用,扶持专业防治组织和新型农业经营主体购买和应用新型高效植保机械,开展农作物病虫害全程承包统防统治服务,提升统防统治规模化组织化程度,实现统防统治"装备水平、服务质量、防治效果、防治效率和防治效益"的"五提高"。

及时印发农作物病虫害防治安全科学用药指南、病虫情报,开展科学安全用药技术宣传培训和普及推广,强化科学安全用药指导,大力推广生物农药和高效低毒低残留环境友好型农药,引导农业生产者掌握农药安全科学使用技术,进一步减少化学农药使用量。

#### 5.4.4.4　加强地膜等废弃物处理利用

合理应用地膜覆盖技术,降低地膜覆盖依赖度,严禁生产和使用未达到《聚乙烯吹塑农用地面覆盖薄膜》( GB 13735—2017 ) 要求的地膜,从源头上保障地膜减量和可回收利用。推进地膜捡拾机械化,推动废旧地膜回收加工再利用。开展全生物可降解地膜研发和试验示范。加强农用化学包装废弃物回收处理。

#### 5.4.4.5　控制和净化地表径流

大力发展节水农业,提高灌溉水利用效率。加强灌溉水质监测与管理,严禁用未经处理的工业污水和城市污水灌溉农田。充分利用现有沟、塘、窖等,建设生态缓冲带、生态沟渠、地表径流集蓄与再利用设施,有效拦截和消纳农田退水和农村生活污水中各类有机污染物,净化农田退水及地表径流。

# 5.5　水质提升与改善技术

## 5.5.1　原位处理技术

自然界水体的自净功能主要是依靠水体中的生态系统来完成的,这种自净能力非常巨大,在没有人类干涉的情况下可以分解天然水体中所有的有机物质,可以自动调节水体中的养分平衡。在一定程度范围内,水体中的有机物质和无机盐类的增加可以提高水体中生物的密度,同时系统内部的物质流和能量流也会相应增加,净化水体中的污染物的能力也会提高。但是一旦超过系统的承载能力,水体生态系统的某些环节就会遭到破坏或丧失功能,而生态系统功能的丧失又会反作用于水体的自净能力。水体的自净能力的减弱又加速了生态系统的崩溃。在恶性的循环之中,水体逐渐丧失了自净的能力。

恢复水体本身的生态结构可以恢复水体的自净能力,通过水体的自净功能达到水体的自我净化,并达到水体和水体内生态系统良性协调发展。在已经发生水质恶化的水体中,完全依靠水体自发的修复作用和简单的物理修复方式很难迅速恢复水体中的生态结构。而在人工参与的条件下,系统而全面地恢复水体的生态结构,可以达到水体生态系统良性协调发展的目的。河湖原位水质提升与改善技术包括物理修复技术、化学修复技术和生态-生物修复技术。

物理修复技术包括人工曝气、截污、调水冲污、清淤疏浚等措施。物理措施可以单独使用,往往也是生态修复等措施的前置措施。治污必先截污,生态修复黑臭水体往往先行曝气,提高水体自净能力。几种物理修复技术的适用范围见表5.5-1。

表 5.5-1　几种物理修复技术

| 物理修复技术 | 作用 | 采取措施 | 适用范围 |
|---|---|---|---|
| 截污 | 截断排入水体的各种污染源 | 关闭排污口、削减排污量 | 所有水体 |
| 清淤疏浚 | 消除浮泥,减少内源污染 | 河道疏浚 | 小面积污染水体 |
| 调水冲污 | 迅速消除或稀释水体中的污染物,增加水体 DO 和生物量 | 河道调水 | 小面积水域 |
| 人工曝气 | 加快有机物质分解,补充 DO | 曝气机、跌水曝气 | 所有水体 |

化学修复技术主要通过添加化学药剂和吸附剂,改变水体中氧化还原电位、pH,吸附沉淀水体中悬浮物质和有机质。表5.5-2列出了几种主要化学修复技术的类别、作用、所用药剂及其适用范围。

表 5.5-2　几种主要化学修复技术

| 化学修复方法 | 作用 | 所用药剂 | 适用范围 |
|---|---|---|---|
| 絮凝 | 沉降悬浮物,降低水的色度和浊度 | 混凝剂和助凝剂聚合氯化铝(PAC)、三氯化铁(FeCl$_3$)、聚丙烯酰胺(PAM) | 适用范围广,但处理效果受温度和水力条件的限制 |
| 氧化 | 提高氧化还原电位,转化黑臭物质 | 空气、Cl$_2$、NaClO 等 | 用于处理黑臭水体或者氧化有毒物质 |
| 吸附 | 利用固体吸附剂吸附水中污染物质 | 活性炭、沸石、硅藻土等 | 用于吸附难降解有机物,脱色、脱臭 |
| 杀藻剂 | 杀灭水中藻类 | CuSO$_4$、O$_3$、有机杀藻剂 | 应急除藻 |

　　利用化学修复方法治理富营养化水体需大量投加化学药剂,因此其成本也较为昂贵,所加入的化学药剂在治理的同时容易引起二次污染,对水体的整个生态环境也会有一定的影响。此外,化学修复方法用于富营养化水体的治理通常不具有可持续性,并没有解决问题的根本。因此,如果采用化学修复方法的同时没有其他适宜的辅助措施,水体很快便又会出现富营养化问题。但是,化学修复方法具有操作简单、用量少等优点,且其见效一般较快,通常可以作为一种应急方案。

　　生态-生物修复技术是利用培育的植物或培养、接种的微生物的生命活动,对水体中的污染物进行转移、转化及降解,从而使水体得到净化的技术。生态-生物修复技术可以原位净化水质,同时具有恢复水体中的水生生态结构、运行成本低、增加水体自净能力的特点。在自然未受污染水体中,生态系统十分复杂。在水体底质中、颗粒物的表面、驳岸表面上有大量的细菌,这些细菌是水体中有机物质的主要分解者。在水体中的原生动物又以菌类为食。原生动物的捕食能够加速生物膜的更新。衰老的细菌被捕食后,为新的细菌的生长提供了生长空间,使细菌的整体处于较活跃的状态。同时,原生动物又是后生动物的食物。而底栖生物(如螺蛳)和部分鱼类又以轮虫等后生动物为食。水体中生长的植物在为水体提供氧气的同时,也为细菌和微小动物的生长提供了附着空间。水体底质和植物组成的复杂环境又为各种生物提供了不同的栖息地。生态系统本身有着一定方向的物质流和能量流,在系统内部,生物之间相互促进或约束,保持着整体的功能和活力。另外,生态-生物修复技术不向水体投放药剂,不会形成二次污染,还可以与水景观建设相结合,创造人与自然相融合的优美环境,适用于河湖水质提升与改善。

　　下面介绍几种典型的、工程运行效果较好的原位水质提升与改善技术。

### 5.5.1.1　曝气增氧技术

　　溶解氧的含量是反映水体污染状态的一个重要指标,受污染水体溶解氧浓度降低,水体的自净能力也随之降低。水体耗氧主要为水中还原性物质耗氧、有机污染物生化耗氧、氨氮硝化耗氧,以及底泥等固态有机污染物、难降解有机物耗氧。当项目水体耗氧过度时,单靠天然复氧是不够的,必须利用曝气增氧,增加水体中氧含量。曝气增氧能够有效改善河流、湖库水体和沉积物表面的氧化还原条件,增加溶解氧的含量,有利于污染物质的削减,并具有一定的造流和景观作用。

用于河湖水体曝气的设备有微纳米曝气机(见图 5.5-1)、推流曝气机、射流曝气机(见图 5.5-2)、涌泉曝气机(见图 5.5-3)、喷泉曝气机(见图 5.5-4)、太阳能解层式曝气机(见图 5.5-5)等,根据需曝气河道水质改善、河道自然条件、河段功能要求、污染源特征的不同进行选择。曝气设备布置数应根据曝气量计算或经验确定。

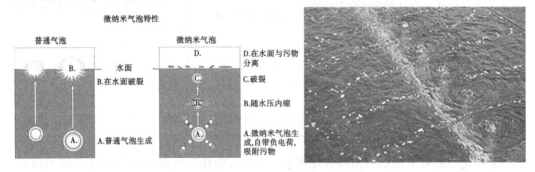

图 5.5-1 微纳米曝气机

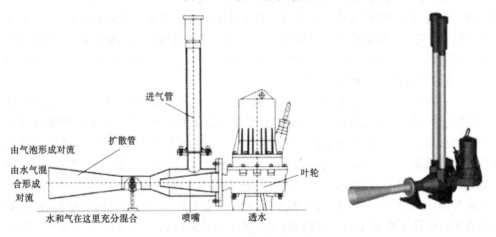

图 5.5-2 射流曝气机

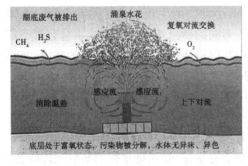

图 5.5-3 涌泉曝气机

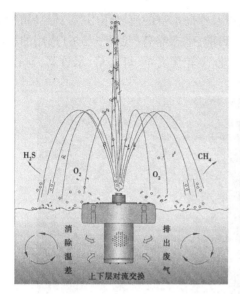

图 5.5-4　喷泉曝气机

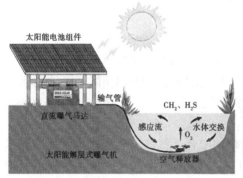

图 5.5-5　太阳能解层式曝气机

### 5.5.1.2　人工浮岛技术

人工浮岛是在水体中栽培植物,通过植物的吸收和植物根系附着菌降解污染物作用处理污染水体的技术。早在 20 世纪 50 年代,人工浮岛技术就被用来为鱼类提供产卵礁石。近年来,世界上已有许多湖泊、池塘和河流采用了这一技术,主要特点:①具有大水位波动及陡岸深水环境的水域;②具有猛浪、高浊度和富营养化状况的湖区;③有景观功能需求的池塘和湿地水域。

近几年,人工浮岛技术广泛应用于水体的生态修复技术中,人工浮岛作为水上的仿陆地生态系统,使水生植物和陆生植物在一个系统上得以完美地组合;然而人工浮岛还有很多需要优化的方面,比如材质的改良以利于植物及微生物吸附、可降解特异性污染物微生物的引入等。目前,人工浮岛作为一种新兴的生态修复处理技术,主要应用于富营养化水质的净化。不过,随着人工浮岛技术的逐步发展成熟,人工浮岛将被应用到更为广泛的污水处理和生态修复过程中。

生态浮岛净化水质的原理应包括浮岛植物根系对污染物的吸附与吸收、植物根系分泌化感物质抑藻、植物与微生物的协同作用,以及浮岛本身的遮光作用等。浮岛植物应以挺水植物为主,也可利用浮床种植沉水植物。目前,生态浮岛(见图 5.5-6)选用的植物主要有香菇草、牛筋草、美人蕉、芦苇、水菜莱、荷花、多花黑麦草、灯心草、水竹草、空心菜、旱伞草、水龙、香蒲、菖蒲、海芋、凤眼莲、茭白等。

**图 5.5-6　生态浮岛**

生态浮岛布设应符合下列规定:

(1)生态浮岛拼装单元宽度不宜大于 1.5 m。

(2)对于宽阔水面,对生态浮岛宽度要求较大的场合,可将多个拼装单元进行软连接。

(3)浮岛的覆盖面应根据水体污染程度、净化要求、水体规模和使用功能等情况确定。

(4)浮岛植物可选择常见的种类,也可设置浮叶型浮岛。

### 5.5.1.3　强化耦合膜生物反应技术

强化耦合膜生物反应技术(EHBR)是一种有机地融合了气体分离膜技术和生物膜水处理技术的新型污水处理技术。EHBR 工艺原理见图 5.5-7。生物膜附着生长在透氧中空纤维膜表面,污水在透氧膜周围流动时,水体中的污染物在浓差驱动和微生物吸附等作用下进入生物膜内,经过生物代谢和增殖被微生物利用,使水体中的污染物同化为微生物菌体固定在生物膜上或分解成无机代谢产物,从而实现对水体的净化,是一种人工强化的生态水处理技术,能使河道水体形成一个循环的具备自我修复功能的自净化水生态系统。其流道式的净化过程特别适应于河道、湖泊等流域治理,具有常规水处理技术无法比拟的技术优势、工程优势、成本优势和运行管理优势。

EHBR 技术中的主要功能层是附着生长在曝气膜表面的生物膜,主要由微生物及胞外多聚物组成,包含细菌、真菌、藻类、原生动物和后生动物等。作为附着生长型污水处理技术,生物膜具有特殊的生物层结构、复杂的生物群落及较长的食物链,这为 EHBR 带来了以下特殊的优势。

**1. 微生物附着生长的优势**

由于曝气膜的比表面积大,尤其是中空纤维膜的比表面积可高达 5 108 $m^2/m^3$,以膜为载体可以在较小的空间内为微生物的生长提供充足的附着面积,大大提高单位空间内的微生物浓度,提高单位体积处理能力,增强耐冲击负荷能力。

由于微生物附着生长,水力停留时间和生物停留时间可实现独立控制,生物膜上的微生

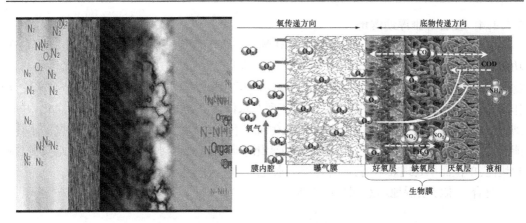

**图 5.5-7　EHBR 工艺原理**

物不会随水流流失,污泥停留时间(SRT)理论上可被认为无限长,这为生长世代时间较长、增殖速度较慢的微生物,如硝化菌、反硝化菌、聚磷菌及厌氧氨氧化菌等提供了生长和富集的可能,为 EHBR 技术实现除磷脱氮创造了条件。同时,生物膜的分层结构能够创造好氧过程和厌氧过程的同时出现,为单一反应器内实现同时硝化反硝化过程提供了可能。

2. EHBR 曝气方式的优势

曝气供氧时,氧气透过膜丝直接被生物膜利用,不必经过液相边界层,大大减小了氧气的传质阻力,有利于供氧速度和氧气利用率的提高。

氧气与底物以相反的方向传递,通过控制供氧可使生物膜产生明显的分层,从而达到同时硝化、反硝化和去除有机物的效果。

根据水体处理要求,可通过调节曝气压力控制氧气供应量,在满足反应器的需氧量的同时,避免气体的挥发和浪费。

EHBR 膜曝气能耗低,服务面积广,20 000 m² 水面只需一组气源即可,且运行功率不超过 7.5 kW,曝气均匀,同时具有降解污染物的功效。

3. 氧气与底物逆向传递与生物多样性的优势

EHBR 中氧气与底物的反向传递使生物膜形成了与传统生物反应器(曝气生物滤池、生物转盘、生物接触氧化等)不同的氧气和有机物浓度分布。EHBR 特殊的氧气与底物双向传递机制和生物分层结构,使许多习性迥异、生活环境差异极大的微生物能够在 EHBR 中共存,同时发挥去除有机物及除磷脱氮的作用。这些微生物包括普通异养好氧菌、硝化菌、亚硝化菌、反硝化菌和聚磷菌。

4. 适用性广的优势

EHBR 技术可直接将膜组件放置于河道内,并可根据河道具体情况调整布置模式。河道水深 0.8 m 以上,流速 1.5 m/s 以下时,EHBR 膜系统均能安全稳定运行。其膜组件独特的中空纤维膜丝构造,大大增加了微生物附着的表面积,微生物高度富集在膜表面,具有去除效率高、系统抗水质冲击负荷强等特点,在水流缓慢的河道中增氧去污效果更佳。另外,EHBR 膜系统可以完美结合其他生态技术,相互促进,起到"1+1>2"的综合作用,如微生物技术和水生湿生植物技术。

#### 5.5.1.4　复合纤维浮动湿地

复合纤维浮动湿地是一种在水体中搭建的类似人工湿地结构的,具有一定生态与景观功能的生态浮动平台。它以载体填料为主体,载体上覆盖种植土与植被。基质、微生物与植物形成的净化系统,可促进实现植物、载体填料、微生物、大气、生态系统的各环节与水交互作用,通过物理、化学和生物的共同作用,实现对水体污染物的去除,使水质得到净化,并起到生态修复作用,是水体中的"可移动净化生境平台"。浮动湿地直接作用于布设的水体,能够结合水利条件进行设计,满足各类水位变化要求,适应不同水深,无须占用土地资源,构建快捷,单位面积处理效率高,适合各类污水处理,是一种全新的水生态处理方法。

复合纤维浮动湿地示意图见图 5.5-8。

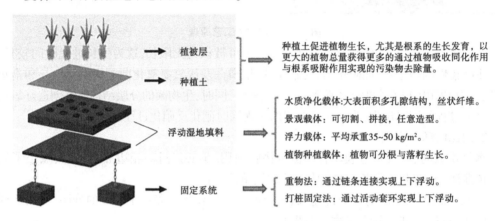

图 5.5-8　复合纤维浮动湿地示意图

1. 复合纤维浮动湿地净化原理

复合纤维浮动湿地标准化模块是植物种植的载体组成,是复合纤维浮动湿地浮力的提供者,更是复合纤维浮动湿地的表层基质、水质净化主体之一。复合纤维浮动湿地标准化模块的技术参数如表 5.5-1 所示。其材质为进口高分子材料纤维,具有表面积极大的孔隙结构,在气水交界面区域为微生物的附着挂膜生长提供了空间,同时植物根系在标准化模块纤维孔隙中交织穿梭生长,根系分泌物中的小分子有机物易被微生物分解利用,更促进表层基质的生物膜生长。大气、水面、标准化模块纤维、植物根系与生物膜的共同作用下,表层基质形成连续的好氧、缺氧、厌氧区域,为硝化、反硝化等微生物反应提供了环境条件。

表 5.5-1　复合纤维浮动湿地标准化模块的技术参数

| 项目 | 单位 | 参数 |
|---|---|---|
| 材质 | — | 聚酯纤维+天然植物纤维 |
| 比表面积 | $m^2/m^3$ | 2 000 |
| 孔隙率 | % | 95 |
| 种植孔数 | 孔/$m^2$ | 21 |
| 植物密度 | 株/$m^2$ | ≥65(植物成熟后) |

续表 5.5-1

| 项目 | 单位 | 参数 |
|---|---|---|
| 平均承重 | kg/m² | 50 |
| 使用寿命 | 年 | 20 |
| 模块尺寸 | m | 2.0×1.5×0.16 |
| 污染物去除率 | kg/(m²·a) | 化学需氧量为 46.91,氨氮为 1.42,总磷为 0.87 |
| 植物生长方式 | — | 浮动湿地表面 100%的面积可以植物分株、落籽生长 |

　　复合纤维浮动湿地系统成熟以后,标准化模块纤维和植物根系吸附了大量微生物形成生物膜,污水流经复合纤维浮动湿地根系区域时,污染物在基质纤维、植物根系与微生物的共同作用下得到去除。固体悬浮物被基质和植物根系上附着的生物膜截留;有机污染物通过微生物的呼吸作用分解;氮、磷等营养物质被植物吸收同化去除,同时也通过在好氧、缺氧环境中硝化、反硝化、聚磷等微生物过程去除。

　　复合纤维浮动湿地作用原理见图 5.5-9。

图 5.5-9　复合纤维浮动湿地作用原理

　　2. 生态恢复作用

　　复合纤维浮动湿地通过增大水下微生物总量、水上植物量,促进水下生态系统的自我调整、修复与水上生态系统的发展,形成立体的生境平台。复合纤维浮动湿地的布设,大大增加了所布设水域的微生物总量,通过增加水体生态系统中作为食物链的最低端位置的微生物的总量,促进以微生物为食的底栖动物、鱼类等的数量,并以复合纤维浮动湿地植物完善水生态系统;通过水域中植物量与鱼类的增加,促进昆虫、鸟类、两栖动物的栖息与发展。复合纤维浮动湿地可促进新建水体的生态系统的自我发展,促进多营养级稳定的生态系统的形成;可促进生态系统受损水体的自我修复,调整生态系统结构,促进生物多样性的恢复、生态系统的完善与稳定。

　　复合纤维浮动湿地生态恢复作用见图 5.5-10。

　　3. 景观功能

　　复合纤维浮动湿地可对标准化模块进行任意切割与组合,制作成造型各异的人工景

**图 5.5-10　复合纤维浮动湿地生态恢复作用**

观形状。复合纤维浮动湿地载体表面的纤维材质本身具有柔和的景观的效果,或可在复合纤维浮动湿地边缘表面覆土或种植草皮等低矮草本植物,彻底去除人工痕迹。通过在河湖中布设复合纤维浮动湿地,可增强水体景观效果,展现水文化蕴含。复合纤维浮动湿地上可选用鸢尾、香蒲、芦苇、千层菜等当地种的水生植物,兼备景观效果及污染物去除效果,并选取当地种的景观草皮对复合纤维浮动湿地进行包边处理,同时可选用卵石等景观元素,提升复合纤维浮动湿地的景观效果。

复合纤维浮动湿地景观构建案例见图 5.5-11。

**图 5.5-11　复合纤维浮动湿地景观构建案例**

## 5.5.2　异位净化技术

### 5.5.2.1　生态砾石床技术

**1.技术特点**

与相近的人工湿地技术相比,砾石床具有以下特点:

(1)无需动力提升,节省了提升系统的投资,还可以抬升河道水位,使得后续的处理单元处于自流状态,保证了整个系统的连续运行,减少了能耗,特别适合平原河网地区无动力河道生态修复工程,每年可节省大量电费。

(2)砾石床的可控渗流是在当地的气象水文资料基础上进行设计的,渗流的周期与降水的规律相吻合,自动完成湿干周期,可以连续运行,无需人工湿地的复氧过程,降低了后期运行的管理难度,节省了管理费用。

(3)砾石床筑坝材料的渗透系数一般都比人工湿地大,所以径流在床体内的流动通畅,可以充分地与植物根系接触,使得水力特性得到了改善,同时大大降低了堵塞的风险,通过反冲洗等处理措施,可以保证连续运行。

　2. 设计要求

　砾石床的设计包括可控渗流和净化效果两部分。可控渗流主要涉及透水坝的渗流计算、坝体结构、渗透系数等;净化效果主要涉及径流在透水坝中的停留时间、筑坝材料、植物等。

　应用渗流力学中的渗流方程和达西定律,结合砾石床的水流方式,表面流和潜流可以用矩形模型和梯形模型,垂直流用垂直流模型,进行砾石床的几何尺寸、渗流量、停留时间等参数的计算与推导,并确定砾石的级配和床体结构、植物的种类等。

　考虑到砾石床的基建成本,构筑材料可以选用石灰石和鹅卵石等天然石块,推荐粒径 10~20 cm。不推荐使用沸石(价格昂贵),也不推荐使用煤渣(质轻、涵水性能差)。石灰石和鹅卵石等天然石块有以下几个特点:①取之于自然,具有生态技术的意义;②硬度合适;③具有足够的表面积,处理效率高;④沉淀的污泥不易压密;⑤孔隙率可达到 40% 以上。

　砾石床的植物应选用根系发达、株秆粗壮、枝叶茂盛的种类。推荐使用美人蕉、香蒲、香根草、菖蒲、再力花、芦苇。

　3. 工艺原理与技术参数

　砾石床是采用人工湿地的原理,用砾石在河道中适当位置人工垒筑床体,抬高上游水位,通过控制上下游水位差调节床体的过水流量。在床体上种植高效脱氮除磷植物,通过植物的根系及砾石吸附、微生物作用,去除河流中的营养物质。

　砾石床建设过程中要注意:①适宜砾石床种植植物的选择和栽培;②床体内高效脱氮除磷菌的筛选和培育;③堵塞问题;④砾石床渗流模型的建立,以及设计流程、设计规范的建立。

　4. 维护管理

　植物根系生长、砾石表面生物膜生长及泥沙沉降容易使砾石床发生堵塞,可采取预防性措施和堵塞治理技术进行缓解堵塞现象。

　预防性措施:①合适的基质粒径和级配。②植物选择和管理。可考虑选用根区复氧能力强、分泌难降解物质较少的当地植物。③在运行过程中,对砾石床体上的植物进行维护和收割,清除砾石床表面植物残体等。

　堵塞治理技术:①更换砾石床填料。运行期间,定期更换系统特别是表层填料,可以防止表层堵塞,保证砾石床的稳定运行。②停床休作与轮作,一方面可以加快砾石床复氧,提高好氧微生物的活性,加速降解基质中沉积的有机物;另一方面,系统停止进水后,切断了微生物新陈代谢的营养物补给,可抑制微生物生长,恢复湿地通透性。③投加蚯蚓等微型动物,利用微型动物的吞食作用起到通透基质和污泥减量的作用。④施用化学药剂,利用化学清洗原理溶解或脱除掉有机堵塞物,改善堵塞状况。⑤设置复氧通气管、干湿交替工作联合运行来改善构造砾石床的供氧条件。⑥砾石床填料反冲洗。

## 5.5.2.2　稳定塘及其组合技术

　1. 技术特点

　稳定塘又称为氧化塘或生物塘,它对污水的净化过程与自然水体的自净过程相似,是一种利用天然净化能力处理污水的生物处理设施。稳定塘的分类常按塘内的微生物类型、供氧方式和功能等进行划分，可分为好氧塘、兼性塘、厌氧塘等；随着研究和实践的逐步深入，在原有稳定塘技术的基础上，又发展了很多新型塘和组合塘工艺。

稳定塘的优点：①基建投资低。当有旧河道、沼泽地、谷地可利用作为稳定塘时，稳定塘系统的基建投资低。②运行管理简单经济。稳定塘运行管理简单，动力消耗低，运行费用较低。③可进行综合利用。实现污水资源化，如将稳定塘出水用于农业灌溉，充分利用污水的水肥资源，养殖水生动物和植物，组成多级食物链的复合生态系统。

稳定塘的缺点：①占地面积大，没有空闲余地时不宜采用。②处理效果受气候影响，如季节、气温、光照、降水等自然因素都影响稳定塘的处理效果。③设计运行不当时，可能形成二次污染，如污染地下水、产生臭气和孳生蚊蝇等。

2. 设计原则

1) 正规化

现代的稳定塘不像以往直接利用天然的坑、塘、洼地稍加修整而成，一般事先都经过精确的设计，不仅重视作为工艺主单元的塘体设计，而且配备包括预处理、附属设备等其他常规设施强化对有机污染物的去除，有效减轻后续氧化塘的淤积程度。

2) 高效化

节省占地、提高处理效率是近年来稳定塘研究的主要目的。通过改善塘型，对天然塘型进行精确修整、分隔组合，使之更加符合高效反应器的合理构造；或者通过引入人工强化技术，改善微生物生存环境和利用生物的综合效应，提高稳定塘的有机负荷，减少污水停留时间。

3) 系统化

高效化的稳定塘绝不是一个大面积的水塘，系统化的稳定塘必然是包括预处理措施、合理的塘型组合、放养去污能力强的水生植物或设置人工强化基质、生态养殖和污水综合利用等组成的更为复杂的系统工程。

3. 设计要点

1) 塘的位置

稳定塘应设在居民区下风向 200 m 以外，以防止塘散发的臭气影响居民区。此外，塘不应设在距机场 2 km 以内的地方，以防止鸟类（如水鸥）到塘中觅食、聚集，对飞机航行构成危险。

2) 防止塘体损害

为防止浪的冲刷，塘的衬砌应在设计水位上下各 0.5 m 以上。若需防止雨水冲刷，塘的衬砌应做到堤顶。衬砌方法有干砌块石、浆砌块石和混凝土板等。在有冰冻的地区，背阴面的衬砌应注意防冻。若筑堤土为黏土，冬季会因毛细作用吸水而冻胀，因此在结冰水位以上应置换为非黏性土。

3) 塘体防渗

稳定塘渗漏可能污染地下水源；若塘出水考虑再回用，则塘体渗漏会造成水资源损失，因此塘体防渗是十分重要的。防渗方法有素土夯实、沥青防渗衬面、膨润土防渗衬面和塑料薄膜防渗衬面等。

4)塘的进出口

设计时应注意配水、集水均匀,避免短流、沟流及混合死区。主要措施为:采用多点进水和出水;进口、出口之间的直线距离尽可能大;进口、出口的方向避开当地主导风向。

4. 工艺原理与技术参数

1)传统的稳定塘

a. 好氧塘

好氧塘的基本工作原理:塘内存在着菌、藻和原生动物的共生系统。有阳光照射时,塘内的藻类进行光合作用,释放出氧,同时,由于风力的搅动,塘表面还存在自然复氧,二者使塘水呈好氧状态。塘内的好氧型异养细菌利用水中的氧,通过好氧代谢氧化分解有机污染物并合成本身的细胞质(细胞增殖),其代谢产物则是藻类光合作用的碳源。

好氧塘的技术参数:好氧塘多采用矩形,表面的长宽比为 3:1~4:1,一般以塘深的 1/2 处的面积作为计算塘面,塘堤的超高为 0.6~1.0 m,单塘面积不宜大于 4 hm²;塘堤的内坡坡度为 1:2~1:3(垂直:水平),外坡坡度为 1:2~1:5(垂直:水平);好氧塘一般不少于 3 座,规模很小时不少于 2 座。

b. 兼性塘

兼性塘的基本工作原理:兼性塘的有效水深一般为 1.0~2.0 m,通常由三层组成:上层好氧区、中层兼性区和底部厌氧区。好氧区对有机污染物的净化机制与好氧塘基本相同。兼性区的塘水溶解氧较低,且时有时无,异养型兼性细菌能利用水中的溶解氧氧化分解有机污染物,也能在无分子氧的条件下,以硝酸根和碳酸根作为电子受体进行无氧代谢。厌氧区无溶解氧,可沉物质和死亡的藻类、菌类在此形成污泥层,污泥层中的有机质由厌氧微生物对其进行厌氧分解。

兼性塘的技术参数:兼性塘一般采用矩形,长宽比为 3:1~4:1,塘的有效水深为 1.2~2.5 m,超高为 0.6~1.0 m,储泥区高度应大于 0.3 m;兼性塘堤坝的内坡坡度为 1:2~1:3(垂直:水平),外坡坡度为 1:2~1:5;兼性塘一般不少于 3 座,多采用串联,其中第一座塘的面积占兼性塘总面积的 30%~60%,单塘面积应小于 4 hm²,以避免布水不均匀或波浪较大等问题。

c. 厌氧塘

厌氧塘的基本工作原理:先由兼性厌氧产酸菌将复杂的有机物水解、转化为简单的有机物(如有机酸、醇、醛等),再由绝对厌氧菌(甲烷菌)将有机酸转化为甲烷和二氧化碳等。

厌氧塘的技术参数:厌氧塘一般为矩形,长宽比为 2:1~2.5:1,单塘面积不大于 4 hm²,塘的有效水深一般为 2.0~4.5 m,储泥深度大于 0.5 m,超高为 0.6~1.0 m;厌氧塘的进水口离塘底 0.6~1.0 m,出水口离水面的深度应大于 0.6 m,使塘的配水和出水较均匀,进、出口的个数均应大于 2 个。

2)新型的稳定塘

a. 活性藻系统

活性藻系统是根据藻菌共生原理,在系统内培养合适的菌类和藻类,利用藻类供氧以减少人工供氧量,从而进一步降低污水处理能耗和运行成本。而且,还可以用大量繁殖菌藻的方式进行污水净化、再生和副产藻类蛋白。

b. 高效藻类塘

高效稳定塘不同于传统稳定塘的特征主要表现在以下 4 个方面:①较浅的塘的深度,一般为 0.3~0.6 m;②有一垂直于塘内廊道的连续搅拌的装置;③较短的停留时间,一般为 4~10 d,比一般的稳定塘的停留时间短 7~10 倍;④高效藻类塘的宽度较窄,且被分成几个狭长的廊道,可以很好地配合塘中的连续搅拌装置,促进污水的完全混合,调节塘内 $O_2$ 和 $CO_2$ 的浓度,均衡池内水温以及促进氨氮的吹脱作用。以上 4 种特征创造了有利于藻类和细菌生长繁殖的环境,强化藻类和细菌之间的相互作用,所以高效藻类塘内有着比一般稳定塘更加丰富多样的生物相,对有机物、氨氮和磷有着良好的去除效果,从而大大减少占地面积。

c. 水生植物塘

利用高等水生植物,主要是水生维管束植物提高稳定塘处理效率,控制出水藻类,除去水中的有机毒物及微量重金属。

d. 悬挂人工介质塘

在稳定塘内悬挂比表面积大的人工介质,如纤维填料,为藻菌提供固着生长场所,提高其浓度来加速塘内去除有机质的反应,从而改善塘的出水水质。

e. 超深厌氧塘

超深厌氧塘与常规厌氧塘相比,具有 $BOD_5$ 容积负荷大、占地面积小、受温度影响小的优点。

f. 移动式曝气塘

移动式曝气近似于有多个曝气器同时运转,可缩短氧分子扩散所需时间,含氧水也随着移动式曝气器的移动而迁移,进一步缩短氧分子扩散所需时间。曝气器的移动还有利于保持塘内溶解氧均匀分布而避免死角。

3) 组合塘

a. 多级串联塘

串联稳定塘较之单塘不仅出水藻菌浓度低,$BOD_5$、COD、N 和 P 的去除率高,而且只需较短的水力停留时间。将单塘改造成多级串联塘,其流态更接近于推流反应器的形式,从而减少了短流现象,提高了单位容积的处理效率。另外,从微生物的生态结构看,多级串联有助于污水的逐级递变,减少了反混现象,使有机物降解过程趋于稳定。

由于不同的水质适合不同的微生物生长,串联稳定塘各级水质在递变过程中,会产生各自相适应的优势菌种,因而更有利于发挥各种微生物的净化作用。典型的串联方式如"厌-兼-好"组合塘工艺,比"兼-好"塘系统节省占地 40%。

b. 高级综合塘系统(AIPS)

高级综合塘系统由高级兼性塘、高负荷藻塘、藻沉淀和熟化塘 4 种塘串联组成,与普通塘系统相比,具有如下一些优点:水力负荷率和有机负荷率较大,而水力停留时间较短;节省能耗;基建和运行费用较低;能实现水的回收和再用,以及其他资源的回收。

c. 生态综合系统塘

生态综合系统塘的工作原理是以太阳能为初始能源,对生态塘系统中的生物种属进行优化组合,利用食物链(网)中各营养级上多种多样的生物种群的分工合作来完成污水的净化。以水生作物、水产和水禽形式作为资源回收,净化的污水可作为再生水资源予以回收再用。

5. 维护管理

(1)对运行中的稳定塘加强巡视观测和管理,根据不同类型塘的技术特点,制定科学合理、切实可行的运行管理办法。

(2)宜设专职人员对稳定塘系统的设备进行检修保养,保证全部动力设备和机械设备处于良好的运行状态。

(3)定期做好清淤工作。

(4)应加强越冬的管理。冬季温度的降低会降低处理效果,可采用曝气等强化措施或停止排放予以储存等方式。对小型塘,可加设塑料大棚、放置泡沫塑料等保温措施。对水生植物塘中的不耐寒植物,应进行越冬保护。

## 5.5.3　人工湿地技术

人工湿地技术即指湿地修建在河道周边,利用地势高低或机械动力将河水部分引入湿地净化系统中,污水经净化后,再次回到原水体的一种处理方法。优点:投资费用低,建设、运行成本低;处理过程能耗低;污水处理效果稳定可靠;污水处理系统的组合具有多样性和针对性,减少或减缓外界因素对处理效果的影响;可以和城市景观建设紧密结合,起到美化环境作用,改善相邻地区的景观。缺点:受气候条件限制较大;设计、运行参数不精确;占地面积相对较大;容易产生淤积、饱和现象;对恶劣气候条件抵御能力弱;净化能力受作物生长成熟程度的影响大。

在诸多水生态修复技术中,人工湿地在地表径流的面源污染控制和改善环境结构、美化环境方面都得到了大量研究,并成功地应用于水体的异位生态修复,处理生活废水、养殖废水,蓄积和净化暴雨径流等方面。利用人工湿地可达到控制面源污染,恢复和重建河流、湖泊、湿地,净化受污染的河、湖水等目的,是应用最为广泛的水环境生态修复手段。严格意义上来讲,人工湿地技术也属于异位净化技术,考虑到人工湿地技术应用较为广泛,本节单独对人工湿地技术进行介绍。

### 5.5.3.1　人工湿地概述

#### 1. 人工湿地的概念和发展

人工湿地是人们有目的地建立一种与天然湿地相似的人工生态系统,水特征为水饱和或淹水状态,植物是具有耐湿或水生植物,土为水成土。人工湿地有狭义和广义两种概念。根据《关于特别是作为水禽栖息地的国际重要湿地公约》(简称《湿地公约》),广义的人工湿地包括:①养殖池塘;②池塘:小水塘、灌溉池塘,面积<8 hm²;③灌溉土地:灌渠、水稻田;④季节性泛滥的农田:湿草地、牧场;⑤盐业用地:盐生洼地、盐田等;⑥蓄水用地:水库、水坝、库区、河堰,面积>8 hm²;⑦低洼地:泥土、砖块、砾石等洼地、矿区池塘;⑧废水处理区:沉淀池、氧化塘等;⑨运河、水沟等。

狭义的人工湿地是指用于降解污染物的人工湿地。狭义的人工湿地依据不同的分类方式和理解角度,所产生的人工湿地概念也不尽相同。功能上概念:人工湿地是依据土地处理系统级水生植物处理污水的原理,由人工建立的具有湿地性质的污水处理生态系统。结构组成上概念:人工湿地是由独特的土壤(基质)和生长在其上的耐湿或水生植物组成,是一个有人为参与的基质–植物–微生物的生态系统。净化机制上概念:人工湿地利用基质–植物–微生物间的物理、化学和生物三重协同作用,通过过滤、吸附、沉淀、离子交换、植物吸收和微生物分解实现对污水的净化。

最早的人工湿地是 1903 年建在英国约克郡的 Earby 湿地系统,该系统一直持续运行到 1992 年,但这只是人工湿地的雏形。1953 年,德国的 Kathe Seidel 详细研究了水生植物吸收和分解化学污染物的能力,并于当年发表了她的研究成果,这是人工湿地研究的起点。20 世纪 60 年代中期,Seidel 博士与 Kickuth 博士合作开发了根区法,美国国家空间技术实验室在 60 年代末开发了基于芦苇和厌氧微生物处理污水的复合系统。自德国 1974 年建成第一座完整的人工湿地以来,人工湿地在 20 世纪 80 年代得到了迅速发展。

人工湿地水体净化处理技术主要经历了两个发展阶段:第一阶段始于 20 世纪 70 年代。20 世纪 70 年代的人工湿地处理系统大都利用原有的处理技术,既保持了原来处理技术的结构而以泥沼的形式存在,又常将湿地系统与氧化塘处理结合起来以提高氧化塘系统的处理效果。美国、澳大利亚、德国、荷兰、丹麦、英国和日本等都进行过这方面的尝试。第二阶段始于 20 世纪 80 年代。20 世纪 80 年代后,湿地系统发展到由人工建造、以不同粒径的砾石和豆石为填料基质、种植一定类型有效植物的处理系统,并开始进入了规模性的应用阶段。

我国在"七五"期间开始人工湿地研究,天津市环保科学研究所在 1987 年建成了我国第一座占地 6 hm²、处理规模为 1 400 m³/d 的芦苇湿地处理系统。1990 年 7 月,国家环保局华南环保所在深圳白泥坑建造了占地 8 400 m²、城镇综合污水日处理规模为 3 100 m³ 的人工湿地示范工程。在吸取了采用表面流人工湿地运行所存在的问题的基础上,2003 年在延庆县建设了用于处理乳品厂废水的潜流式人工湿地,并成功投入运行,其处理出水排入公园人工湖,并作为 2008 年北京奥运会森林公园湿地处理系统的研究基地。目前,人工湿地正在向景观、绿化、资源与污水深度处理相结合的方向发展,人工湿地正作为一种独具特色的新型污水处理技术正式进入污水控制领域。

2. 人工湿地的组成和功能

人工湿地系统由 5 个部分组成:①适于在饱和水及厌氧基质中生长的植物,如风车草、芦苇、春芋、香蒲等;②能支撑湿地植物的各种透水性的基质,如砾石、砂、土壤等;③在基质表面下或上流动的水体;④好氧或厌氧微生物种群;⑤脊椎或无脊椎动物。其中,基质、植物和微生物是人工湿地实现净化功能的 3 个主要因素。流过湿地床体体的污水中污染物的去除主要依靠湿地床体的物理、化学和生物协同作用,其中包括基质的拦截、过滤、吸附、离子交换,植物根系的吸收、固定、转运及微生物的代谢分解等过程。

人工湿地对污水处理及水质净化的应用很广泛,主要应用在以下方面:①雨水径流和农业径流净化;②城镇农村生活污水处理和住宅中水回用;③城镇污水处理厂尾水深度处理;④工业废水处理;⑤入湖、入江、入海河道末端处理;⑥湖泊、池塘、公园和生活小区富营养化水体处理。

人工湿地建立以后,除人工栽培的高等植物外,野生动植物也会明显增多,首先是昆虫,随后是鸟类和爬行动物,再后是哺乳动物,逐渐成为一个完善的生态系统。人工湿地植物一般为常绿植物,常年郁郁葱葱,人工湿地中又有观赏植物,花红柳绿,还有各种花草,所以很多人工湿地可以兼作公共娱乐区、生态公园,吸引游客和附近的居民,是人们休闲娱乐的好地方。

3. 人工湿地的基本类型

根据水的流动状态,人工湿地系统分为自由水面系统,又称表面流人工湿地;潜流系统,又称潜流湿地,分为水平潜流人工湿地和垂直潜流人工湿地。

1) 表面流人工湿地

污水从系统表面流过,氧通过水面扩散补给。这种类型的人工湿地具有投资少、操作简单、运行费用低等优点,而且该湿地系统与自然湿地最为类似,具有较高的生态效益。但这种湿地系统占地面积大,水力负荷率较小,去污能力有限,运行受气候影响较大,夏季有孳生蚊蝇的现象。

表面流人工湿地结构简图见图 5.5-12。

(a)主视图

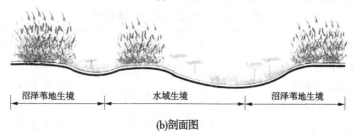

沼泽苇地生境　　　　水域生境　　　　沼泽苇地生境

(b)剖面图

图 5.5-12　表面流人工湿地结构简图

2) 水平潜流人工湿地

在水平潜流人工湿地系统中,污水从进口经由砂石等系统介质,以近水平流方式在系统表面以下流向出口,在此过程中,污染物得到降解。介质通常选用水力传导性良好的材料,氧主要通过植物根系释放。水平潜流人工湿地的水力负荷和污染负荷较大,对污染物去除效果好,但系统内氧含量较少,硝化效果不如垂直潜流人工湿地。

水平潜流人工湿地结构简图见图 5.5-13。

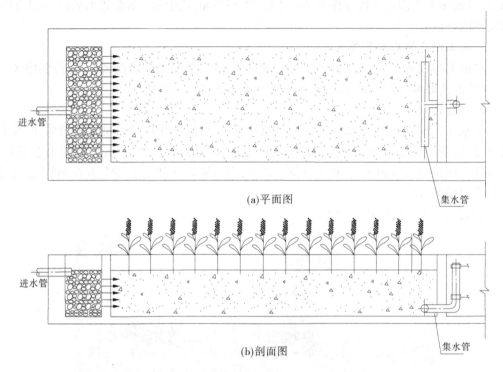

(a)平面图

集水管

(b)剖面图

集水管

**图 5.5-13　水平潜流人工湿地结构简图**

3) 垂直潜流人工湿地

垂直潜流人工湿地通常在整个表面设置配水系统,污水从表面纵向流向填料床底部,氧可以通过大气扩散和植物传输进入人工湿地。该系统有较高的好氧处理能力,因此硝化能力强。为防止堵塞,填料级配复杂,建造要求高,落干/淹水时间长,操作相对复杂。

三种类型人工湿地比较见表 5.5-2。

**表 5.5-2　三种类型人工湿地比较**

| 类型 | 表面流人工湿地 | 水平潜流人工湿地 | 垂直潜流人工湿地 |
|---|---|---|---|
| 特点 | 污水在湿地的表面流动,水位较浅,多在 0.1~0.6 m,与自然湿地最为接近 | 污水在湿地床的内部流动,从一端水平流过填料床 | 污水在湿地床的内部流动,从湿地表面纵向流向填料床的底部,或者从底部流向顶部 |
| 优点 | 工程投资低,运行成本最低 | 水力负荷较高,对污染物去除效果好;很少有臭味和蚊蝇现象;运行成本较低 | 硝化能力高,可用于处理氨氮含量较高的废水;运行成本较低 |
| 缺点 | 系统的处理效果受温差变化影响大,夏季孳生蚊蝇,产生臭味,卫生条件较差,冬季或北方地区则易发生表面结冰现象 | 控制相对复杂;脱氮、除磷的效果不如垂直潜流人工湿地;造价较高 | 控制相对复杂;工程造价较高 |

垂直潜流人工湿地结构简图见图 5.5-14。

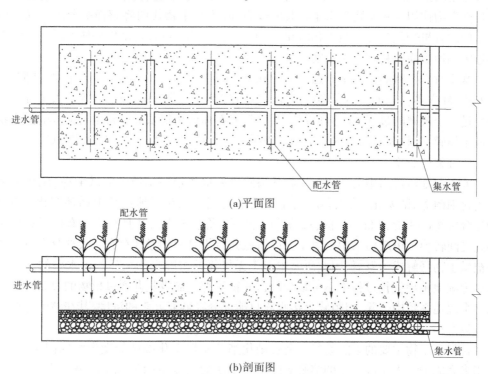

(a)平面图

(b)剖面图

**图 5.5-14  垂直潜流人工湿地结构简图**

### 5.5.3.2  人工湿地的净化机制

**1.对固体悬浮物的去除**

固体悬浮物质在流经人工湿地过程中,会因填料的截留和植物的阻隔而沉积,从污水中去除。在表面流人工湿地系统中,水流流速较缓慢,使污水中的固体悬浮物质有足够时间在湿地运移过程中发生沉积、截留和再悬浮。为尽量减少污水处理过程中再悬浮现象的发生,设计湿地的流速不宜过大,应根据湿地的摩擦特征、颗粒的沉淀特征和颗粒的扰动临界剪切力来确定。湿地植物及其散落物和根系构成了湿地的过滤床,该过滤床具有较大的孔隙度,通过惯性沉积、流线截留和扩散沉积过滤悬浮物质,并在一定程度上可限制再悬浮现象的发生。

在潜流湿地系统中,水体不与植物的散落物直接接触,与表面流人工湿地形成的过滤床所产生的沉积过程不同,而且湿地表面的风和动物也不会再引起再悬浮现象的发生。潜流湿地对固体悬浮物质的去除是通过介质过滤作用,颗粒沉积在水滞留的孔隙中,发生着颗粒化过程。

**2.对有机物的去除**

碳化合物与每个生命过程息息相关,拥有动物、植物和微生物的湿地生态系统中的碳循环很活跃。在污水处理领域,$BOD_5$、COD、DC、TC、VOC、TOC 等是表征有机物的主要指标,其中前两个指标最为常用。

有机物分为不溶性有机物和可溶性有机物。不溶性有机物在湿地中的去除主要是通过湿地基质的吸附和过滤,在基质中沉积从而被分解或者利用。可溶性有机物主要利用的是微生物作用——植物根系生物膜的吸附、吸收及生物代谢降解而被分解去除。最终污水中的有机物是被异样微生物转化为 $CO_2$、$H_2O$ 和微生物体,微生物体的最终去除需要通过定期地更换填料和收割植物来实现。

基质对有机物的去除主要通过吸附和离子交换作用。在合适的条件下,一些阳离子,如 $Ca^{2+}$、$Mg^{2+}$ 等,与 $CO_3^{2-}$ 结合形成沉淀,包括有碳酸钙、碳酸镁、白云石等。人工湿地系统会经过一个成熟的过程,在达到成熟后,填料表面和植物根系周围将生长大量的微生物而形成生物膜,生物膜对流过的有机物可吸附、吸收,从而被微生物代谢过程分解。

### 3. 对氮的去除

人工湿地对污水中的含氮污染物的去除主要依靠填料基质中的微生物(硝化细菌与反硝化细菌等)的氨化、硝化和反硝化作用来实现。氮在湿地系统中循环变化包括了 7 种化合价态( $-3$ 价、0 价、$+1$ 价、$+2$ 价、$+3$ 价、$+4$ 价、$+5$ 价),并且在多种有机形式与无机形式之间转换。市政污水中的氮主要以氨氮和有机氮两种形式存在。大部分有机氮都可以被微生物降解成为氨氮,因此研究中对于无机氮的去除更为关注。污水中的无机氮也可作为湿地植物生长过程中不可缺少的营养物质直接被吸收并通过植物的收获与再种植从整个湿地系统中去除,但植物直接吸收只能部分降低氮元素的浓度,其在整个氮循环过程中只占小部分份额,不能够成为氮元素去除的主体。

含氮污染物主要的去除途径是通过硝化细菌及反硝化细菌等微生物的硝化、反硝化作用来完成的。人工湿地中的溶解氧随填料基质的高度不同呈现出区域性变化,从床体底部到顶部连续呈现出富氧、缺氧及厌氧三种不同的状态,这相当于许多串联或并联了 A/O(Anoxic/Oxic)污水处理单元,从而使硝化和反硝化作用可以有条不紊地进行。在这种条件下,$NH_4^+$ 被氧化成 $NO_2^-$ 和 $NO_3^-$ 等离子,再被还原为 $N_2$。

其基本过程是,硝化细菌首先通过硝化作用将氨氮氧化成亚硝酸盐与硝酸盐,之后反硝化细菌通过反硝化作用将硝酸盐还原成气态氮,最后氮气从水中逸出。硝化作用在好氧环境下由自养型好氧微生物(硝化细菌)完成,它包括两个生化过程:首先由亚硝酸菌(自养型好氧菌)将氨氮转化为亚硝酸盐;然后则由硝酸菌(自养型好氧菌)将亚硝酸盐进一步氧化为硝酸盐。在硝化反应中起作用的亚硝酸菌、硝酸菌被合称为硝化细菌。反硝化作用在缺氧或厌氧环境下进行,其机制是反硝化细菌(多为异养、兼性厌氧细菌)利用硝酸盐中的氧进行呼吸作用,氧化分解有机物为其新陈代谢提供养分,同时将硝酸盐还原为 $N_2$,最后超过饱和度的 $N_2$ 从污水中逸出,从而离开整个系统。

因此,人工湿地比无法进行反硝化反应的传统活性污泥或者生物膜处理系统具有更强的氮处理能力;比人工的 A/A/O(Anoxic/Anoxic/Oxic)系统在操作上要简单,在工序上要节省,在费用上要低廉。为了提高人工湿地氨氮的去除效率,通常会采用人工曝气的办法来增加系统中的溶解氧含量,以此提高好氧细菌的硝化能力,其实际效果是很大程度上提高了氨氮的去除效率,但同时为反硝化细菌的活性带来了抑制作用,这是因为反硝化反应需要一个缺氧(或厌氧)环境,而溶解氧的增加,抑制了反硝化作用的进行,从而使硝态氮的去除效果有所降低。如何在提高氨氮去除率的同时增加硝态氮的去除率是保证人工湿地脱氮效果的一个难点。与有机污染物(COD 与 $BOD_5$)的去除相比,人工湿地中的硝化过程速度比较缓慢,当 $BOD_5$ 和 COD 值较高时,有限的溶解氧常被其他好氧异养菌用于去除有机污染物的反应中,而硝化反应只有在有机物浓度降低到一定程度才能开始。同时,反硝化作用又需要从有机质中获取碳源用以维持正常的新陈代谢;当污水有机物浓度很低时,反硝化过程不易进行,从而影响整个系统的脱氮效率。解决这一矛盾是提高人工湿地对含氮污染物去除率的另一难点。

4. 对磷的去除

人工湿地对磷的去除是通过湿地填料基质的理化反应、植物根系吸收及微生物的积累等几个方面共同作用完成的。进水中的无机磷酸盐在水生植物的吸收和同化作用下,被合成为供能物质(ATP 和 ADP)与遗传物质(DNA 和 RNA)等有机成分,在季末通过人工对植物的收获将磷元素从整个系统中去除,但是植物的吸收作用只占很少的一部分。研究中发现,污水在人工湿地系统中的流动与循环时,进入系统中的磷主要存留在填料基质中,留存于植物体和凋落叶中的很少。而且,植物不同器官对于磷的吸收量也有很大不同。

磷的另一去除途径是通过微生物对磷的正常同化吸收以及聚磷菌对磷的过量积累,通过对湿地床的定期更换,从而将其从系统中去除。在传统的两级污水处理工艺中,普通的微生物对磷的正常同化吸收一般只能去除进水中磷含量的 4.5% ~ 19%,因而,微生物对磷去除主要是通过聚磷菌与嗜磷菌的大量摄取磷元素作用来实现的。但是由于这部分被微生物吸收的磷元素在被不断吸收和释放的动态循环中,而且组成微生物细胞体的磷(主要存在于遗传物质与功能物质中)会在聚磷菌与嗜磷菌死亡后几乎全部被迅速分解无机磷然后释放到环境中,所以一般认为微生物的活动与总磷的去除效率之间并无显著相关。

而磷最主要的去除方式还是离子交换。理化作用包括填料基质对磷的吸附及填料基质与磷酸根离子的化学反应,其去除机制为填料基质中 $Al^{3+}$、$Ca^{2+}$、$Fe^{3+}$ 等离子可与 $PO_4^{3-}-P$ 发生吸附和反应而沉淀去除 $PO_4^{3-}$,其中 $PO_4^{3-}$ 与 $Ca^{2+}$ 在碱性条件下发生作用,而与 $Al^{3+}$、$Fe^{3+}$ 主要是在中性或酸性环境条件下发生反应,一般认为磷酸根离子主要通过配位体交换而被吸附到 $Al^{3+}$、$Fe^{3+}$ 表面。与此同时,大量的研究还发现,废水中的磷酸根只是被吸附停留在填料基质的表面,这种吸附沉淀反应也不是永久地沉积在填料基质里,如果长期进水中磷元素的浓度较低,填料基质中被吸附的磷就会部分被重新释放到污水环境中,填料基质的作用在某种程度上是作为一个"磷缓冲器"来调节水中磷的浓度,那些吸附磷最少的填料基质最容易释放磷。

### 5.5.3.3　人工湿地研究进展

人工湿地作为一种水体生态净化处理技术,历经近百年的研究和发展,在全世界范围内得到了越来越广泛的研究和应用。国内外学者已在人工湿地水体处理技术的理论研究及推广应用方面开展了大量工作,主要集中于人工湿地的去污过程与机制、环境功能与效应研究等方面。

**1. 人工湿地各组成因子的作用**

**1) 湿地植物**

人工湿地是一个复杂的生态系统,它对污染物的去除是人工湿地各组成部分共同作用的结果,并受各种因素的影响。湿地植物是一类广泛分布在江河湖泊等水域中的高等植物,湿地植物作为人工湿地的主要组成部分,在人工湿地水质净化过程中发挥着重要作用。湿地植物作为人工湿地污水处理系统的主要初级生产者,可吸收利用污水中的氮、磷等营养物质,供其生长繁殖。植物可从污水中直接吸收无机氮、无机磷,将其合成植物自身蛋白质等有机氮和 ATP、DNA、RNA 等物质转化成生物量,污水中的有机物在通过植物根区时被吸收,也可转化或保存在生物量中,最后通过植物的收割而除去。此外,人工湿地在处理工业、采矿废水时,植物还能吸附、富集一些有毒有害物质,如某些重金属( Pb、Cd、Hg、As 等),其吸收积累能力为沉水植物>漂浮植物>挺水植物,不同部位富集作用也不同,一般为根>茎>叶。

氧是人工湿地中污染物质生物地球化学循环过程的关键因子之一,尤其在人工湿地去除有机物、$NH_4^+-N$、$NO_3^--N$、$NO_2^--N$ 等方面直接或间接地发挥重要作用。湿地系统中的氧气主要来自于大气复氧和植物输氧与泌氧。一方面,湿地植物可通过自身发达的通气组织将大气中的氧气输送到湿地系统;另一方面,湿地植物还能将光合作用生成的氧气输送至植物根系,继而向植物根区泌氧。有研究表明,湿地植物的泌氧、输氧速率远大于大气复氧速率,但其泌氧、输氧功能对人工湿地中污染物降解过程的贡献仍存在争议。国内外学者已对湿地植物的氧气输导代谢进行了较多的研究,包括对植物泌氧、传输机制、规律及影响因素等进行了不同程度的探讨。同时,从形态学、解剖学、植物生理生态等微观水平上,对湿地植物泌氧能力及其与污染物去除的关系开展了相关研究。

湿地植物是人工湿地的核心部分,其根系可分泌各种对根际微生物有益的酶、氨基酸、植物生长调节剂等物质,为根际微生物提供营养和能源,促进其聚集和繁殖,进而对人工湿地系统污染物去除过程产生影响。植物根系分泌物是在一定的生长条件下,活的且未被扰动的根释放到根际环境中的有机物的总称。根分泌物种类繁多,数量各异,不仅有低分子有机化合物、高分子粘胶物质、细胞或组织脱落物溶解产物等有机物质,还有质子、无机离子及一些不知名的代谢物。近年来,国内外学者逐步开展了人工湿地植物根系分泌物及其作用机制的研究。研究发现,植物根际能分泌各类有机复合物,为微生物的生存创造良好的条件,促进根际的生物降解,提高人工湿地的净化能力。研究还发现,湿地植物在营养元素(如铁)缺乏的情况下,根系能分泌一种对 $Fe^{3+}$ 具有极强络合能力的麦根酸类的高铁载体(phytosiderophore, PS),而 PS 对 $Fe^{3+}$ 的络合不是专一的,它还可与其他的金属元素 Cu、Zn、Mn、Co、Ni 产生整合作用,提高了这些金属元素的有效性,从而促进湿地系统中金属元素的循环和去除过程。植物种类和遗传特性对植物分泌物的分泌数量和种类有决定性的影响。不同植物种类或同种植物在不同发育阶段,其根系分泌物在组分和量上均有一定差异。此外,光照强度、温度、植物可利用营养物质也是影响植物分泌物的关键因子。

人工湿地中微生物的种类和数量极其丰富,是人工湿地中另一重要组成部分。人工湿地植物发达的根系通常形成一个网络状的结构,扩大了可供微生物吸附着生的表面积。

湿地植物泌氧作用及其根系分泌物为人工湿地系统微生物提供了适宜的环境,促进与污染物去除相关的微生物的生长和繁殖。此外,人工湿地的水质净化作用主要是通过微生物来完成的,而温度对微生物的生长繁殖及活性都有显著影响。在冬季寒冷季节,气温较低,湿地植物枯黄,但致密的植物覆盖在湿地系统表层,可以起到保温作用,减缓系统去污效率的下降。

2) 湿地基质

基质是人工湿地的重要组成部分,其作为湿地系统主要物理化学及生物反应的场所,关系着人工湿地的去污能力和使用寿命。湿地基质的作用主要有:为水生植物提供生长所需的基质,为污水在其中的渗流提供良好的水力条件,并为微生物提供良好的生长载体。湿地基质的污染物蓄积性能受填料物理化学性质及水力负荷、进水污染物浓度等因素的影响。

基质填料的污染物吸附性能对人工湿地去污能力有重要的影响。近年来,国内外学者围绕湿地基质填料的污染物吸附特征和机制开展了广泛研究。污染物的吸附和基质的物理化学性质有密切联系。一些学者研究了砂子、土壤等基质对磷的吸附特征和机制,认为基质吸附能力同其活性钙、胶体氧化铁和铝含量有关。此外,基质的比表面积、粒度分布和孔隙率等物理性质也是影响其吸附能力的主要因素。

目前,研究和应用较多的基质类型大致分为 3 类:天然材料、工业副产品、人造产品。天然材料主要有白云石、石灰石、沸石、页岩、招土矿、沙子、砾石、灰土、土壤等,工业副产品主要有矿渣、钢渣、炉渣、粉煤灰等,人造产品主要是指轻质膨胀性集料黏土或轻质聚合体。不同类型基质的物理化学性质及其应用潜力不同,因此,对于人工湿地而言,选择适宜的基质类型对提高系统去污效果至关重要。一般地,人工湿地所选基质应满足以下条件:①基质中铁、镁、钙、铝等活性物质含量高,吸附能力强;②质轻、孔隙率高、比表面积大;③来源广泛、价格低廉、使用周期长;④化学稳定性良好、环境危害小。

3) 湿地微生物

在人工湿地水质净化过程中,微生物发挥着重要作用,其代谢活动是污水中污染物降解的重要机制。微生物是人工湿地中去除含氮化合物和有机物的主要承担者。有研究表明,通常人工湿地系统中微生物数量与水质净化效果呈显著正相关性。人工湿地系统内生物极其丰富,主要包括细菌、真菌、藻类、原生动物和后生动物。其中,微生物主要包括细菌、放线菌和真菌等。细菌又可分为好氧菌、厌氧菌、兼性厌氧菌、硝化细菌、反硝化细菌、硫细菌和磷细菌等种类。微生物在人工湿地系统中分布广泛,组成种类也复杂多样,此外,人工湿地具有明显的分层结构及植物种类的差异,所以微生物群落结构与分布存在显著的差异。

2. 影响人工湿地净化效果的因素

1) 设计参数

人工湿地长宽比和面积是人工湿地水质净化系统的重要工艺设计参数。依据人工湿地的设计与运行经验,有研究认为人工湿地污水处理单元长度通常应大于 20 m,长宽比不应过大,长宽比应控制在 3∶1。但也有人认为较大的长宽比可确保污水在湿地内流经较长的距离,从而提高处理效果。布水工艺对人工湿地系统的水流状态有很大的影响,进而对湿地系统去污效果产生影响。较好的布水工艺能使得污水均匀地流过湿地床体,提高湿地系统的水力效率,增大污染物在系统内的接触反应机会,从而提高污染物的处理效果。

2)操控因素

水深也是人工湿地系统的重要影响因子。水深的不同可使湿地系统中氧化还原电位(ORP)的不同,进而导致不同的生物化学过程。此外,水深与湿地容积、水力负荷大小、水力停留时间等因素相互影响共同决定湿地系统的去污效率。多数研究认为,水深较浅的湿地系统处理效果更好。

人工湿地的去污效果与水力停留时间(HRT)有着密切关系。HRT 过短,则系统生化反应不充分;HRT 过长,又可能引起污水滞留和厌氧区域扩大,均影响去污效果。研究发现,人工湿地中 $NH_4^+-N$ 的降解随 HRT 的增加而呈指数增长,并且与湿地进水浓度无关。然而,HRT 并非越长越好,当 HRT 超过一定的范围后,可能出现污染物重新释放或者发生可逆反应过程,使去污效果下降。

水力负荷(HLR)与 HRT 一样也是人工湿地的一个重要操控参数。合理设置水力负荷能有效提高人工湿地对污水的净化效果。研究发现,芦苇床人工湿地中 COD、$BOD_5$ 去除速率随水力负荷的增大而减小,且增加进水频率有利于提高其去除效果。还有研究者研究了高、低水力负荷下人工湿地对生活污水的去除效果,结果表明,在低水力负荷时,污水处理出水水质较好,COD、SS 和大肠杆菌去除率分别达到了 66%、80% 和 90%。

碳氮比(C/N)被认为是影响人工湿地脱氮除磷的关键因素。微生物反硝化过程中对 C/N 的要求严格,有机碳源作为反硝化过程的电子供体,直接影响湿地反硝化脱氮及反硝化脱磷等过程。有研究者考察了在不同 C/N 条件下垂直潜流人工湿地的脱氮效果,结果表明,增加 C/N 可提高总氮去除效率,当 C/N 为 5∶1 时,其最佳 TN 去除率为 52.17%。

3)环境因素

温度变化(季节变化)影响了人工湿地中微生物的活性及植物生长,进而对人工湿地中植物吸收、微生物分解等去污过程产生影响,因此温度是影响人工湿地净化效果的一个重要因素。有研究报道,季节变化对湿地 COD 和 $NH_4^+-N$ 去除率有较大影响,因为温度降低导致微生物繁殖下降、活性降低。尤其在秋冬季,植物死亡,微生物活性降低,会直接影响人工湿地的处理效果。

溶解氧(DO)是人工湿地污水处理系统中的最重要的影响因素之一。DO 水平和分布很大程度上决定了系统的微生物种类及出水水质。有研究认为,当湿地系统中 DO<1～2 mg/L 时硝化作用减小,当 DO>0.2 mg/L 时反硝化作用受到抑制。

人工湿地系统中的氧化还原电位(ORP)是影响系统碳氮磷生物地球化学循环的重要因素。研究表明,在表面流人工湿地系统中,水层 DO 和 ORP 较高,微生物的氨化、硝化-反硝化作用显著,是氮污染物去除最活跃的区域;基质层由于 DO 和 ORP 较低,氮污染物的去除效率相对较低。

pH 作为人工湿地中主要的环境因素,影响着系统微生物的代谢,对人工湿地去除 N、P 等营养物质有较大的影响。以氮循环为例,当 pH 为 6.5～8.5 时有利于好氧和厌氧微生物对含氮有机物的氧化作用的发生;当 pH>8.0 时,$NH_4^+-N$ 主要以 $NH_3$ 的形式挥发去除;当 pH<6.0 时硝化细菌的活性显著下降;当 pH<5.0 时硝化作用基本可以忽略。

#### 5.5.3.4　人工湿地设计要求

1. 湿地结构

人工湿地在结构上分为垂直潜流人工湿地、水平潜流人工湿地和表面流人工湿地 3 种,在采用人工湿地对河水污染进行治理时,如果建造面积有限,可优先选择对总氮、总磷等去除效果较好的垂直潜流人工湿地和水平潜流人工湿地;如果可使用面积较为宽松,可选择表面流人工湿地。

2. 湿地的构成

人工湿地污水处理系统由预处理单元和人工湿地单元组成。预处理单元包括双层沉淀池、化粪池、稳定塘或初沉池。多级人工湿地可由一个或多个人工湿地单元组成。每个湿地单元包括配水装置、集水装置、基质、防渗层、水生植物及通气装置等。

3. 人工湿地的设计规范

按照环境保护部《人工湿地污水处理工程技术规范》(HJ 2005—2010)进行人工湿地设计,包括水力停留时间、表面有机负荷、表面水力负荷、水力坡度等。

4. 植物的选择

一般来说,选择植物要注意的几个原则是:净化能力强,耐污能力和抗寒能力强,对不同的污染物采用不同的植物种类;选择在本地适应性好的植物,最好是本地原有植物;植物根系发达,生物量大;抗病虫害能力强;所选的植物最好有广泛用途或经济价值高;易管理,综合利用价值高。

在湿地设计中一般参照所选植物的根系深度来确定池型深度。

5. 填料的选择

在填料选择的过程中,充分利用当地的自然资源,选择廉价易得的多级填料,常见的有砾石和废弃矿渣等。为解决堵塞问题,湿地基质一般采取分层装填,进水端设置滤料层拦截悬浮物。

6. 工艺原理与技术参数

人工湿地的主要设计参数见表 5.5-3。

表 5.5-3　人工湿地的主要设计参数

| 人工湿地类型 | $BOD_5$ 负荷/ $[kg/(hm^2 \cdot d)]$ | 水力负荷/ $[m^3/(m^2 \cdot d)]$ | 水力停留时间/d |
|---|---|---|---|
| 表面流人工湿地 | 15~50 | <0.1 | 4~8 |
| 水平潜流人工湿地 | 80~120 | <0.5 | 1~3 |
| 垂直潜流人工湿地 | 80~120 | <1.0(建议值:北方 0.2~0.5;南方 0.4~0.8) | 1~3 |

潜流人工湿地规模即几何尺寸设计,应符合下列要求:水平潜流人工湿地单元的面积宜小于 800 m²,垂直潜流人工湿地单元的面积宜小于 1 500 m²;长宽比宜控制在 3∶1 以下。规则的潜流人工湿地单元的长度宜为 20~50 m;对于不规则潜流人工湿地单元,应考

虑均匀布水和集水的问题,水深宜为 0.4~1.6 m,水力坡度宜为 0.5%~1%。

表面流人工湿地规模应符合下列要求:长宽比宜控制在 3:1~5:1,当区域受限,长宽比>10:1 时,需要计算死水曲线;水深宜为 0.3~0.5 m;水力坡度宜小于 0.5%。

7. 维护管理

(1)加强冬季强化处理。在实际河水处理中,通过改进湿地结构和优化曝气设备,可为冬季湿地运行时提高溶解氧量,保证硝化作用的进行。此外,为了防止冬季湿地内植物释放已经吸收了的污染物,可以通过在植物枯萎之前对其地上部分进行收割的方法来降低冬季湿地出水污染物含量。

(2)综合生态工程技术,以人工湿地处理为核心部分,加入生态浮床、生态护坡及生物塘等多种生态技术,作为人工湿地处理的预处理或出水稳定部分,使河水污染物净化系统更为稳定。

(3)注重生态景观效应,由于工程建设的地点在河道水体与其周边环境之中,故必须要考虑到工程实施对河流上下游生态环境的影响。注意施工地点的选择、景观的设计。在景观考虑上,可以生态公园或花园的方式实现观赏休闲性,体现人与自然的和谐。

## 参考文献

[1] 莫孝翠, 杨开, 袁德玉. 湖泊内源污染治理中的环保疏浚浅析[J]. 人民长江, 2003, 34(12): 47-49.

[2] 吴沛沛, 刘劲松, 胡晓东, 等. 滆湖北部底泥疏浚的生态效应研究[J]. 水生态学杂志, 2015, 36(2): 32-38.

[3] 李中华, 楚维国, 舒畅, 等. 滇池环保清淤工程工艺技术创新[J]. 水运工程, 2018, S1(550): 131-140.

[4] 单玉书, 沈爱春, 刘畅. 太湖底泥清淤疏浚问题探讨[J]. 中国水利, 2018(23): 11-13.

[5] 王美丽, 刘春, 白璐, 等. 曝气对黑臭河道污染物释放的影响[J]. 环境工程学报, 2015, 9(1): 5249-5254.

[6] 余光伟, 雷恒毅, 刘康胜, 等. 治理感潮河道黑臭的底泥原位修复技术研究[J]. 中国给水排水, 2007, 23(9): 5-9,14.

[7] 雷雨. 基于低影响开发模式的城市雨水控制利用技术体系研究[D]. 西安: 长安大学, 2012.

[8] 翟丹丹, 宫永伟, 张雪, 等. 简单式绿色屋顶雨水径流滞留效果的影响因素[J]. 中国给水排水, 2015, 31(11): 106-110.

[9] 卢少勇, 张闻涛, 邢奕. 洱海 10 条入湖河流缓冲带三圈内氮含量沿程变化[J]. 中国环境科学, 2016, 36(5): 1561-1567.

[10] 尹军, 崔玉波. 人工湿地污水处理技术[M]. 北京: 化学工业出版社, 2006.

[11] 顾传辉. 人工湿地处理系统概述[J]. 中山大学研究生学刊(自然科学版), 2001, 22(2): 34-41.

[12] 张兵之, 吴振斌, 徐光来. 人工湿地的发展概况和面临的问题[J]. 环境科学与技术, 2003(S2): 87-90.

[13] 刘长娥, 宋祥甫, 刘福兴, 等. 潜流-表面流复合人工湿地的河道水质净化效果[J]. 环境污染与防治, 2014, 36(8): 11-18.

# 第 6 章　生物多样性保护技术

## 6.1　植物群落修复与重建技术

水生植物群落是水域生态系统的重要组成部分,在河流生态功能中发挥着关键作用,同时也是恢复受损河流生态系统的先锋群落。水生植物构成了水体中食物网结构的基础,是初级生产者,通过光合作用固定光能、吸收和转运各种营养元素、富集和降解转化各种环境污染物,以改善水体环境和水质状况。

### 6.1.1　植物群落重建原则

#### 6.1.1.1　植物的选择原则

水生植物种类优选是根据湖泊的现状和湖泊的功能,以及植物的适应能力、净化功能、观赏和渔业价值等而进行的。

挺水植物、飘浮植物和根生浮叶植物受水体富营养化的抑制作用较小,甚至水体营养水平的提高对这些植物特别是前两者有促进作用;而沉水植物则较容易受到水体污染的影响。水生植物群落一旦恢复,可通过一系列的反馈机制,维持水生态系统的稳定和较好的水质,降低藻类密度,增加生物多样性,使水环境具有更高的美学价值和环境价值。

1. 土著种

尽量选择本土现存或历史上存在的植物种类。长江流域的湖泊可选择如眼子菜科植物、黑藻、狐尾藻、金鱼藻、苦草、菹草等沉水植物,鸢尾、水烛、灯心草、菖蒲等湿生或挺水植物,睡莲等广泛栽培的具有很好景观效果的浮叶植物。如果湖泊区域较小且封闭,可考虑应用伊乐藻这种生长快、耐污性强、易采购且已广泛应用于水产养殖的物种。

2. 生长速度与耐污性

沉水植物的先锋物种必须是具有生长快、耐污性强、能快速有效改善水质的植物。如黑藻、穗花狐尾藻、五刺金鱼藻、苦草、菹草等,伊乐藻在特定水域也是一种很好的选择。

3. 易采或易购

水生植物材料最好是已商品化的种类,而我国目前已商品化的沉水植物种类较少,如苦草种子与伊乐藻等。其他的大多数沉水植物物种只能到沉水植物较丰富的水域采集。

4. 可利用性

不是生态修复的考虑重点,但可从饲料、绿肥、沼气或药用等方面兼顾选择。

5. 季节性

水生植物的种类要进行季节间搭配。沉水植物中冬季种很少,如菹草与伊乐藻等,夏季种则很多。

**6.景观效果**

在重要的景点种植水生植物时,在满足其他要求的情况下,还可以考虑其景观效果。沉水植物主要是考虑其外部形态,如枝条是否会挺出水面等,浮叶植物和挺水植物主要考虑其花期、花色、植株外形等。

#### 6.1.1.2 植物的布置原则

从水域中央深水区向岸线依次构建沉水植物带—浮叶植物带—挺水植物带,构建多季相异龄圈层复合结构的水生植物群落。通过三级植被带的构建,滤留陆源污染物,有效净化水质和增加水体的透明度,为河流生态系统现生和有可能迁入的其他生物类群提供栖息地。

**1.沉水植物带的构建**

位于敞水区和中央深水区,此区域为水生植物群落分布的核心区,可以构建以眼子菜属、黑藻属、苦草属、狐尾藻属和金鱼藻属等大型沉水植物为建群种沉水植物群落,能大量吸收和降解水体中的营养元素和污染物,有效降低水中氮磷和有毒有害物质的浓度,为鱼类、鸟类和软体动物提供饵料及栖息地和产卵地,提高水环境质量,保障水体生态安全。

**2.浮叶植物带的构建**

位于浅水和中深水区,构建浮叶植被带,吸收和降解水体及底泥中的营养元素与污染物,减少水面蒸发,为水生动物(鱼、虾、蟹)提供产卵场、索饵和隐蔽处,为水禽提供营巢处。

**3.挺水植物带的构建**

位于河岸带和淀区低洼水湿地,构建挺水植被带,吸收底泥中的营养元素,为水生昆虫、鱼类及两栖动物提供食物和繁育场所。

### 6.1.2 植物群落重建技术路线

#### 6.1.2.1 调查和制订方案

对目标水域的水质、底质、污染源、水生生物区系和群落类型等情况做调查,收集相关的历史和现实资料,分析植物的种类组成与分布格局,制订恢复/重建水生植被的技术路线和详细方案,如植物种类、是否清淤、是否改良底质、是否控制水位、植物种植区域数量和位置等。做到因地制宜、可操作性强、尊重自然规律、经济有效。

#### 6.1.2.2 外源污染控制

水生植被的恢复必须以控制营养负荷为前提。国内外的研究和实践表明,一切生态修复工程的前提是截污,包括点源和面源。目前来看,点源的截污在方法上是很成熟的,只要资金到位,可以较容易地解决。面源的控制涉及的方面比较多,实施的困难相对较大,目前美国等发达国家提倡 BMPs(最佳管理实践),它是指为满足面源污染控制而采取的方法、措施或所选择的实践。城市 BMPs 包括人工池塘、湿地、沼泽、滤池、砾石排水沟、渗透性生物过滤设施等。

#### 6.1.2.3 鱼类控制

有很多研究证明,草食性鱼是水生植被破坏的主要因素之一。许多原来水草丰富的湖泊,后来由于强调发展渔业、增加鱼产量而使水生植被遭到严重破坏。所以,在重建水生植被时,必须控制草食性鱼。此外,滤食浮游动物和摄食底栖动物的鱼类,虽然对水生植物没有直接的破坏,但由于会使食物链中浮游藻类的生物量增加,所以也应该控制其生物量。底栖性鱼类,会扰动水体,增加浑浊度,对沉水植物的定植也不利。所以,在重建植被时,要采取适当方法控制鱼类,为植被恢复创造条件。

## 6.1.2.4　水质和底质改善

受污染水体的水质和底质往往较差,不能满足水生植物定植成活的要求,如透明度低、底质厌氧、氨氮浓度高等,故在植物种植前,需要对水质和底质进行改善。需要注意的是,对于较大的水域,在水生植物恢复/重建的初期,一般不需要全水域实施恢复/重建工程,可以选择水质和底质条件较好的区域优先实施,一旦先锋植物群落建立,往往能很快地扩张,从而达到预定的目标。

(1)对于水质,可采用的方法:①用人工湿地净化;②水生植物(含人工水草);③用植物浮床净化水质;④投撒高效净水剂(化学品)、噬藻微生物、生物菌剂;⑤水下光补偿技术;⑥有条件时,还可以降低水位。

(2)对底质有机物过多导致的厌氧环境,可采用的方法:①原位处理技术。用膜覆盖后再回填泥沙;基底改造;原位化学处理,主要用于控制底泥中磷的释放;原位生物处理,即向底泥中投加微生物和(或)化学药剂以促进底泥中有机污染物的生物降解;原位固化/稳定化处理,即通过向底泥中投加化学药剂,如石灰、火山灰和水泥等,降低底泥中污染物的溶解度、迁移性或毒性,主要针对受重金属污染底泥的处理;曝气以加快有机物氧化,改变厌氧环境(可通过水下充氧或干塘的方式进行)。②易位处理技术。主要是疏浚。

## 6.1.2.5　先锋植物定植与先锋植物群落的形成

根据水质和底质情况,选择合适的先锋植物和合适的种植时机。富营养浅水湖泊的水质和水位在不同季节有较明显的波动,特别是透明度。而透明度往往是限制沉水植物成活的因子。因此,要选择水位比较低、透明度相对较高的时机进行种植,如可以利用湖泊自然的枯水季节和透明度相对较好的季节(冬、春季)来进行植被重建实践;如果有条件调节水位,则可以通过降低水位来增大植物的成活率。一旦建立起先锋植物群落,则可以加快其自然恢复的步伐。对于湖面巨大的修复区域,存在风浪干扰,可设置防浪带,水生植物的恢复从湖湾开始,逐步推进。

## 6.1.2.6　人工调控,实现种群替代与群落结构的优化

先锋植物定植和扩展后,需要丰富和优化植被结构。一般而言,刚刚重建的水生植被结构比较简单、物种少、稳定性差,过于单一的植被类型容易发生病虫害,需要尽快增加物种,优化结构,增强系统的稳定性和抗逆性。

对于优种的更替,除自然更替外,机械收割是调控沉水植物的有效措施之一。不同沉水植物对收割的响应不同,对不同季节收割的响应也不同。对于一年生的主要以无性繁殖体或种子繁殖的植物种来说,在植物生长季节早期的收割可很快降低靶物种的生物量,减小其竞争力,但能较快地恢复;在其生长季节晚期,即开始形成繁殖体时的收割可有效减缓其来年更大规模的扩展,其他物种可以得到较大的扩展空间。对于多年生的或以根状茎繁殖物种来说,多频次的底层收割才能起到良好的效果。如伊乐藻、范草可在春夏之

交,即 5 月、6 月收割,可有效控制下一生长期的生长。黑藻、金鱼藻等可在秋末收割,以控制其下一生长期的扩张。

#### 6.1.2.7　健康系统形成和维持

水生植被恢复后,如果没有限制其发展的因素,它会迅速大规模扩展,甚至成灾,因此必须有一个调控机制,使其发展受到一定的限制,而且其生物量要控制在适当的水平。通过调整渔业结构,即放养适当的草食性鱼来控制水生植物的过度生长是一个有效的手段。但鱼的种类和数量要根据植物生物量和鱼的饵料系数严格计算后投放,要留有余地,并通过经常性的调查,人为调控鱼、草的量,避免植被再次受到过度破坏。如此,便可建立起一个能够自我维持的健康生态系统。

## 6.1.3　植物群落种植技术

沉水植物的栽培技术:对利用无性繁殖方式繁殖出来的水生植物进行栽培技术研究,在小池和示范区内,采用不同栽培技术(单栽、群栽、直栽、斜栽)和不同容器(竹筒、纸杯、塑料杯、草包、网袋、泥团)栽植的试验。试验结果是群栽比单栽效果好;泥团和网袋比其他容器栽植效果好。恢复水生植被最有实用价值的栽培技术就是用水簇箱直接扦插育苗,育成后整体取出分大兜栽植,这样成活率可达 95% 以上。

几种沉水植物优势种类无性繁殖研究:对微齿眼子菜、竹叶眼子菜、菹草、狐尾藻、苦草、轮叶黑藻、五刺金鱼藻和伊乐藻等植物进行无性繁殖技术研究,摸索压条、水培、分割、组织培养和扦插等无性繁殖技术方法与效果。

几种无性繁殖技术方法中以扦插和组织培养效果好,几种沉水植物均可用组织培养技术进行微体繁殖。其优点为繁殖系数较高,用来观察研究沉水植物的生物学特性和发生发展规律,有其独特的优点。其缺点是不够经济,实际应用价值不大。狐尾藻是该试验中唯一以腋芽愈伤组织分化成丛生芽的方式获得再生植株的种类,也是在琼脂固体培养基上唯一的茎叶能直立生长的种类。微齿眼子菜等几种植物均具有较强的营养繁殖能力,用扦插繁殖具有简单、经济、速效的特点。春、夏、秋三季试验表明,在 14 ~ 34 ℃ 的水温内,7 d 左右即可开始生根,20 d 以内非但发根整齐,而且已有一定的生长量,几种沉水植物均具有较强的生根能力,生根率大多在 90% 以上。

扦插容器以水族箱较合适,其具有容积较大、水层较深、透光性好的优点,能为插条提供一个相对稳定的小环境和充足的光照条件。在水簇箱内直接扦插比小容器沉水法更简单、有效、实用,能大规模生产种苗。

(1)苦草群落:种植在水深 0.5 ~ 3 m 的区域,采用撒种法,在秋季收集成熟的苦草种子,次年早春浸泡人工催芽后,将种子播撒在种植区域。播种方法简单快捷,可以在短时间内修复大面积的水域,而且对基质要求低,可以种植在砾石、细沙、软泥等多种基质上,而且可以种植在风浪较大的水域。

(2)轮叶黑藻群落:种植在水深 0.5 ~ 3 m 的区域,采用播撒休眠芽的方法。在冬季收集黑藻的休眠芽,休眠芽应处于未萌发状态,然后播撒在种植区域。

春季由于黑藻冬芽萌发成株,成株具有更强的适应环境的能力,故在深水区域用网兜法或沉筐法种植。网兜法用石子或黄泥配重,种植面积 1 m² 一丛;沉筐法用石子或黄泥配重,每筐种植 10~15 丛。

(3)菹草群落:种植在水深 0.5~3 m 的区域,采用播撒石芽、扦插与沉杯法相结合的方法。收集菹草的石芽于水中保存,在冬季石芽处于未萌发状态时播撒;扦插法和沉杯法适合在湖湾、背风湖面等风浪小的软质基质区域种植,在早春将幼苗 3~5 株一丛扦插在基质中,扦插深度约 20 cm,每丛之间距离 1~2 m。在浅水区域人工种植,深水中潜水种植或借助工具扦插。也可将种苗置于底部打孔纸杯中,然后用黏土填入纸杯压实后轻轻将纸杯投入水中。

(4)微齿眼子菜群落:种植在水深 1~4 m 的软泥区域。微齿眼子菜植株要求健壮,根系发育良好。在深水区域用网兜法和扦插法种植成株。网兜法用石子或黄泥配重,种植面积 1 m² 一丛;扦插法用自制插杆进行扦插,每次扦插一丛,苗根部埋入底泥中,扦插深度应超过 20 cm。

(5)荇菜群落,种植在水深 1~3 m 的区域,采用扦插法将荇菜的匍匐茎插入湖湾、背风湖面等风浪小的区域的软泥中,扦插深度大于 20 cm。

(6)睡莲群落:种植在湖湾、背风湖面等风浪小,水深 0.5~2 m 的区域。在基质为软泥的区域才用扦插法,将单株睡莲的根状茎插入软泥中压实,扦插深度大于 20 cm。在水深小于 1.5 m 的黏土基质上可采用埋种法,人工用铁锹挖深度大于 15 cm 的坑,将单株睡莲的根状茎埋入坑内压实,种植距离为 2 m。

(7)莲群落:种植在水深 0.5~2 m 的水域,采用播种法、扦插法和埋种法相结合的方法。在湖湾、背风湖面等风浪小的基质为软泥的区域采用播种法,春季 3~6 月将地下茎(莲藕)45°完全斜插入软泥中,莲藕的长度应大于 30 cm,具有 3 个以上完整的藕节。在水深小于 1.5 m 的黏土基质上可采用埋种法,人工用铁锹挖深度大于 15 cm 的长方形土坑,将单株莲藕平放于坑内压实,种植距离为 1~1.5 m。

(8)香蒲群落:种植在水深小于 1 m 的水域,要求植株健壮,根、茎、叶发育良好,无病虫害。栽植方法也可采用人工带根扦插法。在水位较浅的湖岸附近,将植株的根部用黄泥包裹,人工将植株根部扦插到湖底泥土中。栽后注意浅水养护,避免淹水过深和失水干旱,经常清除杂草。

(9)篦齿眼子菜和穿叶眼子菜群落:种植在湖湾、背风湖面等风浪小,水深 0.5~1.5 m,基质为软泥的区域。收集成熟的种子,将种子浸泡后播撒在种植区域。

(10)菰群落:要求植株健壮,根、茎、叶发育良好,无病虫害。种植方法采用带根扦插法。在水位较浅(水位低于 1 m)区域,将植株的根部用黄泥包裹,人工将植株扦插到湖底泥土中。病虫害防治主要以预防为主,在种植一个月后,及时剥除病叶、枯叶。

(11)穗花狐尾藻群落:种植在水深 1~3 m 的软泥区域。穗花狐尾藻植株要求健壮,根系发育良好,在深水区域用网兜法或扦插法种植成株。网兜法用石子或黄泥配重,种植面积 1 m² 一丛;扦插法用自制插杆进行扦插,每次扦插一丛,苗根部埋入底泥中,扦插深度应超过 20 cm。

(12)金鱼藻群落:种植在水深 1~2 m 的软泥区域。金鱼藻植株要求健壮,采用抛洒种植成株,种植面积 1 m² 一丛。

水生植物种植模式示意图如图 6.1-1 所示。

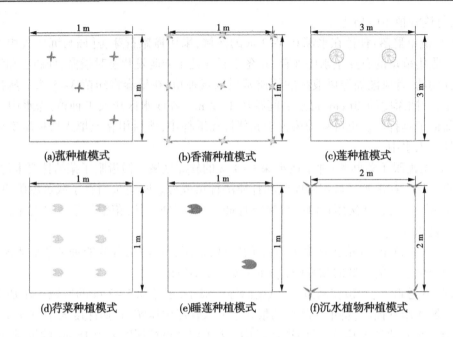

图 6.1-1　水生植物种植模式示意图

## 6.1.4　植物群落的调控与管理

目前,恢复沉水植物时,通常选用易成活、生长快、繁殖能力强的种类作为先锋物种。它们一旦大面积成活,往往产生巨大的生物量,后来种很难侵入并建立起群落,因此很难自然地实现沉水植物群落结构优化、增加生物多样性的目标。

沉水植物的过度生长也能产生一些较为严重的后果。繁茂的沉水植物能阻碍水的流动,使局部温度过高或过低,引起 pH 和营养成分条带化;脱落残体或死亡植物体的堆积,以及悬浮物的截留和沉积可加速湖泊的沼泽化;植物的夜间呼吸可显著降低水中的溶解氧,残体的腐烂也消耗大量氧气,释放大量营养盐,引起鱼类的大量死亡,使水体环境更加恶化,破坏湖泊的正常功能;强烈的种间竞争使植物物种单一化;另外,大量的沉水植物为很多小型鱼类提供避难场所,可能妨碍肉食性鱼类的捕食,从而会引起不合理的鱼类结构。

因此,沉水植物定居成功后,应进行合理调控,控制生长规模,以达到人们预期的良性生态平衡。调控理念是在先锋物种初步恢复、形成一定规模并改善水体环境后,采取适当调控措施抑制或削减先锋物种的生长与扩散,促进后来种的生长与繁殖,改善群落结构,增加物种多样性。之后,根据水域功能的定位与沉水植物恢复的实际情况,引入草食性动物,最终使水体成为一个以生物调控为主、能基本自我维持平衡的生态系统。

### 6.1.4.1　收割

收割是用机械或人工将沉水植物从水体中以不同强度收取并运输到岸上的过程,能将水体中原有的营养盐有效转移出水体,同时保证水体的流动、通航或景观功能。

1. 收割方式

1) 手工收割

在手头无器具或不方便使用器具时,可徒手从水中将沉水植物拔出或拉断,并运输到岸上。但这种方式效率低,仅适合很小水域的即时收获。

2) 简单的器械收割

推刀收割、镰刀收割与竹竿收割等方式比手工收割效率高,但也要消耗较大人力,所以也只适合较小水域操作。此外,这些方式很难控制收割强度,常常使沉水植物严重受损。钉耙在水底拖拉的收割方式效率较高,但对底质扰动很大,会大面积地破坏沉水植被,因此只适用于沉水植物过度繁茂的湖区。在船尾配置收割刀也是一种较为有效的方法,但需要专门的人力收集断枝,而且水草在水中较为柔软,易受船行进时产生的水流的影响而倒伏,很难控制实际收割深度。

3) 大型机械收割

多种大型机械可高效地收割和处理水生植物,实现切割、捡拾、传送、运输、滤水和自卸等功能于一体。大型机械虽然效率高,但是购买与维护费用较大,而且船体较大,在多个湖泊或池塘之间使用时需要频繁地拆装及运输,很不方便。因此,这类机械比较适合于固定在一处较大水体中的沉水植物管理。

2. 收割后植物的利用

收割后的一个主要问题是如何处置收割出来的大量植物材料。金相灿(2001)认为,收割出的沉水植物具有一定的经济价值,可以作为渔业的饵料、家禽家畜的饲料以及农用肥料,也可以用来生产沼气,有的甚至可以作为万材。

3. 收割的影响

1) 收割对植物生长恢复的影响

收割季节、收割频度和收割强度影响着沉水植物的生长恢复。

各次收割后,从切割处萌发的新生枝条占总数的 43.1%~100%,其次是基部(最多可达 41.3%),只有少部分从其他部位萌发,因此适当收割可以缓解生物量过度集中于水体表层的趋势。

在温度相差不大的情况下,收割强度较高或收割频数增加时,轮叶黑藻的恢复时间会加长。

不同沉水植物对收割的响应是不同的,恢复能力也有差异。收割所处季节对植物的影响很大,春季收割后沉水植物可以在同一个生长季节恢复,但在夏季收割可能要到下一生长季才能恢复。

2) 收割对沉水植物群落的影响

收割,一方面给一些机会种提供了生态位,另一方面为下层的繁殖体、萌芽或休眠芽提供了生长所需的光照与空间,能提高生物多样性。收割常常影响群落的物种组成,通常对收割抗性较强或恢复较快的物种在收割后占优势。

3) 收割对动物与水体水质的影响

沉水植物收割后,水流加快,夜间溶氧升高,无脊椎动物总数量短期内下降,但在 4~6 个月后能够恢复到原来的水平;鱼类种群与藻类种群不发生明显变化。

收割后底质的再悬浮、植物受损后的渗出物和植物上的附着生物的变化可能会影响到水体环境。但是在某富营养化的浅水湖泊(硬水)中收割沉水植物后,悬浮物、溶解性有机碳、生物需氧量和溶解性磷的变化只是短期性的,水体环境受到的影响并不显著。

### 6.1.4.2 生物调控

生物调控是许多生态学家最希望推广的一种方式。生物调控是指人们引进、保护或强化天敌(如寄生虫、捕食者、病原体或竞争物种等),使靶物种保持在较为理想的种群规模和生长状态。但人们在引进非本地种或利用生物工程物种时应特别小心,以防引起更为严重的生物入侵问题。

应用于调控沉水植物的生物多种多样,如草食性鱼类、昆虫、螺类、食草水禽、寄生细菌、病原体或具较高竞争能力的其他植物。理想的用于生物调控的生物应具高度专一性,不会危害非靶物种;容易扩散,在自然状态下能繁殖且保持一定的种群规模;限制靶物种的种群规模,但不完全消除它们;对人或其他动物没有危害。

具体生物种类包括病原体、昆虫、草食性鱼类,尤其是草鱼,是生物操纵理论中应用得最为成功的。草鱼的应用受很多因子影响,如放养密度、水温、气候、水体溶氧、人类干扰、鱼龄、植物种类与生物量等。应用草鱼作为调控因子时应遵循以下原则:选用三倍体的不育草鱼;应用前要对湖泊的沉水植物作详细调查,制订详细的放养计划;将草鱼限制在要控制的区域中,严防它们入侵到生态敏感区或珍稀动物栖息区;不能破坏湖泊的其他功能;低放养密度结合其他调控措施。草鱼取食具偏爱性,取食量巨大,必然会降低沉水植物的生物量,改变沉水植物的群落结构,并可能导致水体营养上升、水体浑浊、附着于植物上的无脊椎动物减少、水禽减少等状况。但是由于水底的植物碎屑增加了,底栖生物可能会增加。

### 6.1.4.3 水位调节

水位的降低或升高可以改变沉水植物群落。水位降低可以使植物成体或繁殖体遭受干旱或极端温度。新鲜的轮叶黑藻冬芽含水量每降低1%,死亡率就升高2%。而冬季降低水位是最为常用的措施,水位降低后冬季的降雪或春季的降雨可以补充水量,另外,也可利用水位降低的时间开展水利工程,而且一般不会影响水体的应用。当堤岸较陡时,升高水位也是一种有效的方式,尤其是在透明度较低时的效果更明显。

### 6.1.4.4 遮光

光照是沉水植物生长的最重要的限制因子之一。水生生态系统中的光照取决于水体的深度、悬浮物浓度、浮游植物浓度与溶解的某些化学物质。减弱沉水植物获得光照也是一种调控方式。

1. 扰动底泥或投加泥土

扰动底泥或投加泥土可使水体浑浊,限制沉水植物生长,却损害了水体的景观功能,与水体的管理目标相违背。

2. 化学染料

化学染料可以吸收特定波长的光或限制光线透过水体。Nichlos认为最好是在生长季节早期使用化学染料,而且应适时补充染料,以维持较理想的浓度。水中悬浮物能吸附染料,因此这种方法不适合在较浑浊的水体中应用,也不适合在水深低于2 m的水体中应用。一些染料可能会大量消耗氧气，或对生物有毒，另外，染料会损害水体的景观功能。因此，使用染料有很大局限性。

### 3. 漂浮或水下遮光物

漂浮在水面的黑色塑料膜可以限制沉水植物生长。之后，人们又研制了固定毯层（stationary blankets）或移动毯层（removable screens）安放于水下，用来遮挡光照并限制枝条的向上生长。固定毯层上容易积聚泥土，利于植物侵入。移动毯层容易清洗，能有效防止植物侵入，但是毯层限制了水的流动，并引起氨氮浓度升高和导致溶氧下降，严重影响到毯层下生物的生存。另外，制作材料较昂贵，而且容易受到风浪的破坏，移去这些屏障后各种生物能很快恢复，因此这种方式也只限于在较小或较特殊的水域中使用。

#### 6.1.4.5　入侵物种清除

外来物种并不一定都是对本土生态系统有害的，其中化感作用强烈，生态幅宽，本土天敌少，对相同生态位的动、植物生存构成严重威胁的物种被定义为入侵物种。近年来，我国生物入侵形势日趋严峻，生态环境主管部门先后公布了 4 批入侵物种名录。各地对入侵物种的防治也日益重视。

入侵植物，通常主要采用人工（机械）清除和植物替代控制两种方法进行清除。

例如，紫茎泽兰、鬼针草、桉树等陆生植物，可同时采用人工清除和植物替代控制两种方法。在秋冬季节，人工挖除全株，集中晒干烧毁。桉树可采用水杉、池杉等杉类替代桉树。

湿生的喜旱莲子草、粉绿狐尾藻采用机械人工清除，挖除在土中的根茎，然后晒干焚烧。水生的喜旱莲子草、粉绿狐尾藻及水葫芦等，采用人工打捞，对底泥进行清除，清除厚度不小于 10 cm，打捞后上岸烧毁。

虽然入侵植物很难一次性彻底根除，但是通过不断的人工干预，可以对其形成有效的生态胁迫，将其数量控制在一个较低水平，最大程度地减小其危害。

# 6.2　水生动物保护与修复技术

## 6.2.1　鱼类增殖放流、洄游通道保护与修复

### 6.2.1.1　增殖放流

水中生态系统包含非生物的环境、生产者、消费者和分解者。由于鱼类食性不同，鱼类等生物具有分层现象。增殖放流，可进一步提高能量的输入，扩大能量的来源；有效地构建鱼类群落的垂直结构，完善了整个水生态系统生物网，增强生态系统能量的利用率。生物操纵理论正是利用鱼类的滤食作用，控制蓝藻水华，降低水中的氮、磷等污染物含量。

1. 增殖放流的基本要求

（1）用于增殖放流的人工繁殖的水生生物物种，应当来自有资质的生产单位。其中，属于经济物种的，应当来自持有水产苗种生产许可证的苗种生产单位；属于珍稀、濒危物种的，应当来自持有水生野生动物驯养繁殖许可证的苗种生产单位。

（2）用于增殖放流的亲体、苗种等水生生物应当是本地种。苗种应当是本地种的原

种或者子一代,确需放流其他苗种的,应当通过省级以上渔业行政主管部门组织的专家论证。禁止使用外来种、杂交种、转基因种及其他不符合生态要求的水生生物物种进行增殖放流。

(3)单位和个人自行开展规模性水生生物增殖放流活动的,应当提前 15 日向当地县级以上地方人民政府渔业行政主管部门报告增殖放流的种类、数量、规格、时间和地点等事项,接受监督检查。

(4)规格合格率≥85%(以 80 mm 为大小规格界限),死亡率、伤残率、体色异常率、挂脏率之和应≤5%。对于鱼苗的计量可采用全部重量法、抽样重量法、抽样数量法(抽样重量通常不小于总重量的 0.1%)。

2. 增殖放流的一般步骤

1)前期准备

(1)确定放流苗种来源。

由县级渔业主管部门按照《水生生物增殖放流管理规定》等相关要求,对增殖放流苗种实施采购。

(2)苗种培育监督检查。

为确保放流苗种是本地种的原种或子一代,苗种培育期间,主管部门可派专家至育苗地监督检查。供苗方要认真填报相关调查表格并配合提供生产数据,为最终放流验收提供数据基础。

(3)苗种检验检疫。

严格执行放流苗种必须进行检验检疫的规定要求,育苗企业必须在放流验收前,将苗种送往有种苗检验检疫资质的检验检疫部门进行出场检验检疫。运输距离远、时间长的,还应进行到场检验检疫。

2)放流及验收

增殖放流应严格遵照当地增殖放流及渔业相关规定执行,并委托第三方机构进行增殖放流项目的验收工作,并在 7 d 内出具相关证明。

(1)放流区域要求。

放流区域宜选择无污染源、敌害生物少、生物饵料丰富的区域。放流时应避免恶劣天气,陆地风力不大于 5 级,海域天气不大于 7 级。水体与包装内水温度差应小于 3 ℃、盐度差小于 5‰。

(2)运输方式。

放流苗种培育池水温须提前降至与放流区域底层水温相差 3 ℃以内,根据运输距离可选择袋装或专用车载。袋装使用容积 20 L 左右的双层塑料袋(聚乙烯无毒)装苗。根据实际运输时间和苗种规格确定装苗密度,通常在 300~500 尾/袋。到场后袋装育苗堆放应设置隔热地毯。

(3)放流方式。

常规投放:人工将水生生物尽可能贴近水面(距水面不超过 1 m)顺风缓慢放入增殖放流水域。在船上投放时,船速小于 0.5 m/s。在海水中投放时,近岸水深为满潮 1 m 左右,且满足适宜海域条件的,则选择岸边直接放流入海;如近岸海域情况不符合适宜条件,则选择装船运至适宜海域放流入海(水深为满潮 2 m 左右)。

滑道投放:适用于大规格鱼类增殖放流。将滑道置于船舷或岸堤,要求滑道表面光滑,与水平面夹角小于 60°,且其末端接近水面。在船上投放时,船速小于 1 m/s。

(4)投放记录。

水生生物投放过程中,观测并记录投放水域的底质、水深、水温、盐度、流速、流向等水文参数及天气、风向和风力等气象参数。

3)回捕调查

有条件的区域,宜开展标志放流,从而对增殖放流跟踪调查和效果评价。

### 6.2.1.2　洄游通道保护与修复

水利工程对水生生物最显著的影响就是修建的拦河(湖)闸坝,切断了水生生物的洄游通道,在鱼类的洄游线路上形成活动障碍。鱼道就是为洄游性水生生物提供跨越大坝、拦河堰等障碍,沟通水生生物洄游线路的一种最常用的建筑物。

#### 1. 鱼道的类型

最早的鱼道是开凿河道中的礁石,疏浚急流等天然障碍,以沟通鱼类的洄游路线。1662 年,法国西南部的贝阿尔恩省颁布规定,要求在堰坝上建造供鱼上下通行的通道,但这些鱼道结构十分简单,仅在槽底部固定一些树枝之类,以减小水流流速,让鱼类通过堰坝。1883 年,苏格兰珀思谢尔地区泰斯河支流上的胡里坝建成了世界上第一座真正意义上的鱼道。进入 20 世纪,随着世界经济的快速发展,水利水电工程得以蓬勃地开展,同时这些工程对鱼类资源的影响也日益突出,鱼道的研究和建设随之发展起来,如 1909—1913 年,比利时工程师丹尼尔对渠槽加糙进行了系统的试验和研究,发明了著名的丹尼尔型鱼道。

国外鱼道的主要过鱼对象为鲑鱼、鳟鱼等具有较高经济价值的洄游性鱼类。其过鱼方式一般是通过水利工程设置的鱼道上溯至固定的产卵场产卵。这些鱼类个体较大,克服流速的能力很强,对复杂流态的适应性也较好,故国外近代鱼道的底坡达 1∶16~1∶10,过鱼孔设计流速达 2.0~2.5 m/s,每块隔板的前后水位差在 30 cm 以上。

国内鱼道的主要过鱼对象一般为濒危鱼类、珍稀珍贵鱼类、鲤科鱼类和虾蟹等幼苗。由于其个体较小,克服流速能力也小,对复杂流态的适应能力也差,所以,在我国鱼道设计中,对流速和流态的控制要求较严。目前,国内已建的鱼道大多布置在沿海沿江平原地区的低水头闸坝上,底坡较缓,提升高度也不大。

鱼道按其结构形式可以划分为槽式鱼道、隔板式鱼道、原生态式鱼道和特殊结构形式的鱼道等。

##### 1)槽式鱼道

槽式鱼道为一条连接上下游的加糙水槽,主要通过在槽壁和槽底布置间距甚密的各类阻板和砥坎,消杀能量、减低流速。其优点是尺寸小、坡度陡、长度短,因而较为经济,且鱼类可在任何水深中通过,过鱼速率较快。但该类型鱼道水流紊动剧烈,适应上下游水位变幅差,加糙部件结构复杂,不便维修。该类型鱼道主要适用于水头差不大且克流能力强的鱼类,目前在我国尚无应用实例。

2)隔板式鱼道

隔板式鱼道根据横隔板过鱼孔的形状、位置及消能机制不同分为溢流堰式、淹没孔口式、竖缝式和组合式等4种。该类型鱼道在鱼道槽身上设置横隔板将上下游的总水头差分成许多梯级,利用水垫、水流对冲、扩散及沿程摩阻来消能,创造适合于鱼类上溯的流态。其优点是水流条件容易控制,结构简单,维护方便,能适应相对较高的水头,因此是目前国内外使用最多的鱼道形式。

A.隔板式鱼道的特点

隔板式鱼道的原理是:在鱼道槽身上等间隔地布置一系列横隔板,将鱼道槽身分隔成连续的阶梯形水池,水流通过隔板上布置的孔缝从上级池室流入下级池室,利用水垫、水流对冲、扩散及沿程摩阻逐级消耗水流能量,并创造适合于鱼类上溯的流态。鱼群通过隔板上的孔缝从一个池室进入下一个池室,鱼群只有在通过隔板孔缝时才会遇到高速水流,通过隔板后池中的水流速度较缓,鱼群可借此机会调整休息。

(1)溢流堰式:水流从隔板上部的堰式缺口下泄,适用于过表流、喜跳跃的鱼类。鱼孔在隔板顶部表面,水流呈溢流堰流态下泄,主要靠下级水池水垫来消能,过流平稳,堰顶可以是圆的、斜的、平顶的或曲面形。但该形式鱼道消能不充分、适应上下游水位变动的能力差,主要用于早期的鱼道建设。

(2)淹没孔口式:水流通过孔口,主要依靠水流扩散来消能,孔口一般宜布置在鱼道的底部,其较适用于需要一定水深的中、大型鱼类,底栖鱼群及各种小鱼,孔口的直径视不同过鱼种类而异,该形式鱼道能适应上下游较大的水位变幅,淹没孔口式按孔口形式,又分一般孔口式、管嘴式和栅笼式。

(3)竖缝式:隔板过鱼孔为从上到下的一条竖缝,根据竖缝结构复杂程度可分为一般竖缝式和带导板的竖缝式;根据竖缝数量可分为双侧竖缝式和单侧竖缝式。竖缝式主要利用水流的扩散和对冲作用进行消能,消能效果比一般孔口式和溢流堰式充分,但其流态较复杂。

(4)组合式:此型隔板的过鱼孔,是溢流堰式、淹没孔口式及竖缝式的组合,该形式鱼道能较好地发挥各种形式隔板过鱼孔的水力特性,也能灵活地控制所需的池室流态和流速,是目前采用最多的鱼道形式。国外最常用的是潜孔和堰的组合,如美国的邦纳维尔、麦克纳里、北汉及冰港鱼道等;国内较多采用的是竖缝与孔(堰)组合,如江苏辽河鱼道(孔口和竖缝)、湖南洋塘鱼道(孔口和堰)等,近年修建的西江长洲鱼道、江西赣江石虎塘鱼道、吉林省珲春河老龙口鱼道等均采用这种形式。

B.隔板式鱼道的设计流程

(1)调查鱼道需要通过的过鱼种类。

(2)根据过鱼种类确定鱼道设计流速。

(3)根据过鱼种类确定鱼道上下游运行水位及设计水头。

(4)根据过鱼种类确定鱼道池室尺寸。

(5)根据步骤(1)和步骤(2)初步确定隔板形式。

(6)根据步骤(2)和步骤(5)确定每级池室需要消耗的水头差。

(7)根据步骤(4)确定的池室长度和步骤(6)确定的每级池室水头确定鱼道坡度。

(8)根据步骤(3)、步骤(6)和步骤(7)确定隔板数量和鱼道长度。

(9)模型试验或数模计算分析调整隔板形式、池室尺寸和鱼道底坡。

3)原生态式鱼道

原生态式鱼道主要依靠延长水流路径和增加糙率来消能,这种类型鱼道很接近天然河道的情况,具备为下行产卵的洄游鱼类提供通道的功能,因此过鱼效果十分理想。

**2. 鱼闸和升鱼机**

鱼闸和升鱼机出现较晚,都是传统鱼道的替代方式。鱼闸作为一种让鱼通过大坝的装置,是当鱼从尾水位或者一条短的鱼道进入闸室后,向闸室中充水来抬升鱼,直到闸室中的水位到达或者明显接近前池的水位来使鱼游向前池或者大坝上的水库。它和船闸相似,而且实际上,在许多情况下鱼也会通过船闸上溯。升鱼机可以是任何运输鱼逆流通过大坝的机械,比如轨道上的水箱、水箱卡车、缆绳上的斗槽等。

20 世纪 20 年代,鱼闸和升鱼机开始大规模应用,因为这个时期设计的大坝比之前都要高,缺乏鱼类在鱼道的上溯过程中所受压力数据,明显促进了鱼闸和升鱼机的发展,因为使用这两种装置时对鱼的相关数据资料的需求要比传统鱼道少。

升鱼机和鱼闸相比,具有过鱼能力更强、对鱼类损伤更小的优点,但是运行费用较高且不能用于降河洄游鱼类的保护。

**3. 降河洄游鱼类的特殊性**

对于幼鱼溯河洄游、成年后降河洄游及溯河产卵的鱼类而言,一些产卵后向下游洄游的鱼类也应该在考虑的范围内。降河洄游的鱼类主要有鳗鲡、南非淡水鲻鱼、黄金鲈、澳洲肺鱼和澳大利亚鲈鱼,在大多数情况下,这些鱼类在性成熟时跨越欧洲、非洲和澳大利亚的低矮大坝时不会有太大的难度。因此,降河洄游时跨越低坝不会是一个问题。然而,欧洲、北美和新西兰的一些鳗鲡必须通过高坝,而且可能还要穿过高坝的涡轮机。

对降河洄游鱼类最大的威胁是通过取水口进入人类活动强度极高的区域。取水口的类型包括灌溉取水、热电厂冷水取水、工业用水及公共供水取水等。其中的大多数成为了降河洄游鱼类的终点。也就是说,进入灌溉和工业取水口的鱼类都 100% 地损失掉了,但大部分进入水电站取水口的鱼类能够幸免于难。

1)取水口保护措施

防止鱼类进入水电站等危险区域的措施主要有以下四类:

(1)行为障碍——部分鱼类对障碍设施的行为反应,包括对电子格网、气泡、吊链、各种类型的灯光、射流等的反应。通常而言,水体能够自由通过此类障碍,并且很少有垃圾物堆积,所以这些设施的维护量很小。另外,这些设施应用前景有限,而且大多数的装置仅仅处于试验阶段。电力阻隔也经过了广泛的测试,这是最没有应用前景的类型之一。这种类型的阻隔在下游取水口遇到的最大麻烦是水流的方向。而在上游取水口设置这种阻隔时,鱼类要么被击退,要么进入到电场深处直到昏迷,而且当这些鱼类被水流带出苏醒后还会再次尝试进入电场。当鱼类进入下游电力阻隔的电场深处被麻醉后,往往会被水流推进电场更深处,逃逸的可能性非常小。总体而言,行为障碍设施应用在湖泊冷却水或生活用水取水口中可能会取得更好的效果,因为这些取水口附近没有吸引鱼类的流速。

(2)物理屏障——除穿透外,一些鱼在通过障碍时会被卡死在网眼上。这些物理屏障包括金属支架及固定格网、移动格网、滚筒格网、圆筒状楔形丝格网和阻隔网。它们很容易被堵塞,建设成本和维护成本都很高。

(3)鱼类分流设备——在一定程度上而言,这种设备与物理屏障类似,包括滚筒格网、水下移动筛(需要保持一定的角度引导鱼接近)、倾斜面的格网和百叶窗等。在北美东海岸和欧洲的一些地方,旁路设施取得了不同程度的成功。旁路通常由位于水面的出口组成,出口连接的管道或渠道能够将鱼类安全地送到电站尾水区。当旁路入口位置适合于鱼类降河洄游时,鱼类通常会从水体表层的入口进入旁路,而不会选择水体下的水轮机取水口通过。

(4)鱼类收集设备——包括"咽囊"及其他形式的收集装置。虽然这些设备的初始安装成本较低,但实际操作成本却很高。

2)水电站保护措施

由水电站造成的鱼类损失量取决于鱼类降河洄游选择的路线。通过溢洪道和涡轮机的损失量是不同的。通常情况下,溢洪道上的损失量是更低的。针对通过涡轮机鱼类的保护措施如下:

(1)在导叶与转轮叶片间保留一定间隙。

(2)涡轮机尽可能深地安置在下游水平线下。

(3)涡轮机转速合理。

## 6.2.2 底栖动物修复

### 6.2.2.1 区域选择

适用于水深相对较浅的湖滨带及流速缓慢、河岸带缓坡、岸线复杂性高的河段。

### 6.2.2.2 基本原则

水生动物的修复应当遵循从低等向高等的进化缩影修复原则去进行,避免系统不稳定性。当沉水植物生态修复和多样性恢复后,开展水系现存物种调查,首先选择修复水生昆虫、螺类、贝类、杂食性虾类和小型杂食性蟹类;待群落稳定后,可引入本地肉食性鱼类。

### 6.2.2.3 技术要求

底栖动物选择河流所在区域常见物种,投放面积占河流岸带恢复区的水面 10%,动物选择不同季相的种类,水生昆虫、螺类、贝类般以 $10\sim100$ g/m²,杂食性虾类和小型杂食性蟹类以 $5\sim30$ 个/m³ 的密度投放。对于海参、鲍、贝类等珍贵水生生物增殖放流,由潜水员将增殖放流生物均匀撒播到预定水域。

## 参考文献

[1] Stone & Webster Engineering Corp. Assessment of Downstream Migrant Fish Protection Technologies for Hydroelectric Application[M]. Palo Alto:Electric Power Press. 1986.

[2] Canadian Electrical Association, Fish Diversionary Techniques for Hydroelectric Turbine Intakes[M]. Montreal:Montreal Engineering Company, 1984.

[3] 董哲仁,孙东亚,彭静.河流生态修复理论技术及其应用[J].水利水电技术,2009,40(1):4-10.

[4] 吴振斌.水生植物与水体生态修复[M].北京:科学出版社,2011.

［5］马剑敏,成水平,贺锋,等.武汉月湖水生植被重建的实践与启示[J].水生生物学报, 2009, 33(2)：
222-229.

［6］Charles H. Clay, Design of Fishway and other Fish Facilities( Second Edition) ［M］. Florida：Boca Raton
Press, 1995.

［7］骆辉煌,冯顺新,杨青瑞,等. 鱼道及其他过鱼设施的设计[M].北京：中国水利水电出版社,2016.

［8］中华人民共和国农业部.水生生物增殖放流技术规程:SC/T 9401—2010[S].北京：中国农业出版社,
2010.

# 第 7 章 河湖水生态治理工程监测与管理

## 7.1 河湖生态监测

河湖生态系统是人类赖以生存的极其重要的资源,同时对调节气候、航运、水产、旅游等各方面具有多种功能。可是由于人类对河湖生态系统的脆弱性认识不足,河湖生态系统受到严重干扰,水体污染、岸线破坏日趋严重。因此,为实现河湖的可持续发展,对河湖生态系统进行监测,探求其演变规律,建立一套监测数据是十分必要的。

此外,河湖健康监测也是评价完工的河湖生态修复项是否达到规划设计预定目标的基础。河湖水生态监测的内容应根据生态系统保护和修复的目标、指标综合确定,主要包括水质监测、水文监测、沉积物监测、河流形态监测、河岸带监测、水生生物监测等方面。

### 7.1.1 监测指标

根据指标的重要性、可操作性和全面性,河湖水生态监测指标可划分为必做指标和选做指标。选做指标应根据河湖环境条件、监测目的和资金人力投入情况选做,具体指标见表 7.1-1。

表 7.1-1　河湖水生态监测主要内容和指标

| 监测内容 | 监测主要指标 | |
|---|---|---|
| | 必做指标 | 选做指标 |
| 水质 | 浊度、水温、pH、溶解氧、高锰酸盐指数、化学需氧量、五日生化需氧量、氨氮、总磷、总氮、铜、锌、氟化物、硒、砷、汞、镉、铬(六价)、铅、氰化物、挥发酚、石油类、阴离子表面活性剂、硫化物、粪大肠菌群 | 透明度、电导率、悬浮物、叶绿素 a |
| 水文 | 流量、流速、水位 | 含沙量 |
| 沉积物 | 容重、粒度、pH、氧化还原电位、总氮、总磷、有机碳 | 铅、镉、铬、砷、汞、铜、锌、镍、钾 |
| 河流形态 | 河段宽度、河岸结构、蜿蜒度、河岸稳定性 | 水下地形 |
| 河岸带 | 岸线利用率、植被覆盖度 | — |

**续表 7.1-1**

| 监测内容 | | 监测主要指标 | |
| --- | --- | --- | --- |
| | | 必做指标 | 选做指标 |
| 水生生物 | 浮游植物 | 种类、数量、生物量 | — |
| | 浮游动物 | 种类、数量、生物量 | — |
| | 底栖动物 | 种类、数量、生物量 | — |
| | 着生藻类 | 种类、数量、生物量 | — |
| | 水生维管植物 | 种类、数量、生物量 | — |
| | 鱼类 | 种类 | 数量、生物量 |

## 7.1.2　监测频次

指标的监测频次应根据水文条件和水生生物演替等因素进行设置。本书对主要监测指标频次建议如下：

（1）水质、水文、浮游植物、浮游动物、底栖动物和着生藻类建议每季度不少于 1 次采样监测。

（2）沉积物、河流形态和河岸带每年不少于 1 次采样监测。

（3）水生维管植物每年不少于 2 次采样监测。

（4）鱼类每年不少于 1 次采样监测。

（5）若不考虑季度监测，可在丰水期、平水期和枯水期监测。

## 7.1.3　监测断面（点位）

### 7.1.3.1　河流监测断面

1.设置要求

采样（断面）点位，应根据监测目的和调查资料综合分析，进行设置：

（1）现场监测工作开始前应对监测目标调研。收集和整理河流及其流域相关资料，对其水文、水质、自然地理和河岸带等特征进行分析。

（2）布设的采样断面（点位）应代表该河段或区域的生境情况，采样断面（点位）所在河段的生境应大体相似。

（3）对于靠近江心洲、湖泊、水库、大坝和污染口等特殊生境的河段，根据需求在上下游设置。

（4）对于有直流汇入的河段，应在下游充分混合处设置。

2.设置方法

（1）根据调查资料对监测河流设施代表河段，河段内的生境情况应相似。

（2）河段内采样断面（点位）的设置应具有代表性。水质、浮游植物和浮游动物采样断面（点位）的设置应符合以下要求：

①对于宽度小于 50 m 的河流，中心设置 1 条采样垂线；

②对于宽度在 50~100 m 的河流,设置左、右 2 条采样垂线;

③对于宽度大于 100 m 的河流,设置不少于左、中、右 3 条采样垂线。

(3)沉积物采样点应按《土壤环境监测技术规范》(HJ/T 166—2004)中要求的方法设置。

(4)对于大型河流和不可涉水区域,底栖动物的采样点应与水质理化的采样点一致。对可涉水区域,应在附近涉水区域设置采样点。

(5)水生维管植物采样点应根据河流形态及水生维管植物的分布特征在河段内选择数条具有代表性的断面进行设置。每个断面应均匀设置样方,没有水生维管植物分布的区域不设采样点。

(6)着生藻类采样点应设置在水质监测点位靠近沿岸的浅水区域。

### 7.1.3.2　湖泊监测断面

1. 湖泊分区

湖泊分区应根据其水文、水动力学特征、水质、生物分区特征,以及功能区区划特征进行,同时考虑湖长管辖湖片作为依据。

2. 监测点位

湖泊监测点位布设应根据湖泊规模和监测指标特点,按下列要求确定:

(1)每个湖泊分区均应在湖泊分区评价的水域中心及其代表性样点,设置水质、浮游植物和浮游动物等的同步监测断面(湖泊区水域点位),优先选择现有常规水文站及水质监测点。

(2)湖泊应采用随机取样方法沿湖泊岸带布设监测点位。对于水面面积大于 10 km$^2$ 的湖泊,在湖泊周边随机选择第一个点位,然后 10 等分湖泊岸线,依次设置监测点位;对于水面面积小于 10 km$^2$ 的湖泊,可以适当减少监测点位;对于水面面积大于 500 km$^2$ 的湖泊,宜按湖泊岸线距离不大于 30 km 的要求,增加监测点位。

# 7.2　水生态修复工程后评估

水生态修复工程后评估是生态修复项目规划设计的重要组成部分,是以生态监测数据结果为基础,评估所实施的生态修复项目的有效性,即是否达到规划设计的预期目的。后评估主要包括工程施工前后对照评估、工程实施目标实现程度评估和趋势分析评估三部分。根据后评估的结果,对工程设计方案、管理措施等进行负反馈式调整,确保工程达到良好效果。通过工程施工前后的对照,重点分析物理化学、水文、地貌、水力、生物及社会经济等方面的变化情况;通过与工程实施目标实现程度的对照,分析工程实施后是否达到了预定目标;通过趋势分析,分析预测各生境因子与生物的演变趋势,从而判断生态系统是否向健康方向发展。进行后评估时,现状评价阶段所采用的河湖生态状况分级系统可对照使用。

评估修复工程项目通常采用的方法是前后对比设计法,即监测并对比修复前后的生态参数,借以评估项目的有效性。前后对比设计法的监测范围设定在修复工程现场位置(或称修复区)。前后对比设计法的缺点是仅仅提供了修复区在修复前后的生态参数,进行时间坐标上的对比评估,但是缺少空间坐标上生态参数的对比评估。如果进一步思考,在分析监测数据时,考虑生态修复工程中自然力作用的影响以及时间易变性问题。基于这种考虑,研究者提出了综合设计法。综合设计法要求既要监测评估修复区在修复前后的生态参数,又要监测评估同一时段不进行修复的参照区生态参数。可以认为,综合设计法是对前后对比设计法的完善与补充。

许多工程案例显示,由于项目投资方要求在短期内开工,并且没有预拨调查监测经费,在这种情况下,无法在开工前进行生态调查,即无法收集生态要素数据。在此条件下,可以采用扩展修复后设计法。该方法要求选择合适的参考河段,参照河段与修复前的项目河段在生态特征方面具有相似性,包括生物、土地利用、植被、水文、河道形态、纵坡等要素。扩展修复后设计法通常在同一河流上选择参照河段,这是因为相邻河段与其他河流相比更具有典型相似性。通常参照河段位于修复河段的上游。

扩展修复后设计法选取多种不同位置的参照河段与相匹配的修复河段进行多项参数监测,不仅项目河段与参照河段是对应的,而且采样位置是匹配的,且采样参数也是成对的。依照扩展修复后设计法,在修复项目开工后,项目区和参照区同步开始监测,监测的目的是通过分析参照区和修复区参数的差别,确认修复行动的生物响应,借以评估项目的有效性。

近年来,扩展修复后设计法广泛应用于栖息地变化与鱼类响应间的关系,这是因为采用扩展修复后设计法可使生物响应与物理或其他变量关联起来。

尽管从理论上讲扩展修复后设计法是可行的,但是在实际工作中可能会遇到困难,主要表现为不易选择合适的匹配参照河段。这不但意味着需要投入更多资金用于实地调查勘察工作,而且有可能根本找不到一定数量的参照河段,这就成为应用扩展修复后设计法的潜在风险。

# 7.3　河湖生态综合管理

河湖生态综合管理应在全面把握自然环境、景观、历史及文化等方面的基础上,对河湖生态修复工程实施前后进行全过程管理。河湖生态修复工程的维护与管理不仅在施工结束时,也在明确生态修复目标的基础上,进行长期的监测、维护与管理;建立维护与管理的长效运行机制,明确责任主体及其维护管理职责;建立公众参与监督机制,提高公众参与水平与环保意识。

## 7.3.1　河湖形态、护岸维护与管理

河湖形态、护岸维护与管理的主要内容一般包括河湖岸线功能的保持、护岸结构的观测和保养、生态护岸的植物保护、防止人为破坏、垃圾清理等。

(1)河湖形态、护岸维护与管理的内容如下所述:

①对河湖开展岸线布局重新调整、岸线功能转化或其他改变河湖岸线形态的活动,应通过河湖、自然资源、环保等主管部门的审查或审批,并应遵守国家法律、法规和相关技术标准的规定。

②在河湖岸边新建房屋、道路和其他临河湖设施等,不得占用已确定的河湖岸线保护范围,破坏河湖岸线形态。

③对已实施的生态护岸及其植物,应对护岸的防护功能、植物的生长情况进行定期的观测,观测周期宜为每季度一次。根据观测的情况,对确定需要进行保养维修的岸段进行护岸及植物维护,以确保护岸满足安全和稳定的要求,并确保植物生长状况良好。

(2)河湖形态、护岸维护与管理的方法可从法律方法、行政主管部门的职责履行及专业养护工作三个方面开展,内容如下所述:

①以法律和地方法规的形式,明确河湖岸线的保护范围和内容,通过法律、法规禁止擅自进行岸线重新调整、功能转化或其他改变河湖岸线形态的活动。

②确定行政主管部门的职责,对河湖岸线形态、功能及生态护岸建筑物的技术状况进行定期检查,对受损坏的建筑物进行必要的维修,对功能明显存在缺陷的建筑物或植物进行局部改善。

③行政主管部门可安排专业养护人员,或采取委托专业公司社会化管理的形式,进行专门的维护管理。

## 7.3.2　河湖基底维护与管理

河湖基底维护与管理的主要内容一般包括河湖断面尺度的保持、防止挖砂或采石等人为破坏河湖基底的活动,以及禁止一切向河湖内排污的行为等。

(1)河湖基底维护与管理的内容如下所述:

①对河湖开展功能(通航、防洪等)调整、河湖断面尺度改造、河湖疏浚开挖等活动,应通过河湖、自然资源、环保等主管部门的审查或审批,并应遵守国家法律、法规和相关技术标准的规定。

②对影响河湖基底生态环境健康的排污、采砂、取土、取石等活动,应严格禁止。特殊情况下,需进行专门的论证,确定相关活动对河湖生态环境破坏在允许的范围内,并经河湖自然资源、环保等主管部门的审查或审批通过,方可按相关要求实施。

③布设相应的水文观测设施,应对河湖的水文、泥沙、水下地形、滩涂等进行定期的观测和测量,及时掌握相关的情况,并制订相应的维护方案。

④水文观测应根据河湖维护管理要求,进行水位、流量、流速、流态和泥沙等水文测验,及时掌握河床的冲淤情况及浅滩、边滩、沙洲等变化情况。

(2)河湖基底维护与管理的方法可从法律方法、行政主管部门的职责履行及专业观测工作三个方面开展,内容如下所述:

①以法律和地方法规的形式,明确河湖基底的保护范围和内容,通过法律、法规禁止擅自进行河湖功能及尺度调整、疏浚、开挖、排污、采砂、取土、取石等活动。

②确定行政主管部门的职责,由相应的行政主管部门布设河道水文观测设施,对河湖的水文、泥沙、水下地形、滩涂等进行定期的观测和测量,形成长效观测和数据成果管理。

③行政主管部门可安排专业公司进行定期的水下地形测量,或对水文观测设施及数据进行管理,以及定期检查非法排污、采砂等活动,并及时将有关信息或成果反馈给相关主管部门,相关主管部门应针对有关情况制订有效的解决措施,落实维护管理工作。

### 7.3.3　岸坡带植物维护与管理

岸坡带植物维护与管理的主要内容一般包括植物残体的收获处理、植物病虫害防治、防止人为破坏、定期垃圾清理等内容。

(1)岸坡带植物维护与管理的内容如下所述：

①当湿地植物长到一定大小时，应及时将枯萎的湿地植物残体进行收割，以保证湿地系统的良好运行状态，同时防止大量的腐烂植物残体对水域造成二次污染。

②植物在生长过程中容易滋生病虫害，应进行防治。但是在病虫害防治时，不能引入新污染源，如农药等化学剂，应尽量采取绿色防治方式进行。

(2)岸坡带植物维护与管理的一般方法如下所述：

①挺水植物一般采用地上部分收割的方式进行管理，留下必要的生存根茎，保证翌年春季的发芽。

②浮水/叶植物生长迅速、繁殖速率较高时，宜进行及时的收割和清捞，保持一定的植物密度，以维持净化效果。

③病虫害的绿色防治方式可采用物理方法诱杀害虫，如灯光诱杀、粘虫板诱杀等；亦可考虑应用一些生物农药或植物性农药，如微生物农药、植物提取物等；也可在病虫害发生初期及时收割植物地上部分；根部发病时应及时拔除。

④配置必要的维护管理工人进行日常的管理，如垃圾清理、植物收割补种等。

⑤加强宣传教育，设置必要的宣传标志标牌，提高区域内居民对生态治理工程的理解和认识，加强生态环保意识，自觉参与到生态环保工程的保护行动中，减少人为破坏和干扰。

### 7.3.4　河湖缓冲带维护与管理

河湖缓冲带维护与管理的主要内容一般包括植物的生长控制、生态系统完整性及健康程度、植物病虫害防治、人为侵占破坏、定期垃圾清理等内容。

(1)河湖缓冲带维护与管理的内容如下所述：

①河湖缓冲带应维持原生生态系统的完整性，不应破坏当地原有的生态环境，且需辅助河道湖生态系统向有序、健康的方向发展。

②缓冲带植被生长应具有适当的通达性，以方便水生及陆生动植物的迁移、交流，并宜兼顾人类亲近河道、亲近自然的要求。

③缓冲带宜维持生态价值和经济价值的平衡，不宜追求其中之一而改变缓冲带的设计功能目标。

④宜采用界碑明确河湖缓冲带的保护范围。

⑤严格控制人类经济和社会活动占用缓冲带的保护范围，制定适宜的度量限制标准，明确缓冲带范围内的人类活动限度。原则上不应在缓冲带范围内扩建生活用地设施，或将生活用地变性为生产和商业用地。

⑥管理行为及方式应有利于河湖缓冲带生态系统向有序、健康的方向发展。

⑦应定期对河湖缓冲带内的植物进行收割、清理、优化，辅助河湖缓冲带的生态系统

趋于完善。

（2）河湖缓冲带维护与管理的一般方法如下：

①以法律和地方法规的形式，明确河湖缓冲带的范围和保护内容，河湖缓冲带范围内，可通过法律、法规禁止下列行为：新建公共基础设施以外的建筑物、构筑物；挖砂、取土、采石等；堆放废弃物、倾倒垃圾；擅自砍伐树木、毁坏花草；擅自截流引水；建房、建窑、建坟；使用剧毒、高残留农药，含磷洗涤品及不可降解塑料制品等有害物质。

②明确河湖缓冲带的行政主管部门，安排专门的责任人。

③行政主管部门可自行安排专业养护人员，或采取委托专业公司社会化管理的形式，进行专门的维护管理。

## 参考文献

[1] 中华人民共和国生态环境部.地表水环境质量监测技术规范:HJ 91.2—2022[S]. 2022.
[2] 中华人民共和国水利部.河湖健康评估技术导则:SL/T 793—2020[S]. 北京:中国水利水电出版社,2020.
[3] 中国水利企业协会，中国质量检验协会.河湖生态修复工程运行与维护技术导则:T/CWEC 24—2021，T/CAQI 177—2021[S]. 北京:中国水利水电出版社,2021.

# 第 8 章　典型案例

## 8.1　河流水生态综合治理

### 8.1.1　沈阳市细河铁西段(四环—入河口)水系综合治理工程

#### 8.1.1.1　项目区基本情况

**1. 流域概况**

细河是浑河的一级支流,也是一条承泄城市雨水、农田涝水和市政污水处理厂尾水的平原排水河道,起源于卫工明渠进水闸,由东北向西南流经皇姑区、铁西区、于洪区,在辽中县茨榆坨镇黄腊坨北村汇入浑河,河流全长 78.2 km,流域面积 244.8 km²。卫工明渠进水闸至揽军路则为卫工明渠段,河长 7.7 km;下游穿越吉力湖街、大通湖街、南阳湖街、三环高速,为细河于洪段,河长 6.6 km;细河于三环高速下游 100 m 处与浑蒲灌区总干渠交汇,总干渠通过余良倒虹穿越细河,该处建有 1 座细河进水闸和 1 座防洪闸,细河上游部分来水通过进水闸排向下游(最大下泄流量为 25 m³/s),其余来水通过防洪闸直接排入浑河,细河进水闸下游与浑蒲总干渠矩形槽平行流向 1.4 km,下游流经沈阳经济技术开发区,河道两岸建有大中型企业及多个工业产业园区,流经的主要街道有翟家、大潘、彰驿,该段为细河铁西段,河长 60.9 km。

细河流域水系见图 8.1-1。

本次治理范围为自四环桥下至入浑河河口之间的细河主河道,治理长度约 52.5 km,地处北纬 41°51′~41°69′,东经 122°97′~123°22′,前 17.1 km 位于沈阳市规划中心城区段,工程位置示意图见图 8.1-2。

**2. 河道及周边整体环境**

本项目为细河治理二期工程,位于铁西区内的长度为 52.5 km。2016 年,已实施了细河治理一期工程,三环桥—大潘桥全长 21.77 km,主要包括桥上下游清障工程、堤防加高培厚工程、护岸工程、戗台工程、堤顶路工程、绿化工程。2017 年 1 月开始,按照市建委的统一部署,开始《细河铁西段(三环桥—四环桥)黑臭水体治理工程》方案工作,并且在 2017 年完成该段的清淤和生态护岸工作,2018 年完成该段的其他工作,总长度 8.9 km。

本次细河治理工程起点自四环桥起,终点至入浑河河口处,全段共计约 52.5 km。治理段河道全段河底平均纵坡为 0.3‰,河道最窄处约 16 m,下游入河口段最宽处 280 m。河床上游侵占严重,下游相对开阔,部分河段排涝标准较低,污染严重,杂草丛生,垃圾遍布,管理无序,两侧盗采砂问题突出。根据踏勘,细河河道沿岸,水面、水边堆积大量的生活、生产垃圾,经降水冲刷后进入河道,严重影响河道内水质。细河河道内水体范围内几乎没有动植物生存,水体散发恶臭,生态系统结构严重失衡,河道功能退化。两岸交通体

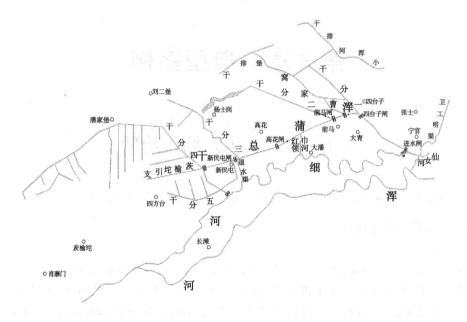

图 8.1-1　细河流域水系

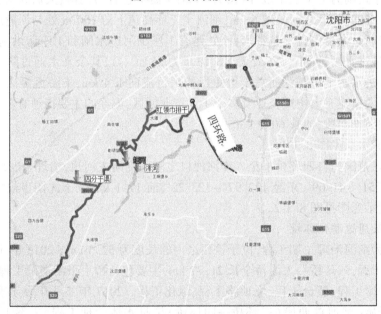

图 8.1-2　工程位置示意图

系不完善,通达性差,两侧堤顶无巡堤路,私搭乱建严重。

细河铁西段(四环—入河口)现状照片如图 8.1-3 所示。

3. 水环境现状

1) 水质现状

根据水质检测结果,细河四环—入河口段上、中、下游水质均属于劣Ⅴ类,主要超标污染物有氨氮($NH_3$-N)、总磷(TP)、化学需氧量(COD)、高锰酸钾指数($COD_{Mn}$)和汞(Hg),

(a)四环桥—浑河二十街段 　　　　　　(b)中庙三台村2桥—王彰线桥段

(b)东余村桥—前余村桥段 　　　　　　(d)细河防洪闸

图 8.1-3　细河铁西段(四环—入河口)现状照片

最大超标倍数分别为：$NH_3-N$ 最大超标 7.15 倍,TP 最大超标 0.98 倍,COD 最大超标 0.35 倍,$COD_{Mn}$ 最大超标 0.27 倍,Hg 最大超标 5 倍。《城市黑臭水体整治工作指南》(以下简称《指南》)中关于城市黑臭水体的定义为：城市建成区内,呈现令人不悦的颜色和(或)散发令人不适气味的水体的统称。《指南》将黑臭水体细分为轻度黑臭和重度黑臭两级。按照该黑臭等级分级标准,细河四环桥—宝马二号桥段属于轻度黑臭等级,宝马四号桥—灯辽高速桥段属于重度黑臭等级,超标污染物为 $NH_3-N$。

另外,细河上共国家级考核断面与市级考核断面各 1 处。国家级考核断面位于洪区的于台桥,市级考核断面为位于经济技术开发区的土西桥。根据沈阳市环境保护局发布的沈环保〔2018〕82 号文件,于台桥与土西桥断面考核目标均为地表水Ⅴ类,其中于台桥断面的氨氮标准适当放宽至劣Ⅴ类。根据沈阳市生态环境局的监测结果,细河两处考核断面的现状水质均为劣Ⅴ类,且超标较多,尚未达到考核标准。

2) 底泥污染现状

目前,我国底泥污染现状判断尚无国家标准,但根据工程经验及专家判断,当河道底泥 TN≥1 000 mg/kg,TP≥500 mg/kg 时,即认为河道底泥已严重污染淤积。根据 2018 年 11 月 13 日至 12 月 13 日对细河铁西段(四环—入河口)共 55 个断面的底泥检测情况,细河铁西段(四环—入河口)底泥中 TN 和 TP 平均值分别达到 1 937 mg/kg 和 5 791 mg/kg,

TN 和 TP 最大值分别达到 8 708 mg/kg 和 39 293 mg/kg,TN 和 TP 最大超标分别为 7.7 倍和 77.6 倍,由此可知,细河铁西段 TN 和 TP 污染较为严重。

此外,从底泥检测结果可以看出,细河底泥较多点位的重金属超出《农用污泥污染物控制标准》(GB 4284—2018) B 级污泥产物污染物限值(允许使用污泥产物的土地类型:园地、牧草地、不种植食用农作物的耕地),底泥 55 个点位中,超标点位比例为 34.5%。

3)入河排污口情况

根据细河铁西段(四环—入河口)入河排污口调查结果,细河四环—入河口段共有排污口 26 个,其中 4 个为污水处理厂排污口(西部污水处理厂 2 个、振兴污水处理厂 1 个和冶金园污水处理厂 1 个),9 个工业废水排放口,5 个市政污水排放口,4 个雨水口,1 个自来水(翟家九水厂)排放口,另外还有 3 个废弃工厂排污口。工业废水排口和市政污水排口排出的污水水质较差,生活污水和工业废水均未进行有效处理,对细河水体影响较大。另外,雨水排放口前未设置初期雨水处理装置,初期雨水内污染物较多,对水质也存在潜在影响。

**4. 生态环境现状**

从现场实地调查发现,城区段植物较多,但没有统一的绿化方案,造成了项目区内植物种植杂乱无章、植物品种单一化、季节性植物变化无特点。下游段地区,植物种类单一,植被覆盖度低,生态系统差。项目区内非法开荒占地严重,抢占不少的河道滩地。项目区内堆积大量的生活、生产垃圾,严重影响河道内环境。入河口段有简单的植被绿化,但分布零星,没有形成一定规模。

### 8.1.1.2 存在问题

通过对项目区的综合分析,归纳总结主要问题分析如下:

(1)点源污染尚未有效控制。

本工程治理范围上游和项目区内污水处理厂排放不达标或容量不够。虽然 2018 年沈阳市陆续对污水处理厂实施提标改造工作,要求污水处理厂排入细河的水质必须达到国家一级 A 标准,但是提标后由于运行不稳定及满负荷运行等原因,仍存在排放不达标或者容量不够的问题,建议有关单位强化污水处理厂管控,确保污水处理厂稳定达标排放。

本工程治理范围内河道两岸的入河排污口未完全治理。由于沿线工厂众多,河道两岸仍然存在一些暗管或渗井偷排,并且生活污水和工业废水均未进行有效处理,雨水排放口前未设置初期雨水处理装置。

(2)面源污染控制措施不够。

细河沿途两岸生活垃圾堆积严重,大量的生活污水、养殖污水直接排入河道,气味刺鼻,红领巾排干污水、浑蒲总干泄水渠污水汇流直排细河,农业面源污染严重。

(3)底泥污染致使内源释放严重。

细河本项目段近几十年来一直没有清淤,底泥的数量和污染程度都非常大,河道底泥中重金属和有机污染比较严重,有机质含量较高,大量的污染物沉淀并累积在底泥中,污染底泥会对地下水和周边土壤产生较大影响,间接影响居民健康。而且吸附在底泥颗粒上的污染物与孔隙水发生交换,从而向外释放污染物,造成水体二次污染,是细河水体黑臭的主要原因之一。大量的底泥也为微生物提供了繁殖的温床,微生物分解底泥中的有机物产生臭气,同时,黑色底泥也被产生的气体形成的气泡托浮到达水体表面,导致黑臭。此外,河道底泥的大量淤积,间接影响正常的行洪排涝。

(4)河道内外生态系统孱弱,亟须岸带修复。

生活污水、工业废水等排入河道当中,导致河道长期处于黑臭状况,底泥污染严重,水生生物无法生存,河道水体自净能力差,无法消纳入河污染物。河道两岸及水体内生物品种较为单一,没有形成完整的生物群落,生态系统极为脆弱。项目区两岸及河道内大部分的植物多为地方原生物种,观赏性较差。少量的景观植物、小品等也未经过统一的规划建设,加之项目区河道生态系统极为脆弱,整个两岸植物还无法与水体、河道一起构建和谐统一的水生态景观,远未达到"岸美"的要求。

(5)河道排涝能力低。

2015 年 9 月,项目区河道四环桥至大潘桥已由沈阳市水利规划院进行防洪工程设计,并开始施工。河底及坡脚已实施,但堤岸、河底淤泥并未进行改造及清挖,尚未达到设计排涝标准;大潘桥以下基本为村庄郊野段,基本为纯天然河道,多年未经治理过,两岸私耕、偷挖、乱建、侵占河道现象严重,且沿河部分建筑老旧破损,严重影响河道过流,造成排涝不利。此外,河道两岸均无交通路,通达性较差,城市慢行系统规划建设相对滞后。

此外,土北闸作为下游段河道上重要的节制性建筑物,其始建于 20 世纪五六十年代,破损严重,虽经过一次修缮,但闸室结构老化、闸门锈蚀严重、启闭机无法启闭等问题突出,且底板高程高于现状河底约 0.8 m,不利水流向下排泄,影响河道排涝能力,因此重建土北闸也是十分必要的。

### 8.1.1.3　治理方案

#### 1. 治理目标与原则

综合地方各部门意见,该工程的治理目标和任务是:从实际出发,通过采取水利、环境、生态修复、绿化等综合措施,在 2020 年以前完成细河全线黑臭水体治理,改善铁西区规划城区段生产生活环境,城市段达到"水美,岸绿"。远期结合其他工程实施,将细河打造为"生态之河、文化之河、产业之河",成为铁西区乃至沈阳市的绿色廊道,促进经济与环境的协调发展。工程治理方案设计时遵循以下原则:

(1)因地制宜原则。

进行多学科、多层次的交叉综合处理,分区、分段进行治理,根据目前细河存在的主要问题,如黑臭问题、底泥污染问题、排涝问题,沿线污染点源、面源等,采取有针对性的措施,保障治理的效果。

(2)生态性、功能性原则。

针对水体的自然与人工环境条件,将生物技术与水环境净化模式紧密结合,促进人工调控与自然调控的结合,营造生物多样性和景观多样性。注重水系景观与周围环境的相互协调,水质治理措施与防洪、绿化密切结合,充分发挥水系的生态功能,打造生态细河。

(3)整体性、景观性原则。

根据项目区水质,结合铁西地区气象与水文状况,综合项目水系各组成要素之间的关系,发挥水域生态工程集成技术体系特性。运用景观生态学原理和现代水域景观设计理念,综合运用节奏与韵律、空间与尺度等美学原则和设计方法,结合地形、水面、绿化、空间层次的丰富变化,将水生植被布局和项目区水体水系周围环境相融合,打造景观细河。

2. 治理方案

1) 河道整治工程

本次工程河段从四环桥至入河口,全长 52.5 km。桩号 17+100 以上位于规划中心城区范围内,进行整段河道的清淤及黑臭整治,河道清淤后,按照 20 年一遇排涝标准修建堤防,同时进行两岸生态绿带建设;下游农村段对重点卡口进行疏浚。

(1) 堤防填筑。

本段堤防工程不但承担铁西区的排涝保障任务,而且是铁西区沿河景观带的重要组成部分。因此,在保证排涝安全的前提下,需考虑景观的协调和交通要求。本次堤防设计在充分考虑防洪安全的前提下,尽量结合本地区长远规划和河道生态景观建设要求。考虑到土堤能较好地与周边的自然景观相协调,能兼顾交通要求,也容易进行河道生态景观建设,因此选定均质土堤为设计堤防结构形式,河道清淤土方量较大,也可充分利用清淤土方。左岸修建土质堤防长度 2.44 km,右岸修建土质堤防长度 3.07 km。

土质堤防顶宽 5 m,堤顶结合慢行路修建沥青混凝土路面。堤顶向河道侧倾斜,坡度为 1%。堤防两侧边坡为 1:2。外部 0.5 m 土层为堤基开挖土,内部采用污泥无害化+固化处理后回填。均质土堤一般需进行防护,对于河道流速较大并且重要的保护段,需要采取工程防护设施。常用的防护形式有草皮护坡、干砌石护坡、混凝土板护坡、格宾石笼护坡等。细河堤防所在位置地势较高,排涝时堤前水深在 0~1.5 m,流速在 0.55~1.03 m/s,均相对较小,因此本段采用较为生态且经济的草皮护坡防护。

土质堤防设计断面图见图 8.1-4。

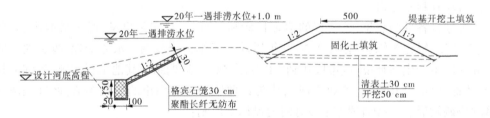

**图 8.1-4　土质堤防设计断面图**　(单位:mm)

大潘镇河段,河道右岸为大潘镇,房屋离河岸较近,无修建土质堤防空间,此段采用浆砌石堤防,修建浆砌石堤防 1.41 km。堤防顶宽 0.6 m,迎水侧竖直,背水侧边坡为1:0.4,基础埋深为 1.2 m。

浆砌石堤防设计断面图见图 8.1-5。

(2) 防护工程。

为减少水流淘刷及建设生态护岸降低面源污染,规划对中心城区段大潘桥至规划中心城区界(桩号 17+100)、农村河段凹岸险工段边坡进行生态防护。本次设计生态护岸采用格宾石笼护岸形式。河道岸坡坡脚采用格宾石笼防护,即在坡脚设置底宽 1.0 m,埋深1.5 m 的格宾石笼护脚,下设土工布,护脚石笼单体尺寸为 2 m×1 m×0.5 m,网箱采用外

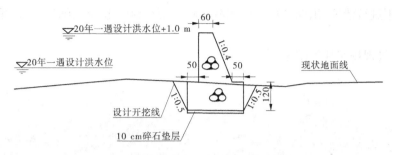

图 8.1-5　浆砌石堤防设计断面图　(单位:mm)

覆 0.4~0.6 mm PVC 膜的 10# 锌铝合金线编制,网箱网孔规格为 8 cm×10 cm。坡面距设计河底高程 1.5 m,采用格宾石笼护坡,厚 300 mm,坡比为 1:2,石笼底部铺设土工布,护坡石笼单体尺寸为 2 m×1 m×0.3 m,网箱采用外覆 0.4~0.6 mm PVC 膜的 10# 锌铝合金线编制,网箱网孔规格为 8 cm×10 cm。

生态护岸典型断面图见图 8.1-6。

图 8.1-6　生态护岸典型断面图　(单位:mm)

(3)土北闸拆除重建工程。

原土北闸已年久失修,闸门、启闭机也已锈蚀,桥板承载力较小,本次设计将土北闸拆除,并在原位置上重建。新建土北闸位于铁西细河下游末端桩号 47+705 处。主要功能为防止浑河水倒灌,50 年一遇浑河回水水位为 18.86 m,现状闸底板高程为 16.10 m。

2)水环境治理工程

(1)入河排污口整治。

根据现场调查结果,细河四环—入河口段两岸沿线共有排污排水口 26 处,包含污水处理厂排污口 4 个,除对西部污水处理厂溢流口进行封堵治理外,其余 3 个全部保留。包含工业排污口 12 个,其中对四环下游废弃工厂排污口、宝马工厂东废弃排污口与皮尔纳工业排污口实施拆除;对沈阳电镀有限公司排污口、张明东疑似排污口、新民屯镇地表渗水口实施拆除并截污纳管,其余保留。包含生活雨水混排口 1 个(彰驿居民排水口),对其实施拆除并截污纳管。包含雨水口 4 个,除冶金四街雨水口实施拆除外,其余 3 个保留。包含东余村农村生活排污口 2 个,全部拆除。以上未提及拆除或截污纳管的排污口全部保留。

(2)垃圾清理。

农村生活垃圾是河道水质的重要污染源,属面源污染。目前,细河周边村落的生活垃圾基本处于随意丢弃状态,河道两岸邻近区域、各村的沟道、坑塘、道路、街角均散落了大量垃圾,如不进行清理,汛期垃圾及渗滤液将随降雨径流一起流入细河,会严重影响细河水质。

细河垃圾现场照片见图 8.1-7。

图 8.1-7　细河垃圾现场照片

本工程拟对现有垃圾进行全面清理,本次垃圾清理的总体范围包括细河两岸 30 m 范围内、村落居住区垃圾和细河两岸主要汇流沟道垃圾。清理垃圾总量 30 000 m³,清理施工由专业队伍实施,做好施工期防护,避免垃圾搬移及二次污染,清理后的垃圾交由当地环卫部门统一处置。

(3)清淤工程。

根据水利计算,依据设计纵坡、区段的重要性以及项目总体计划安排,本工程只对城区段 0+000～17+100 段进行整体清淤,清淤深度 0.42～0.7 m,整治内源污染的同时,保障 20 年排涝安全,对于下游段,本次工程只进行卡口、淤堵等关键节点进行清理整治,不再进行区段大范围清淤。总清淤量约 39 万 m³,其中超标底泥约 14.5 万 m³,下游疏浚量 5.7 万 m³。

细河清淤范围示意图见图 8.1-8。

(4)底泥处置工程。

本工程底泥清淤总量约 38.81 万 m³,河道底泥经处理后弃置于自然环境中(地面、地下、水中)或再利用,必须选取能够达到长期稳定并对生态环境无不良影响的方式。对于河道清淤底泥的处置,其主要遵循以下原则:

①减量化。

所谓减量化,是指减少最终处置(处理)淤泥的容积。淤泥一般由比较松散的小块组成,含水率较高,故含水淤泥的容积可达其所含固体容积的几倍,减量化处理可为淤泥处置减少技术上和经济上的压力。

②无害化。

由于疏浚底泥中含有一定量的污染物,必须通过无害化处理避免其造成二次污染并使其最终产品的指标达到要求。

③资源化。

疏浚底泥经脱水固化及无害化处理后,若满足相关建材行业标准,可用于道路填料、建筑用材等进行资源化利用。

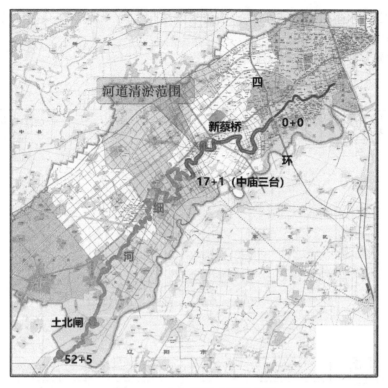

图 8.1-8　细河清淤范围示意图

根据以上处置原则并结合本项目的实际情况,对于满足污染物限值部分底泥,本工程采用河道内进行机械翻晒,经过自然晾晒脱水,然后用于坑塘等场地填埋平整。在填埋时,分层铺撒生石灰,其作用是可以将底泥内重金属随降水和渗滤液微量析出后吸附在其中,防止污染物质进入地下水系和土壤中。

对于不满足污染限值部分的底泥,将进行系统的固化稳定化安全处置,消除河道污染物扩散污染的风险,处理后的达标底泥运至指定地点安全填埋或进行堤岸砌护使用。处理工艺采用脱水+固化稳定化工艺。由于底泥处理过程中会产生一定量的余水(废水),故底泥处理设施还需要配套相应的废水处理设备。

本工程设计的单套底泥处理装置的处理能力为每小时 50 m³,每天工作 10 h,即每天处理能力为 500 m³。按照项目实施周期,确定约 145 d 的运行处理周期,单套底泥处理装置的处理能力为 7.25 万 m³。本工程设淤泥临时处理站 1 处,其中共设置 2 套底泥处理成套装置(含各自配套废水处理设备),处理底泥总量为 14.5 万 m³。

(5)水生态修复工程。

水生态修复工程从建设时间点上位于排污能力提升工程、渠道治理工程、底泥污染治理工程、生态护坡工程等之后。根据活水流场分析和河道周边环境分析,仍然存在污染物入河风险(面源污染、溢流污染、污水处理厂出水污染等),易造成污染物的累积,存在水质反复黑臭的风险。

针对项目区存在污水处理厂出水排入、雨污口汇入、底泥黑臭、水体自净能力差、污染物入河风险较高等问题,在不同的河道段采取底质改良工程、人工增氧工程、生态浮床建设、微生物工程、水生植物恢复等措施,构建水体净化系统,提高水体自净能力,降低河水反复黑臭的风险。

水生态修复技术路线见图 8.1-9。

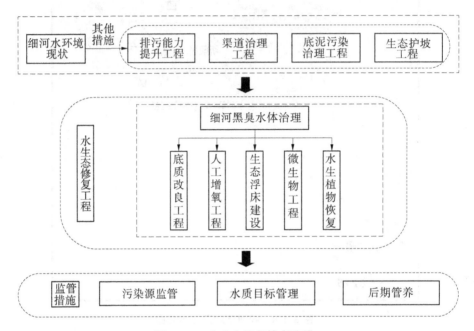

图 8.1-9　水生态修复技术路线

3) 生态绿带工程

结合已建成区段和场地现状形成 5 处景观节点(见图 8.1-10),其他区段采用慢行路连接,景观风貌以强调大绿郊野为特色。塑造滨水绿色基底,畅通区域慢行脉络,优化城市节点特色。

细河生态景观廊道以"生态、文化、展演、体验"为特色,通过细河水生态廊道的建设,将城市水脉、生态绿脉、历史文脉有机融合,沿岸串接 4 处景观节点,形成"一水三脉八节点"的总体布局。同时,通过园路、广场、休憩空间等营建出舒适的公共活动空间,提供慢行跑步道、健身小场地、林荫广场、休闲木栈道、开敞草坪等满足市民的各种休闲活动需求。

生态绿带工程整体鸟瞰图见图 8.1-11。

#### 8.1.1.4　项目总结

该项目可行性研究报告和初步设计分别于 2019 年 4 月和 5 月获得批复,2019 年 5 月正式开工建设,工程总投资 4.03 亿元,资金来源为国家黑臭水体整治试点资金和市财政资金,已于 2021 年 2 月完工。

本项目实施后,对改善河道水质、恢复河流生态功能、维护生物多样性、提高河道防洪能力、拉动投资等具有重要作用。主要表现在以下几点:

(1)完善了防洪体系,保障了人民生命安全。

借助于工程实施,整治河流水系,治理防洪薄弱河段,完善防洪体系,增强河流的蓄滞

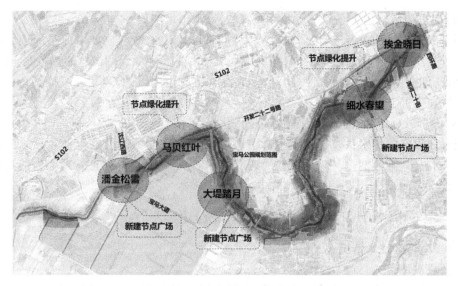

图 8.1-10  生态绿带工程总平面图

图 8.1-11  生态绿带工程整体鸟瞰图

洪能力,在河道两侧形成滞洪生态区,河道的防洪标准提高到 20 年一遇,可以避免由自然灾害带来的经济损失,保障人民群众的生命财产安全,促进经济建设稳步发展。

(2)水功能区达标建设成效显著,保障河流水系水体环境质量。

工程实施后,通过入河排污综合整治、滨河带人工湿地建设等截污导流工程的实施,结合水生态修复与保护、河道生活垃圾处置工程,可大量消减排入河道的污染物质,减少污水处理设施建设成本和运行成本,改善河流水体环境,水功能区可基本达到相应的水质标准,实现污水资源化和水环境治理的目标,充分保障区域内河流水系水体的环境质量。

(3)改善水生态环境,增强水源涵养能力。

通过工程实施,有效增加流域内林草覆盖率,减少区域水土流失,增强生态防护效能,使山、水、林、田、湿地各环境要素互相促进,使现状存在的环境问题得到改善或解决,水生态环境趋于良性循环发展,水源涵养能力显著增强。

（4）促进流域周边生态旅游等服务业发展，带动土地增值。

通过河道水体的改善、滨河带的建设，从而带动周边土地大幅度增值及周边地区商贸、房地产、旅游等第三产业的发展，并利用高质量的生态环境提高区域的知名度，有利于吸引外资，创造更多的就业机会。同时，形成对流域周边区域的聚集和辐射能力，促进区域经济快速发展，形成绿化经济链效益。

（5）健全管理体系，提升管理能力的现代化水平建设。

通过建设完善的水量、水质、水生态监测体系及公开透明的信息化平台，打造"特色鲜明、协同一体、高效健全、多方参与"的河道管理体系，全面提升河道管理能力的现代化水平建设。

## 8.1.2　六安市淠河城南段水环境综合治理工程

### 8.1.2.1　项目区基本情况

#### 1. 流域概况

六安市位于安徽省西部、大别山北麓，地理坐标为东经 115°20′~117°14′，北纬 31°01′~32°40′。东与合肥市相连，南与安庆市接壤，西与河南省信阳市毗邻，北接淮南市、阜阳市，是皖西和大别山沿淮经济区的中心城市，也是国家级交通枢纽城市。

淠河是淮河的主要支流之一。淠河流域地处安徽省江淮西部、淮河中游右岸、大别山北麓，地理坐标为东经 115°53′~116°41′，北纬 30°57′~32°28′。淠河流域地跨安徽省安庆市的岳西县及六安市的霍山、金寨、裕安、金安、霍邱、寿县共 2 个地级市 7 个县（区）。六安市地处淠河中游，淠河水系（见图 8.1-12）是六安市的南北轴线，在六安市区域发展总体格局中具有重要的战略地位。

淠河有东、西两条源流，即东淠河和西淠河。东淠河的西源又叫漫水河，发源于鄂、皖交界的挂龙尖，系主干流；东源叫黄尾河，发源于岳西县境多枝尖的金岗岭北侧。东西两源汇合于佛子岭上游，来水面积共有 1 840 km²（六安市境内 1 298 km²）。佛子岭下游河道比降即变平缓，西北流经梁家滩、黑石渡，经霍山县城至两河口。东淠河全长 103 km，流域面积 2 697 km²。西淠河发源于鄂、皖交界的三省垴，源流称黄石河，建库后称毛坦河（又叫燕子河），与西淠河汇合于水库上游，入响洪甸水库后经独山至两河口，全长 68 km，流域面积 1 585 km²。东西淠河于两河口汇合后向下 9 km 至横排头水利枢纽工程，后流经苏家埠、六安、马头集、迎河，在正阳关溜子口入淮河。

城南节制闸是《六安市城市防洪规划》中沿淠河城区段修建的三座梯级蓄水工程中最上游一座，其他两座蓄水工程（新安橡胶坝和城北橡胶坝）均已投入使用。节制闸建成后，将形成约 10.5 km 长的回水段，工程所在河段为六安市重要的上风上水营造区，也是六安城市总体规划中"三轴三带、四区多点"的景观格局中老淠河景观带的重要组成部分。

该项目针对回水段存在的近岸采砂深坑、岸坡滑塌、生态岸线缺乏、支沟入河口水环境污染、防洪体系不完善等问题，通过滩岸生态修复、水环境治理和配套工程建设，落实"一谷一带"的发展部署，打造"淠河生态经济带"中的精品生态工程、民生工程；提升淠河水环境质量，恢复河流生态系统；保障两岸村镇及耕地的防洪安全，畅通防汛道路，打造淠

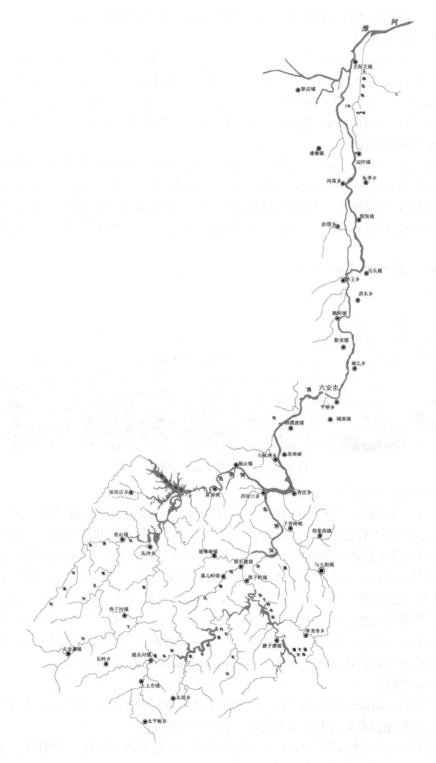

图 8.1-12　淠河水系

河城区段景观格局,让淠河真正成为美化环境、造福六安人民的母亲河。

2. 回水段河道现状

本次治理段位于合武铁路桥至窑岗嘴大桥之间,50 年一遇洪峰流量为 6 940 m³/s,20 年一遇设计洪峰流量为 5 480 m³/s。因此,河道现状行洪能力满足 20 年一遇,但淠联大桥至节制闸段不满足 50 年一遇行洪要求,两岸河道仍需设防。左岸已建商景高速上游河口至新建东沟排涝闸段堤防,基本满足防洪要求;右岸以自然岸坡为主,局部段落修建民堤,需新建或加固堤防。

淠河上游已建成佛子岭、磨子潭、白莲崖、响洪甸 4 座大型水库及横排头水利枢纽工程,日常下泄水量偏少,受下游市区段新安橡胶坝蓄水影响,回水段河道仍常年有水,且水面宽阔。淠河河床及河岸多为砂质,因历史无序采砂造成河道变化剧烈,主槽下切,滩地后退,河床杂乱,岸坡容易失稳破坏。为防止进一步的坍塌,部分河段岸坡已经进行硬质防护。

淠河回水段现状河道见图 8.1-13。

图 8.1-13　淠河回水段现状河道

3. 回水段河道现状行洪能力

本次治理段河道位于合武铁路桥以下至窑岗嘴大桥之间,由于河道采砂问题严重,河床断面发生改变,工程设计前对河道现状左右岸河岸高程等指标进行了复核。河道左岸商景高速以上段现状多为岗地地形,地势较高,除左岸支沟汇入处及淠联大桥近岸处地势稍低外,其他段水位高于 20 年洪水位 1.5~4.2 m,满足 20 年一遇行洪要求。商景高速以下段现状地形比 50 年一遇洪水位超高 0.5~1.2 m,行洪能力基本满足 50 年一遇行洪要求;河道右岸淠联大桥以上段岗地地形地势较高,水位超过 20 年一遇洪水位 0.6~4.5 m,基本满足 20 年一遇行洪要求。淠联大桥以下段地势逐渐降低,多数河段不满足 50 年一遇行洪要求,地面高程比洪水位低 2.7~0.3 m,需要根据地势情况修建堤防。

4. 水环境现状

本工程治理段水质满足水质目标Ⅱ~Ⅲ类标准。水质检测结果表现为上游水质好于下游水质,分析原因可能为两岸支流挟带污染物汇入淠河。

对项目区进行污染源调查和分析,结合水质评价结果判断,项目区污染物主要来源于两个方面:淠河两岸的雨水排水涵洞与左岸支沟。

(1)雨水排水涵洞。

本工程治理范围内的潕河两岸已建和拟新建雨水排水涵洞共 13 处。因降雨形成的雨水径流冲刷路面,将地面(包括屋面)上各种污染物积聚起来,致使降雨径流中挟带有较多的有机物、氮化物等污染物,尤其是降雨初期形成的初期雨水中 SS、COD、TP、TN 等污染物浓度较高,雨水未经处理直接排入潕河,对潕河水质有一定的影响。

(2)左岸支沟。

本工程治理段左岸涉及 4 条较大的支沟分别为堰沟、大滩截洪沟、洪家堰沟及新沟,支沟入河口段受下游节制闸蓄水后回水的影响将形成死水河段,有富营养化趋势,同时受上游村庄生活污水、农田面源污染及支流内源污染的影响,支沟水质较差,直接影响潕河回水段的水质。

支沟汇入潕河前水质情况见图 8.1-14。

(a)堰沟  (b)大滩截洪沟

(c)洪家堰沟(干涸)  (d)新沟

**图 8.1-14  支沟汇入潕河前水质情况**

水质监测结果表明,堰沟与大滩截洪沟只有化学需氧量指标不满足潕河水质目标 Ⅱ ~ Ⅲ 类的要求。考虑到采样时间为河道枯水期,当汛期来临,降雨冲刷挟带大量污染物进入支沟,各项水质指标难以达到 Ⅱ ~ Ⅲ 类的要求,进而对潕河水质造成污染。经现场查勘调研,洪家堰沟与新沟的情况与该两条支沟情况类似。因此,为消除潕河水质恶化风险,需考虑支沟水质净化措施。

5. 水生态现状

从历史遥感图像分析,本次设计河段自 2000 年开始大规模采砂,持续时间达 10 余年。采砂造成原河道整体下切,同时滩地逐步被采砂行为蚕食,水生态环境受到严重的损害。同时,上游横排头水利枢纽的建设和天然水资源的再分配,使河道原有的洪枯交替及河流形势发生根本性的改变,已无法恢复至天然河道生态功能。现有的水生态系统已在上述扰动下进行了调整和适应。

8.1.2.2 **存在问题**

(1)受采砂影响,回水段河道原始地貌破坏较为严重,堤岸已有不同程度的塌滑现象,生物栖息地减少,已经严重影响浉河生态系统稳定,并威胁到两岸耕地安全。节制闸蓄水运行后,在长期浸水饱和作用及水浪冲刷或淘蚀作用下存在堤岸坍塌再造问题。尤其凹岸河段在迎流顶冲作用下存在堤岸稳定问题。此外,节制闸蓄水后,左岸堰沟、大滩截洪沟2条支流常水位上升,砂质岸坡在长期浸泡下存在堤岸坍塌再造问题。

(2)浉河大桥至节制闸段右岸局部地势较低,地面高程不满足防御50年一遇洪水要求;节制闸右岸商景高速上下游现有民堤为砂质土填筑,局部堤身已滑塌,且主槽靠岸,存在安全隐患。

(3)节制闸建成蓄水后,汇入河道的2条支沟水位均有所上升,支沟入河口段受回水影响将形成死水河段,水动力条件和水体自净能力变差,水体富营养化趋势增加。回水段河道污染主要来源于排水涵洞排出的雨水及左岸支沟汇水,现状多处存在水华现象。本工程范围内左右两岸有多个雨水涵洞,汛期时降雨径流通过涵洞排入浉河对其水质产生影响,尤其是在暴雨初期涵洞排水中污染物含量较高。同时,受上游村庄居民产生的生活污染、畜禽养殖污染、农田面源污染及内源污染影响,支沟污染水体汇入浉河干流将对回水段水质产生不利影响。

8.1.2.3 **治理方案**

本工程治理河道总长10.5 km,主要建设内容为滩岸生态修复工程、水环境治理工程及配套工程。

1.滩岸生态修复工程

1)滩岸整治

A.浉河左岸

左岸堤线总长11.804 km。依据已建的岗地护坡工程、堤防及道路工程进行布置,并综合考虑基本农田规划、生态红线规划后确定工程布置方案如下:

Z0+000~Z2+350段为已建堤防段,采用路堤结合的形式,满足50年一遇的洪水标准,路面结构为水泥混凝土路面;Z2+350~Z6+063段地势较高,交通运输部门已安排实施水泥混凝土道路,路面高程满足20年一遇的洪水标准,目前已基本完工。Z0+000~Z6+063段利用现有堤防及在建道路,堤防迎水侧边坡与滩地自然衔接。Z2+350处有堰沟汇入,Z4+015处有大滩截洪沟汇入,汇合口处利用现有的桥梁。

Z6+063~Z7+120段地势较高,从浉联大桥和宁西铁路桥下穿过后与上游高岗地衔接,现状无堤防,仅在滩地有一条土路。Z6+390处有洪家堰沟汇入,本次利用现有涵洞。

Z7+120~Z11+804段为岗地,岸坡已采取混凝土预制块护砌,该处岸坡高、坡度陡。

本次结合现状地形对左岸迎水侧滩地进行整治并实施护岸措施,整治后滩地宽度不小于10 m,滩面高程不低于39.8 m。在Z6+063~Z11+804段新建3 m宽防汛人行步道,其中Z7+120~Z11+804段在岗地现有混凝土护坡顶部加装栏杆。

B.浉河右岸

右岸堤线总长10.345 km。本次依据已建堤防工程、道路进行布置,并综合考虑基本农田规划、生态红线规划和征地拆迁量后确定工程布置方案如下：

Y0+000～Y1+755 段为民堤段，为防汛抢险期间修筑的临时堤防，堤身高度基本满足50年一遇洪水标准，堤身采用砂质土填筑，岸坡多处滑塌；Y1+755～Y3+400 段无堤防，有简易土路，地面高程基本位于设计洪水位以上，但局部欠高不足。为防止洪水期间波浪涌动造成右岸居民住宅及耕地的淹没损失，拟对 Y0+000～Y1+755 段已建民堤进行加高培厚，局部进行堤线平顺调整；Y1+755～Y3+400 段参考历史行洪断面，新建堤防，堤顶建设防汛道路，并对迎水侧堤坡进行生态防护，既贯通右岸防汛道路，又提高防洪能力。

Y3+400～Y4+317 段地势较高，地面高程满足50年一遇洪水标准，有简易土路，沿线涉及 1 处木材加工厂、312 国道及宁西铁路，设计在该段建设沥青道路，与上下游防汛路衔接，形成完整的防汛道路。线路从木材加工厂穿过后在 Y3+858 处与 312 国道平交，在 Y4+090 处利用现有的铁路涵洞下穿宁西铁路后与已建的沥青路衔接。312 国道至已建的沥青路的衔接段，已委托中铁上海设计院进行设计，本次设计与其衔接即可。

Y4+317～Y10+345 段地势较高，交通运输部门已安排沥青混凝土道路，路面高程满足 20 年一遇的洪水标准，目前已基本完工。其中，Y10+217～Y10+345 段为韩摆渡险工段，已实施格宾石笼+预制混凝土砌块的护岸措施。本次利用已建的沥青路作为边界，对迎水侧堤坡进行生态防护。

结合现状地形对右岸迎水侧滩地进行整治并实施护岸措施，整治后的滩地宽度不小于 10 m，滩地高程不低于 39.8 m。

C. 支沟岸坡整治

本工程治理段涉及 4 条较大的支沟，均位于淠河左岸，分别是堰沟(Z2+350)、大滩截洪沟(Z4+015)、洪家堰沟(Z6+390)及新沟(Z10+850)。洪家堰沟出口涵洞底高程为39.4 m，高于常水位，上游段无回水影响；新沟入河口以上 380 m 已进行了全断面的混凝土护砌，回水段仅在河口附近，且处于已护砌范围内。受节制闸蓄水影响，堰沟、大滩截洪沟常水位均有所上升，在长期浸水情况下，存在岸坡失稳现象。本次仅对堰沟入河口以上0.94 km 的段落、大滩截洪沟入河口以上 0.7 km 的段落进行岸坡整治。

2)滨岸带植被修复

通过乔木、灌木、草本植物的合理配置，营造滨水植被缓冲带，利用海绵城市理念，对周边雨水径流中所携带的面源污染进行拦截、吸收、净化，减少进入河道的污染物，同时恢复淠河滩岸植被群落系统，构建完整的河道生态系统。

滨岸带植被修复包含滩地修复、堤顶路生态绿带及设施建设，滩地面积 1 277 853 m²，其中现状植被保留 436 513 m²、滩地绿化面积 782 677 m²(含生态浅塘)、滩地慢行路面积 58 663 m²；岸边水生植物种植面积 127 422 m²；堤顶路生态绿带 16 791 m²；堤顶 3 m 防汛路 13 986 m²，防护栏杆 4 662 延米。

六安市淠河城南段水环境综合治理项目(回水段)平面布置见图 8.1-15。

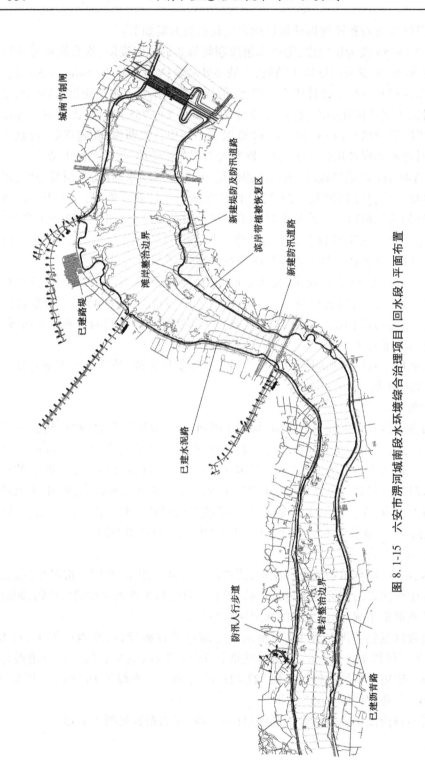

图 8.1-15　六安市淠河城南段水环境综合治理项目（回水段）平面布置

2. 水环境治理工程

本工程针对堰沟(含支沟)、大滩截洪沟、洪家堰沟、新沟 4 条支沟汇入对湋河干流水质的影响问题,对堰沟入河口以上 2.01 km 进行清淤,种植水生植物并布置曝气生物膜(EHBR)工程,汇入湋河口处布置复合纤维浮动湿地工程;堰沟支沟 YGZ0+147～YGZ0+344 段种植水生植物;大滩截洪沟入河口以上 1.5 km 的段落进行清淤、种植水生植物,入河口以上 1.0 km 的段落河道内布置 EHBR 工程,汇入湋河口处布置复合纤维浮动湿地工程;在洪家堰沟汇入湋河口处布置 EHBR 工程和复合纤维浮动湿地工程;在新沟汇入湋河口处布置 EHBR 工程。通过以上工程措施,提升支沟水质及水生态环境质量,减少支沟对湋河环境的影响。

在湋河右岸 5 处雨水涵洞排口处结合滨岸带植被修复建设雨水净化生态浅塘,对汛期雨水进行蓄滞和净化后再排入湋河;沿线滩地边缘设置水生植物种植平台,净化河道水质。

雨水净化生态浅塘雨季断面示意图见图 8.1-16。

图 8.1-16　雨水净化生态浅塘雨季断面示意图

雨水净化生态浅塘旱季断面示意图见图 8.1-17。

图 8.1-17　雨水净化生态浅塘旱季断面示意图

雨水净化生态浅塘种植意向图见图 8.1-18。

图 8.1-18　雨水净化生态浅塘种植意向图

**3. 配套工程**

1）排水涵洞

经复核，在建的 2 座桥梁基本满足设计洪水要求，可直接利用；右岸 Y5+580 处的涵洞设计高程低于正常蓄水位高程，进行改建；右岸 Y8+126 处的涵洞因在背水侧增加了回填宽度，对管涵进行延长；其余涵洞出口高程均在节制闸正常蓄水位以上，满足排涝要求。

2）防汛道路

右岸 Y0+000～Y3+400 段采用路堤结合的方式，在堤顶布置防汛道路；Y3+400～Y4+317 段新建防汛道路，其中 Y3+858～Y4+317 段由交通运输部门实施。共建设防汛道路 3 858 m。

3）信息化工程

在回水段布置、安装自动水质监测设备、视频监控设备、自动水位监测设备，并以此为基础搭建信息服务平台，开发移动 App 和无人机智慧巡检，实现运行、监管的远程控制，辅助河道管理。管理平台部署在节制闸管理房处，实现数据存储。建设内容包括感知层建设、网络系统建设、数据中心建设、应用支撑体系、业务应用、运行实体环境和系统安全体系建设 7 部分内容。

#### 8.1.2.4　项目总结

该项目可行性研究和初步设计由中水北方勘测设计研究有限责任公司完成。工程已于 2021 年 10 月开工建设，目前正在进行标准段施工。计划在 2022 年 3 月底前完成建筑物、支沟岸坡整治工程施工，5 月底前完成堤防工程、滩岸整治工程施工，2023 年 2 月底前完成水环境治理措施工程施工，4 月底前完成滨岸带植被修复工程及信息化工程施工，2023 年汛前全面完成工程建设内容。

该项目建成后，对保障河流水质、恢复河流生态系统功能、提高河道行洪能力、稳定河势具有重要作用，将提升六安市南部淠河两岸城区的水生态效益，形成可持续利用的水资源保障体系和水生态环境体系。同时，通过提升蓄水量，可保障优质城市供水备用水源，对促进淠河沿线经济社会可持续发展意义重大。

项目施工现场照片见图 8.1-19。

**图 8.1-19　项目施工现场照片**

### 8.1.3 泗阳县泗塘河生态湿地工程

#### 8.1.3.1 项目区基本情况

泗阳县位于江苏省北部、黄淮平原东部,是宿迁市下辖县,地理坐标介于东经118°20′~118°45′,北纬33°23′~33°58′,东界淮安市淮阴区,北邻沭阳县,西与宿城区、宿豫区毗邻,南濒洪泽湖,京杭大运河、徐盐高速、新长铁路、宿淮铁路穿境而过,属长三角经济区和淮海经济区,县域面积1 418 km²,总人口107.3万,辖16个乡(镇)、3个街道、2个场、1个省级经济开发区。

泗塘河源自县城东闸塘村,北于史集街道朱圩村入总六塘河,河长11.2 km,汇水范围为北门大沟以东、泗塘河以西、六塘河与京杭大运河之间地区,面积39.5 km²。泗塘河流经泗阳城区和城北农业种植区,承担着泗阳主城区的排涝任务,沿线承接了意杨河、总包河、富春河、魏阳河、城北污水处理厂尾水、鱼塘排水、农田排灌支沟支渠等水体。

泗塘河口近3年水质监测数据表明,泗塘河河口水质常年为劣Ⅴ类,主要超标污染物为氨氮和总磷,与泗塘河地表水Ⅳ类水质保护目标相去甚远,也会对总六塘河水质产生不利影响。随着洪泽湖退圩还湖工程、京杭大运河综合治理等工程的实施,泗阳县已初步形成"一环""一廊"生态安全格局。作为"一带"重要组成部分的总六塘河生态带的建设明显滞后,总六塘河现状滩地以自然植被为主,部分区域存在堆土,沿线的生态环境现状与区域的空间发展格局不相匹配,未能充分发挥滨岸带对面源污染的拦截净化功能,健康水生态系统尚未建立,距"岸绿、景美"的目标还存在一定差距。

为提升泗塘河入总六塘河水质,改善区域生态环境,在泗塘河闸东侧的六塘河右岸滩地内建设生态湿地,该湿地采用前置沉淀生态塘、多级表流湿地和水生植物净化塘为主的近自然湿地净化工艺,以净化泗塘河水质为主,减轻其对总六塘河水质的影响,同时兼顾总六塘河滩地生态环境恢复,提高生态系统生物多样性,营造优美的湿地滨水景观,为周边居民提供休闲游览场所。

泗塘河生态湿地工程建设范围见图8.1-20。

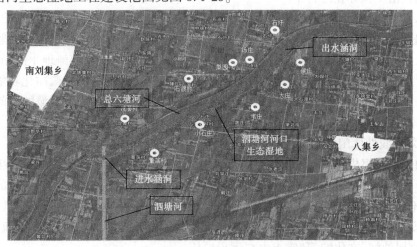

**图 8.1-20 泗塘河生态湿地工程建设范围**

#### 8.1.3.2　存在问题

随着沿河村庄和人口集聚、产业快速发展,大量污水未经处理直排入泗塘河,对下游河道及总六塘河的水环境、水生态产生不利影响。拟建湿地现状生态环境较差,岸带生境破碎化,生物多样性单一。

(1)水功能区水质达标率较低。

总六塘河所在水功能区为总六塘河宿迁保留区,主要用于工业用水、农业用水,水质管理要求为《地表水环境质量标准》(GB 3838—2002)Ⅲ类水;泗塘河所在水功能区为泗塘河泗阳排污控制区,起始于东风闸,终止于入总六塘河口,长 10.8 km,主要用于景观娱乐、工业用水,水质管理要求为《地表水环境质量标准》(GB 3838—2002)Ⅳ类水。

泗塘河作为城区污水处理厂尾水及沿线农村段鱼塘排水、农田降雨排水的主要排放通道,水质达标率较低。根据 2017—2020 年水质监测数据分析可知,泗塘河入总六塘河口整体水质常年处于劣 Ⅴ 类,主要污染物氨氮和 TP 超标严重,对总六塘河水质产生不利影响。

(2)生态修复有待加强。

《泗阳县旅游功能区划》中提出环洪泽湖地区实施"三圈两带五区、圈层递进、珠联璧合"的空间发展格局,其中"两带"为千年古堰旅游带、大运河旅游带,"五区"为水上运动游乐区、山水文化度假区、亲水渔业休闲区、生态湿地游憩区、产业拓展辐射区。《泗阳洪泽湖退圩还湖规划》中提出,设置泗阳县沿岸生态恢复带,恢复沿岸带因圈圩而受到破坏的自然生态系统,进行生态修复。上述规划均为洪泽湖地区生态文明建设指出一条重要道路。

泗阳县南有黄河故道、京杭大运河等具有人文底蕴的水系大动脉,北有忻南地区骨干排涝河道总六塘河,处于重要的水系三角地带,地理位置优越。近年来,京杭大运河整治、黄河故道综合治理等工作相继推进,为泗阳南部区域生态文明建设奠定坚实基础。北部总六塘河整治工程亦在进行中。

而总六塘河整治工程在治理上侧重清淤疏浚,在与环境协调等方面考虑明显不足,治理标准偏低,对岸坡防护、滨岸带生态建设及自然河道的保护和生态修复等问题重视不够。现状滩地较宽,60~150 m,但存在农田、菜地侵占的现象,破坏河滩地生态结构,植被单一且覆盖率较低,未能充分发挥滨岸带对上游来水及沿线来水的拦截净化功能;加之,泗塘河来水水质较差,导致水生态环境恶化。沿线的生态环境现状与区域的空间发展格局不相匹配,距"岸绿、景美"的目标还有一定距离。

(3)郊野线性休闲空间匮乏。

党的十九大报告指出,我国社会主要矛盾已经转化为人民日益增长的美好生活需要和不平衡不充分的发展之间的矛盾。与物质文化需要相比,人民美好生活需要的内容更广泛,它不仅包括物质文化需要这些客观"硬需要"的全部内容,还包括其衍生的获得感、幸福感、安全感等具有主观色彩的"软需要"。在此情境下,建设"安澜的河、健康的河、惠民的河、宜居的河、文化的河"需求也在逐步增长。

总六塘河滩地毗邻堤顶道路,且面积较大,但由于缺乏亲水设施,加之农田、菜地侵占滩地,河道清淤疏浚弃堆土于岸侧,覆盖原生态植物,岸带植被生境破碎化,阻隔了水域、陆域之间生态系统的连续性,在一定程度上破坏了河道生态系统的良性循环;大部分河滩地原有植被单一、稀疏,缺乏生态廊道特征,缺少绿化设施、休憩节点,降低了滨水空间的亲水性,导致在酷暑或者严冬的条件下成为无人区,与现有规划衔接不协调,与现有人民需求相矛盾。

### 8.1.3.3　湿地设计方案

#### 1. 设计理念

滩地是河道生态系统的重要组成部分,在河流发挥栖息地、过滤功能、通道作用、源汇功能时发挥着重要作用。随着经济社会的快速发展,城市化建设进程不断加快,土地资源变得更加紧缺。利用滩地建设生态湿地可以缓解城镇用地条件紧张难题,发挥生态湿地对低污染水体的净化功能,同时提升和改善滩地生态环境,提高生态系统生物多样性,营造优美的湿地滨水景观,为周边居民提供休闲游览场所。设计时遵循以下理念:

(1)生态湿地坚持生态优先、绿色发展理念,基于自然净化机制,模拟自然水体净化过程,综合物理化学、微生物、动植物对污染物的去除作用,在满足一定的水质净化功能的前提下,兼顾生态修复和景观美学功能。

(2)在生态湿地设计时,与周边生态工程建设和周边地形相结合,充分利用现状地形,保留现状树木,营造动植物生境,种植根系发达植物,以达到生物保护、固岸护坡的功能。水生和陆生植物配置上,坚持选择本土物种,避免外来物种入侵。

(3)为提高生态湿地水质净化能力,积极稳妥地引进和采用了先进的水质强化处理技术、设备和材料,力求湿地运行稳妥可靠、管理及维护方便、经济合理,减少工程投资及日常运行费用。

#### 2. 工艺设计

湿地采用前置沉淀生态塘+表流湿地+生态塘+表流湿地+水生植物塘的组合工艺。考虑到上游来水汛期雨水含有大量泥沙,在主体工艺之前设置以前置沉淀生态塘为核心处理单元的预处理措施,有效沉淀进水中的泥沙,以提高核心处理单元的处理效果及减少堵塞风险。

结合现状地形条件,在表流湿地间布设生态塘,通过营造水深和溶解氧逐级交替变化环境,反复形成好养、缺氧、厌氧、好养环境,有利于微生物进行氨化、硝化、反硝化,通过微生物降解、植物吸收等方式综合净化水质。生态塘作为景观性湿地,可以增加观赏性和亲水性,同时对污染物具有一定的去除能力,达到削减污染物和打造生态景观的双重目的。

表流湿地出水再通过末端的水生植物塘处理措施对水质进行再次提升,根据水质净化和湿地生态恢复需求,结合现有地形高程,综合考虑鸟类、鱼类栖息需求的情况下,结合现场的地势条件并对现有地形进行一定的改造,形成不同的水深条件,通过不同种类植物(挺水植物、浮叶植物、沉水植物)搭配,结合增殖放流鱼类、贝类等水生态强化措施,构建种类多样、食物链复杂的水生态系统。

河口生态湿地工艺流程见图 8.1-21。

图 8.1-21　河口生态湿地工艺流程

### 3. 竖向设计

河道节制闸闸顶高程为 15.5 m(废黄河高程系统,下同),设计灌溉水位为 8.0 m,现常水位介于 8.0~8.8 m,湿地运行时关闭节制闸,壅高水面到 10.0 m 以上,上游来水通过新建涵闸经原涵洞进入湿地。受纳水体水位一般为 8.0~8.5 m,湿地最末端水生植物塘设计水位为 8.8 m,湿地出水通过涵闸排入旁边排水渠最终汇入受纳水体。湿地始末端水位差为 1.3 m,纵坡比为 0.03%,采用生态溢流堰控制各处理单位水位并进行跌水富氧。

生态湿地主体单元包括前置沉淀生态塘、多级表流湿地和水生植物塘。前置沉淀生态塘包括沉淀塘和好氧塘两个主要塘体,其中沉淀塘水位 10.0 m,最大水深 2.5 m;好氧塘水位 10.0 m,最大水深 2.0 m 表流湿地分为多级,表流湿地间设置有生态塘,以形成深潭和浅滩效果,为水生动物生存创造条件,表流湿地最大水深为 0.5 m,生态塘最大水深为 1.0 m。水生植物塘位于湿地末端,水位 8.8 m,最大水深 2.5 m。

河口生态湿地竖向设计示意见图 8.1-22。

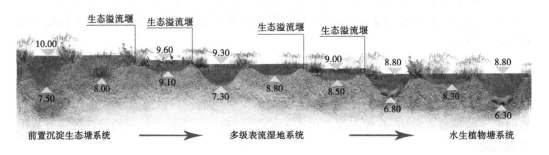

图 8.1-22　河口生态湿地竖向设计示意图　(单位:m)

### 4. 湿地植物配置

湿地植物以乡土植物为主,考虑本工程位于郊野,选择速生、易成活、后期养护简便的植物品种。植物种植规格按照生态恢复设计原则,选择适合生长的规格,并预留植物生长空间。在选择适合水岸、水际及水体栽植的植物品种时,综合考虑花期、观赏特性及植物造景特点和季相变化,形成多种群落的组合配置。

岸上种植区选取适宜岸坡栽种的乔灌木,形成复层群落组合,在满足生态效益的同时增强植物观赏性,在湿地周围形成易于辨识的植物空间特色。湿生种植区通过微地形塑造形成缓坡,选择攀缘木本、矮地被、矮灌木等易于养护的固土湿生护坡植物。水生植物种植区考虑植物的净化功能和观赏特性,湿生植物、挺水植物、浮叶植物、沉水植物结合布置。

5. 水利附属工程设计

1) 生态隔堰设计

为保证湿地运行水位,防止汛期时受纳水体倒灌淹没湿地主体单元,同时考虑受纳水体行洪功能,在湿地与主河槽之间设置顶宽不小于5 m的隔堤,隔堰顶高程与受纳水体5年一遇洪水位相当。采用土堤防护型式,坡顶及湿地侧常水位以上撒播草籽,湿地侧水面线0~0.5 m区域种植挺水植物。

2) 生态溢流堰设计

根据湿地结构布置需要及跌水富氧的需求,新建生态溢流堰。溢流堰选址综合考虑湿地现状地形地貌特点和亲水节条件,以及湿地工艺跌水富氧要求等因素,长度依河床地貌形态而变化,溢流堰主体结构为自然山石,根据不同功能需求,堰顶设置景观叠石或汀步。溢流堰均采用宽顶堰样式,堰底宽约20.0 m,堰顶宽度为2 m左右,基础埋深2.0 m。

生态溢流堰设计见图8.1-23。

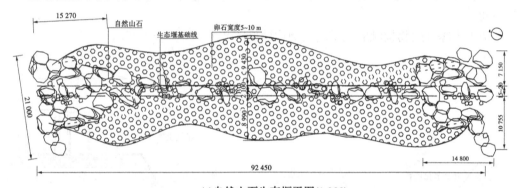

(a)自然山石生态堰平图(1:300)

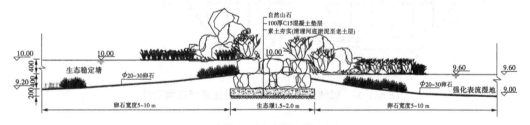

(b)自然山石生态堰—剖面图(1:50)

图8.1-23 生态溢流堰设计图

6. 水质强化处理工艺

由于湿地上游来水中氨氮和总磷含量较高,以生态塘和表流湿地为主体的近自然湿地净化工艺对污染物的削减能力有限,本工程在湿地工艺设计创新地采取了微纳米曝气生物接触氧化系统、复合纤维浮动湿地和复合基质生态岛等湿地强化处理技术。

1) 微纳米曝气生物接触氧化系统

湿地上游来水中氨氮含量较高,平均值超地表V类水标准1.15倍,本工程创新地将人工增氧与污水处理领域的生物接触氧化技术进行了有机耦合,该系统包括微纳米曝气机、微管输气布气系统、生物填料和控制系统。微管曝气装置铺设在底部进行曝气,气流竖向推动,气泡纵向上升带动水体内循环,促使溶解氧均匀分布。底部或结合生态浮床布置仿生水草、生物绳等生物载体填料,利用填料比表面积大、生物易附着等优点,可以在生物载体表面附着生长生物膜,主要由硝化细菌等微生物及胞外多聚物组成,生物膜具有特殊的生物层结构、复杂的生物群落及较长的食物链,这为微纳米曝气生物接触氧化净水技术带来了高效净化的优势,有效降低水体中氨氮和 COD,提高水体水质,丰富水体生态景观。

在湿地入口涵洞前和前置沉淀生态塘系统的好氧塘设置微纳米曝气生物接触氧化系统。微纳米曝气生物接触氧化系统包括微纳米曝气和生物接触氧化系统两部分,利用一体化微纳米曝气机和生物填料进行有效的组合,可以实现水体快速增氧,激活微生物膜的形成,能快速去除水体中氨氮、COD 和总磷等污染物。主气路管采用 DN32 的 PE 管,支气路管(微孔纳米曝气管)采用 $\phi10\times6.5$ 的 PE 管。同时,在微纳米曝气头上方布设生态浮床,生态浮床下端悬挂生物绳填料,生态浮床上种植黄菖蒲、鸢尾、千屈菜和美人蕉等水生植物。

微纳米曝气生物接触氧化系统典型设计见图 8.1-24。

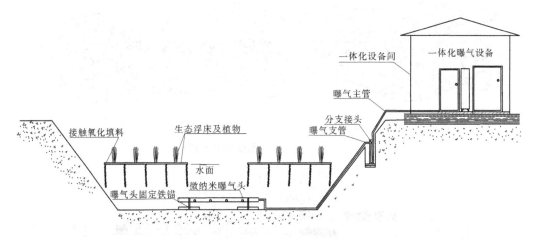

**图 8.1-24　微纳米曝气生物接触氧化系统典型设计**

2)复合纤维浮动湿地

湿地前端的沉淀塘要发挥蓄滞沉沙等作用,不适宜进行水生植物种植,导致湿地生物多样性降低、景观性变差。本工程借鉴人工湿地原理在沉淀生态塘内搭建了类似人工湿地结构的复合纤维浮动湿地,布设于湿地前端的沉淀生态塘和湿地末端的水生植物塘,种植黄菖蒲、水生鸢尾和水生美人蕉等挺水植物,外轮廓混播草皮。

复合纤维浮动湿地的布设大大增加了所布设水域的微生物总量,促进了以微生物为食的底栖动物、鱼类等的数量,并以浮动湿地植物完善水生态系统,通过增加水域中植物量与鱼类,促进昆虫、鸟类、两栖动物栖息与生长,形成立体的生境平台。同时,基质、微生物与植物形成的净化系统,可促进实现植物、载体填料、微生物、大气、生态系统的各环节与水交互作用,通过物理、化学和生物的共同作用,实现对水体污染物的去除,使水质得到净化并起到生态修复作用,是水体中的可移动净化生境平台。

复合纤维浮动湿地结构示意图见图8.1-25。

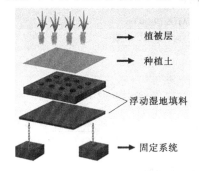

**图 8.1-25 复合纤维浮动湿地结构示意图**

复合纤维浮动湿地典型设计见图8.1-26。

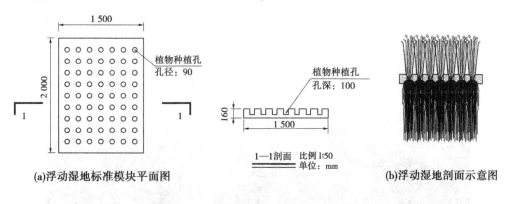

**图 8.1-26 复合纤维浮动湿地典型设计**

3) 复合基质生态岛

沸石、火山岩、陶粒等功能性填料在潜流湿地水质净化过程中发挥着重要作用,直接用于表流湿地水质强化存在水力停留时间短、净化效果差、影响湿地景观效果等缺陷。本工程借鉴河床生物膜净化河水的原理,提出了复合基质生态岛水质强化新技术。复合基质生态岛水下填充功能性填料,水上覆土种植挺水植物,利用填料的吸附过滤作用、植物种植层的吸收作用、填料上附着生物膜的微生物降解作用等净化水质。本工程复合基质生态岛布设于表流湿地的前端,内部填充有功能性填料,填料充填高度30~40 cm,填料粒径80~100 mm。生态岛上种植植物,可为鸟类提供栖息环境。

本工程选择的功能性填料为沸石,具有比表面积大、内部孔隙结构发达的特点,其阳离子含量充足,有机质丰富,填料表面和内部孔隙形成了一个大的表面积,使微生物能够附着,增强了水力传导和污染物的去除效果,对水体中的悬浮物、氮磷等具有较好的过滤和吸附作用,利于生物膜快速形成,可有效提高湿地冬季的处理效率。

复合基质生态岛典型断面见图8.1-27。

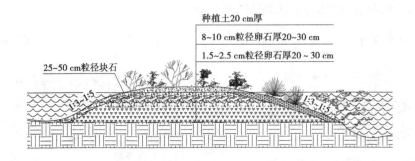

图 8.1-27　复合基质生态岛典型断面

湿地效果见图 8.1-28。

图 8.1-28　湿地效果

### 8.1.3.4　项目总结

河口生态湿地的主要功能为净化水质,改善区域生态环境,营造优美的湿地滨水景观。湿地采用前置沉淀生态塘、多级表流湿地和水生植物净化塘为主的近自然净化工艺。为提升表流湿地和生态塘对污染物的去除效率,在湿地工程设计时采取了微纳米曝气生物接触氧化、复合纤维浮动湿地和复合基质生态岛等强化措施,目前项目主体工程已施工完成。该工程由专业 SPV 公司负责湿地的运行维护,后期将结合运维管理,通过湿地进出水水质监测,考察近自然湿地及其强化处理措施对污染物的净化效果。

该工程通过微地形和不同类型的陆生、水生植物重塑生态,丰富了总六塘河生态廊道,增加湿地生物的多样性,同时可削减入河污染物 COD 170.03 t/a、氨氮 48.43 t/a、总磷 2.55 t/a,加上充满野趣的水生态景观,以及精心布置的亲水平台,真正做到还老百姓以鱼翔浅底、水清岸绿的景象。

湿地建成后实景照片见图 8.1-29。

图 8.1-29　湿地建成后实景照片

## 8.1.4　泾源县泾河支流水生态修复工程

### 8.1.4.1　项目区基本情况

1.流域概况

泾源县隶属宁夏回族自治区固原市,位于宁夏回族自治区最南端六盘山东麓腹地,因泾河发源于此而得名,地势西北高、东南低,属低山丘陵区。东与甘肃省平凉市崆峒区相连,南与甘肃省华亭县、庄浪县接壤,西与隆德县毗邻,北与原州区、彭阳县交界,素有"秦风咽喉,关陇要地"之称。

本项目涉及的香水河、盛义河、涝池河、南沟均为泾河支流,盛义河与香水河交汇后汇入泾河,涝池河与南沟直接汇入泾河。

1)香水河

香水河属于泾河支流,发源于六盘山,在六盘山自然保护区内自北往南流,在野荷谷转向东,流经香水镇,在南敖桥与盛义河交汇后汇入泾河,总长为 27.59 km,实际划界长度 19.78 km,其中 7.81 km 在野荷谷自然保护区只公示不划界,流域面积 98.1 km²,地理位置介于东经 106°14′57.79″~106°26′6.27″,北纬 35°26′44″~35°30′58.48″。其中,上游漫坪—西峡水库(大庄村)段为南北走向,是泾源县饮用水源地,主沟长度为 7.26 km;中游西峡水库—上下桥河交汇处段,东西走向,主沟长度为 11.26 km,支沟有上下桥河(长度为 5.34 km);下游上下桥河交汇处—沙南村与泾河交汇处段,东西走向,长度为 11.90 km,支沟有新月沟、车村沟(1.59 km)。干流流经泾源县香水店、大庄村、思源村、永丰村、城关村、沙塬村、园子村、新月村、沙南村共 9 个行政村。

2)盛义河

盛义河属泾河支流,发源于境内六盘山,流经红家峡、兴盛乡,在东庄与香水河交汇后汇入泾河。总长为 16.31 km,实际划界长度 11.71 km,其中 4.6 km 在红峡林场保护区只公示不划界,流域面积 55.90 km²,地理位置介于东经 106°16′21.77″~106°24′42″,北纬 35°26′50″~35°26′57.75″。干流流经泾源县兴盛村、红旗村、新旗村、兴盛村、兴明村、下金村、上金村、红星村共 8 个行政村。主要支流有经星沟和上下黄沟。

3)涝池河、南沟

涝池河和南沟位于同一道分水岭东西两侧的两条沟道,均为泾河支流。涝池河总长度为 5.74 km,流域面积为 14.7 km²;南沟总长度为 6.42 km,流域面积为 7.2 km²;两条沟道总流域面积为 21.9 km²,上游无水库。

2. 水环境现状

本次水生态修复工程的 4 条支流位于泾河出境弹筝峡断面上游,根据 2019—2020 年固原市生态环境监测站国控断面第三方监测数据可知,泾源县泾河出境弹筝峡断面 2019年 1—12 月每月水质达到或优于地表 Ⅱ 类水,全年每月平均水质为地表 Ⅱ 类水;2020 年1—5 月、10—12 月水质达到地表 Ⅱ 类水,6—9 月水质为地表 Ⅲ 类水,主要原因为总磷超标,全年每月平均水质为地表 Ⅱ 类水。

弹筝峡断面作为泾源县泾河出境断面,2020 年出现个别几个月水质为地表 Ⅲ 类水,在采用水质自动站月均值数据作为考核数据时,弹筝峡断面存在不能达标的风险。

3. 水生态现状

流域内河道水体自净能力较弱,河岸已建护坡大多采用格宾砌护或浆砌石砌护,河道的生态系统及自净能力受到了破坏。由于流域内的植被种植结构单一,沿岸部分土质松散,河道纵切深,加之人类活动的影响,导致流域内水生态环境进一步恶化。另外,流域两侧岸坡绿化面积虽广,但超 80% 种植树种采用云杉,云杉虽属于经济价值较高树种,但云杉林生态体系的抗逆性较低,缺乏生物多样性,极易受病虫害的侵袭,如云杉立枯病就为其中一种。近年来,河道沿线部分段岸坡均存在植被枯死、裸露地增多现象,大面积单一种植云杉林生态体系带来的危害慢慢凸显。

### 8.1.4.2　存在问题

通过本次对治理河段进行的大断面测量及现场勘查情况,主要存在以下 5 个方面问题:

(1)水土流失严重,生态环境脆弱。

河道生态系统薄弱,水体自净能力差,河道两岸植被覆盖度低,植物物种单一,水生、陆生生物物种稀少,缺少动物栖息地,需改善生态环境和美化生活环境。仍有耕地带来的面源污染问题。

(2)局部河床、河道滩涂部位淤积。

香水河现状河道断面基本满足 10 年一遇过洪能力,局部河道河滩部位淤积严重,影响村庄人居环境和河流地表水水质,同时影响河道过洪能力及防洪安全。为了实现河道水环境治理目标,改善人居环境,提高河道过洪能力,需对河道进行疏浚。

(3)河道护岸破碎,生态治理效果差。

香水河属山区型河流,流域内上游段植被较好,下游段植被相对较差,纵坡较陡,河道左右岸存在多处滑坡,水土流失较为严重。河岸大部已经进行了护岸治理,出山口以上河道基本稳定,两岸山体对河势起到了一定的稳定作用。河道两岸植被种植结构单一,沿岸部分土质松散,没有规模性的河道缓冲带区域,无法有效阻止地表径流中的污染物进入河道水体。

(4)农田侵占河道严重。

香水河河道内河道被农田侵占现象严重,农田占用河滩地进行耕种,化肥农药直接排入河道,对河道内水质造成了一定程度上的影响,遇到雨季影响更为严重,此区域急需改善,将侵占河道的农田退出,对河道水生态进行修复,确保河道水质稳定。

(5)6—9 月部分水质指标超标,流域需进行系统化综合治理。

通过分析泾河出境断面水质超标时期,主要集中在 6—9 月,耦合分析 2020 年 6 月、7 月弹筝峡断面水质自动站、县城污水处理厂运行记录、县城污水处理厂溢流口记录、气象数据发现,弹筝峡断面总磷超标与雨天污水处理厂溢流高度相关;与此同时,河道两岸农田分布较多,存在一定程度的面源污染;散户养殖沿河堆放较多,河流无缓冲带,雨天直接冲刷入河;加之各支流水生态脆弱,水生态系统不完整,自净能力较低。以上种种原因造成泾河出境弹筝峡断面水质个别月份超标,解决以上问题需多方面、多途径、多手段综合治理,以此改善流域水生态环境,确保水质稳定达标目标。

本次项目主要解决香水河、盛义河、涝池河、南沟下游段水生态环境,治理段河道流域均存在河道淤积以及水土流失严重、生态环境脆弱问题,河道未进行过系统的水生态建设,水环境和生态问题突出。

### 8.1.4.3　治理方案

常见河道整治工程中存在的主要问题:横断面和纵断面由于行洪、排涝、航运等整治建设要求,一般均采用几何形态规则化的梯形、矩形等断面形式。自然河流呈现出的蜿蜒形态,急流、缓流、浅滩相间的格局,在河道或航道整治工程中往往被忽视,河道纵、横断面的几何规则化改变了河道深潭、浅滩交错的形态,导致河道生境的异质性降低,水域生态系统的结构与功能随之发生变化,特别是生物群落多样性将随之降低,生态系统走向退化。

本工程通过修复泾河支流香水河、盛义河、涝池河及南沟 4 条河道(下游段)水生态系统,主要通过河道形态保持工程、缓冲带生态修复工程,增强各支流自净能力,有效保证支流进入泾河水质稳定达标。

1. 河道形态保持工程

河道形态保持工程主要包括新建生态堰、砾石河床、生态护岸等工程。在香水河河道内新建多级生态堰,水体自然曝气,减缓水流流速,促使泥沙沉淀;在河道内进行局部水下微地形的改造,构建局部砾石河床,形成多样性的河床基底及流态,改善河道纵断面生境条件;在香水河及涝池河治理段新建生态护岸,确保河岸稳固,减少岸坡水土流失。

1)横断面设计

A. 防护墙设计

通过在河道内生态修复区域设置防护墙,将主河槽与生态修复区分隔,主河槽主要承担泄洪任务,如发生超过 5 年一遇洪水,洪水可翻过修复区进行泄洪,一定程度上保护修复区。防护墙采用浆砌石结构,基础埋深 1.5 m,防护墙高度 0.68 m(与 5 年一遇设计水位持平),保证超 5 年一遇洪水,修复区参与泄洪。

防护墙沟道断面设计见图 8.1-30。

B. 河岸治理设计

针对现状土质缓坡护岸和陡坡护岸进行治理,保证护岸基础稳定,改善坡度,创造利于植物生长的环境。在缓坡地段采用木桩护岸治理,在陡坡地段采用浆砌石挡墙治理,总治理长度 1.70 km。

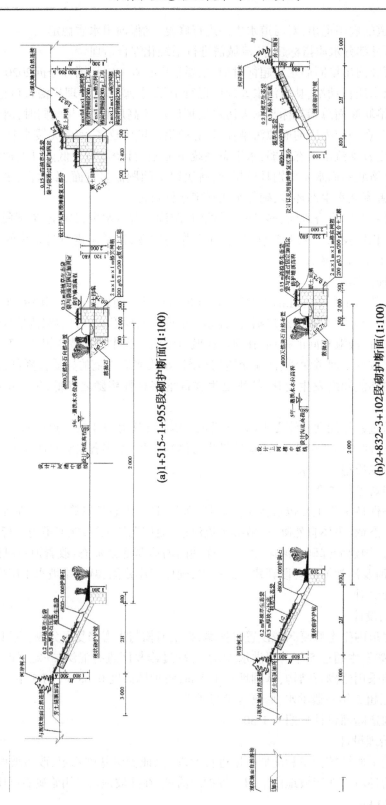

(a)1+515~1+955段砌护断面(1:100)

(b)2+832~3+102段砌护断面(1:100)

图 8.1-30　防护墙沟道断面设计图

a. 木桩护岸设计

在河道土质缓坡地段采用混凝土仿木桩岸坡,以 0.8 m 间距并排打入土中,用来固定不稳定的土质河岸,改善坡度,防止水土流失,创造利于植物生长的环境。每根木桩直径0.15 m、长 3.0 m,地上保留 0.8~1.0 m,每排木桩紧密布置,同时考虑河道内行洪流速较大,木桩内抛填块石稳定木桩,为植物提供稳定的生长基盘。本次木桩护岸治理长度为1.275 km,其中香水河段 0.955 km,涝池河段 0.320 km。

木桩护岸效果见图 8.1-31。

**图 8.1-31　木桩护岸效果**

b. 浆砌石护岸设计

在香水河段河道陡坡地段采用浆砌石挡墙岸坡,浆砌石挡墙高度 2.8 m,顶宽 0.5 m,迎水面坡比 1:0.5,埋入地下 1.5 m,每隔 15 m 设置一道伸缩缝,缝宽 2 cm,缝内采用聚乙烯闭孔泡沫板填充。本次浆砌石护岸治理长度 0.426 km。

2)纵断面设计

现状治理河道段纵向比降为 1/40~1/142,河道局部存在淤积。本次设计尽量保持现有河道的自然比降,通过在香水河河道内布置生态堰及建设砾石河床,减慢河道水流速度,增强河道水质自净能力;设计通过河道局部疏浚,保证泄洪安全。

A. 河道断面设计

本次治理香水河河道河滩部位淤积严重,局部地段长有大量杂草,河道内生活垃圾及农业废弃品有倾倒堆放现象,严重影响村庄人居环境和河流地表水水质,影响河道过洪能力。为了实现河道水环境治理目标,改善人居环境,提高河道过洪能力,清除阻洪杂草和建筑物垃圾等,设计对河道进行清淤。

香水河现状河道断面基本满足 10 年一遇过洪能力,只对局部不满足段进行疏浚扩挖,以现状滩地高程为准,扩挖河道的土方部分用于生态护岸的填筑。

河道疏浚主要位于河道受侵占较为狭窄的部位与河床淤积段,河道疏浚长度 1.251 km,疏浚量 2.36 万 m³,主要用于护岸堤身填筑及采砂坑的修复。

B. 生态堰设计

由于香水河兼顾水库泄洪和沿线山洪沟道泄洪的重任,在河道内营建喷泉和假山将严重阻碍河道行洪,产生防洪隐患,故本次根据河道功能采用多级生态堰跌水的方式形成瀑布进行人工曝气增氧。同时,可利用生态堰渗水速度慢的优势,在生态堰的上游蓄水,以便于水生植物的生长。

　　河道自然曝气增氧是指利用河道自然落差或因地制宜地构建落差工程(瀑布、喷泉、假山等)来实现跌水充氧,或利用水利工程提高流速来实现增氧;人工曝气增氧是指向处于缺氧(或厌氧)状态的河道进行人工充氧,增强河道的自净能力,净化水质、改善或恢复河道的生态环境。该技术具有设备简单、机动灵活、安全可靠、见效快、操作便利、适应性广、对水生生态不产生任何危害等优点,非常适合于城市景观河道和微污染源水的治理。但河流人工曝气增氧-复氧成本较大。

　　本次根据香水河河道整体纵断情况,在河道内共设置生态堰15座(包含2座修复区进水堰和1座现状堰维修);生态堰采用两种样式(阶梯生态堰、汀步生态堰),根据河道比降合理布置;同时设置排沙孔,通过构建多级生态堰的生态工程措施,可有效地增加流经小流域河流水体水深0.2~0.7 m,起到减缓浅流小流域河流流速、沉降悬浮固体、增加跌水等作用,削减流经水体中的氮、磷、泥沙等,强化河流的自净能力,以改善流经水体水质。汀步生态堰效果见图8.1-32。

图8.1-32　汀步生态堰效果

　　阶梯生态堰效果见图8.1-33。

　　C.砾石河床设计

　　a.砾石河床布置

　　本次在香水河新月村至入泾河段3.15 km河道处,结合河道纵向基底特征,进行局部水下微地形的改造,构建局部砾石河床,形成多样性的河床基底及流态,改善河道纵断面生境条件。

　　b.砾间接触氧化技术

　　该技术通过在河流中放置一定量的砾石做充填层,使河流断面上微生物的附着膜变为多层,水中污染物在砾间流动过程中与砾石上附着的生物膜接触沉淀。

　　将泥质河床改造为砾石河床,当水流通过填入砾石河道中时,与砾石充分接触,大大提高了河流的自净能力,有效去除河水中的N、P,保证泾河水质稳定。

**图 8.1-33　阶梯生态堰效果**

c. 填料设计

由于砾石河床设置在泄洪沟内,为了增加砾石河床抗冲刷能力,设计将砾石河床填充料装入格宾网箱内,采用Ⅱ类格宾"低碳钢丝"+"锌–5%铝–稀土合金镀层"结构,编织丝网编织成六边形双绞合网,网目尺寸 60 mm×80 mm,网丝直径 2.2 mm,边丝直径 2.7 mm,绞合长度≥50 mm,绑扎丝直径 2.2 mm,网片沿纵向(X 方向)的抗拉强度应大于 30 kN/m。

设计砾石河床格宾网箱 0.5 m×1 m×2 m,网箱内上层设置 0.2 m 厚卵石,下层布置 0.3 m 厚人工火山岩;人工火山岩与天然火山岩相比,对水中氮磷去除效果较好,本次设计填料采用人工火山岩作为砾石河床内填料。

砾石河床示意图见图 8.1-34。

**图 8.1-34　砾石河床示意图**

2. 缓冲带生态修复工程

本次设计对河流缓冲带的定义:由水生植物、乔木、灌木、草等组成的水域与陆地之间具有一定宽度的植被缓冲区域,起到阻控面源污染、提升水体自净力、降低人类活动对河流负面影响的作用,同时,污染物排入河流之前采用的人工湿地、养分拦截沟渠、生态围堰、植草沟等生态处理措施,由于具有水质净化、降低氮磷污染物入河等作用,也可归入生态缓冲带范围。

缓冲带范围示意图见图 8.1-35。

本次河道缓冲带生态修复主要包含三部分:陆域缓冲带修复、岸坡带植被修复和河漫滩生态修复。

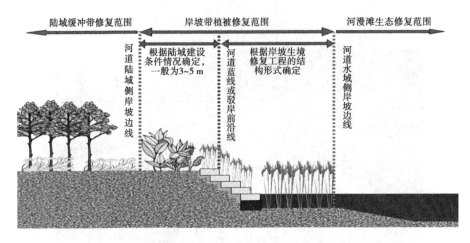

**图 8.1-35　缓冲带范围示意图**

（1）陆域缓冲带修复：在香水河治理段 1.35 km 及泾河左岸 0.6 km 河道陆域缓冲带进行修复，通过种植乔灌木及牧草，增强对地表径流的渗透能力和减小径流流速，提高缓冲带的沉积能力，减少河道两岸污染物进入水体。

（2）岸坡带植被修复：在香水河治理段 3.15 km 及涝池河入泾河河口段 0.16 km 进行岸坡带植被修复工程，改善河岸生态环境，减少岸坡水土流失。

（3）河漫滩地水生态修复：在香水河治理段及涝池河、南沟入泾河河口段的 3 处河漫滩地，完成河漫滩地水生态区修复，进一步改善河道水生态环境，构建良好的生物生息环境。

1）陆域缓冲带修复设计

本次设计陆域缓冲带修复区域主要为香水河及泾河河道管理范围内，缓冲带设计长度 1.95 km，宽度为 10～30 m；项目区河道管理范围确权已完成。

本次在设计陆域缓冲带区域结合项目地实际情况，选择种植乔木、灌木与草籽，落叶与长青交错布置，同时结合景观布置选择柽柳、红叶李、青杆、榆叶梅、小叶杨、黄杨球、侧柏球、贴梗海棠、雪松、垂柳 10 种树种进行种植，选择适合项目区的草籽进行播散种植。

2）岸坡带植被修复设计

A. 生态袋护坡

通过人工在边坡坡面布置生态袋防护措施。河道附近冲刷相对较大，采用生态袋护坡，现状已砌护断面采用格宾网箱与现状护坡固定，网箱内布置生态袋；未砌护断面生态袋分层叠放，袋与袋之间采用连接扣固定，保证护坡稳固。生态袋内内置草籽均选用当地牧草，以满足成活率。在堤防土堤段直接播撒草籽，播撒密度为 30 g/m²。岸坡坡脚布置单排直径 600～800 mm 景观石，起到稳固坡脚种植土及美观作用。

生态袋护坡设计见图 8.1-36。

B. 岸顶固堤乔木

香水河河道岸顶种植单行乔木，起到稳固河堤作用，本次种植乔木选用油松（$h$ 为 1.81～2 m），株间距 4 m。

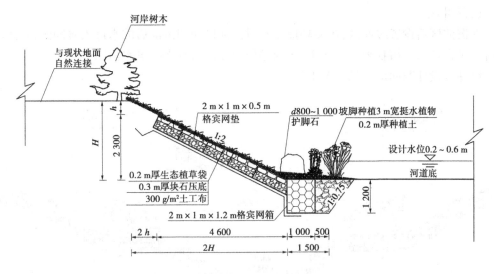

**图 8.1-36 生态袋护坡设计** （单位：mm）

C. 坡脚水生植物

在香水河河道两岸治理段岸坡坡脚 3 m 宽度范围内布置，考虑到河道承担泄洪任务，本次选用相对低矮的香蒲和菖蒲进行种植，种植密度 16 株/m²，种植土换填厚度 0.2 m。

3) 河漫滩生态修复设计

河漫滩生态修复区工程主要建设内容包括土方调整、水生植物种植、跌水汀步以及强化处理措施建设。

生态修复区系统净化处理流程为香水河河水→取水口→输水管线→沉淀区→缓冲区→水质净化区→水质稳定区→展示区→下游河道。

A. 沉淀区

在生态修复区系统的最前端设置沉淀区，主要功能是对进入生态修复区的河水进行初期沉淀，沉淀河水所挟带的泥沙，去除悬浮物，主要种植挺水植物和沉水植物。

沉淀区设计断面形式见图 8.1-37。

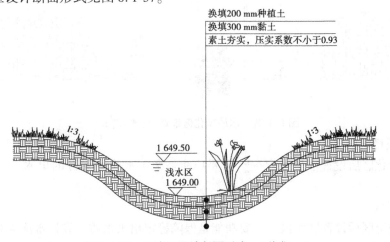

**图 8.1-37 沉淀区设计断面形式** （单位：m）

B. 缓冲区

在沉淀区后设置缓冲区,主要功能是经过沉淀区初期沉淀后的水进入缓冲区,此区域通过大量密植水生植物来净化河水,主要种植净化能力较强的挺水植物。

缓冲区设计断面形式见图 8.1-38。

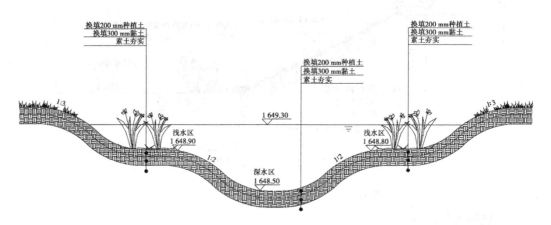

**图 8.1-38 缓冲区设计断面形式** (单位:m)

C. 水质净化区

缓冲区后设置水质净化区。通过在底部敷设填料,为生物膜提供附着床,通过填料层的沉淀、吸附、微生物作用进一步净化水质,是表流生态修复区的核心区域,起主要净化功能。

考虑到项目所处地理位置冬季气温低等气候因素,为保证生态修复区对 N 和 P 等污染物的高效净化效果,主体基质填料选用卵石,搭配使用富含钙、镁等具有专性功能的基质填料,即微生物固定化填料,以强化氮、磷去除效率。

水质净化区设计见图 8.1-39。

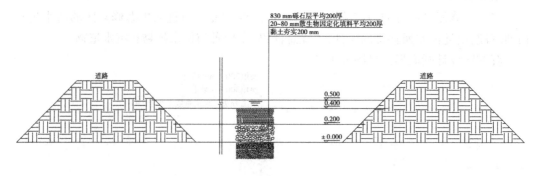

**图 8.1-39 水质净化区设计** (单位:m)

D. 水质稳定区

水质净化区后设置水质稳定区。主要功能是稳定水质净化区的出水。设计水深为 0.5 m。

E. 展示区

水质稳定区后设置展示区。主要功能是保障稳定出水水质。设计水深为 0.5 m。

F.水生植物设计

水生植物是生态修复区的重要组成部分。生态修复区的水生植物主要包括挺水植物、沉水植物和浮水植物。不同植物种群配置对生态修复区净化能力的影响不同,不同的植物类型对不同的污染物质具有一定的针对性。

本项目根据泾源县实际情况,同时考虑香水河承担泄洪任务,本次取消植株根茎较高的挺水植物种植,选择低矮的挺水植物及浮水水生植物、沉水水生植物为主。选择荷花、睡莲、香蒲、菖蒲、黄花鸢尾、千屈菜、黑藻、苦草植物作为生态修复区的优势建群种,同时考虑其他宁夏回族自治区特有水生植物的搭配。

#### 8.1.4.4 项目总结

本工程已于 2022 年 11 月完工。本工程在香水河、盛义河、南沟和涝池河流域内对现有河道水生态进行修复,使河道逐渐恢复原有生态,同时可以在一定程度上减少流域内面源污染进入河流水体。工程的建成可改善区域内的水体水质,逐步恢复受损河道两岸的生态环境,一定程度上保证泾河流域内水质稳定。河水水质的改善和河道景观的提高还将使沿岸居民的生活环境得到改观。

工程建成后实景照片见图 8.1-40。

**图 8.1-40 工程建成后实景照片**

### 8.1.5 永定河(武清段)河道综合治理与生态修复工程

#### 8.1.5.1 项目区基本情况

1.地理位置

武清区是天津市下辖的市辖区,位于天津市西北部,海河水系中下游,地理坐标为东经 116°46′43″~117°19′59″,北纬 39°07′05″~39°42′20″。东西宽 41.78 km,南北长 65.22 km,北阔南狭。武清区地处华北冲积平原下端,地势平缓,自北、西、南向东南海河入海方向倾斜,海拔高度最高 13 m,最低 2.8 m。

永定河位于海河流域北部,发源于内蒙古高原的南缘和山西高原的北部,东邻潮白、北运河系,西临黄河流域,南为大清河水系,北为内陆河。永定河上游有桑干河、洋河两大支流,桑干河发源于山西省宁武县,经大同、阳原盆地进入石匣里山峡;洋河上游分东、西、南三源,于柴沟堡汇流后称洋河。桑干河、洋河在怀来县朱官屯汇合后称永定河,注入官厅水库。在库区纳妫水河,经官厅山峡,于三家店进入平原。三家店以下中下游河道分为 4 段:三家店至卢沟桥段、卢沟桥至梁各庄段、永定河泛区和永定新河。永定河全长 612 km,武清区段永定河位于永定河泛区内,起点为邵七堤村北侧,终点为与北辰区交界的马家口村。河道全长 27.82 km,涉及 3 个(街)镇 31 个村庄。

　　永定河流域面积 47 016 km²,其中官厅水库以上流域面积 43 480 km²,官厅至三家店区间面积为 1 583 km²,三家店以下平原面积为 1 953 km²,山区面积占全流域面积的 95.8%。行政区划分属内蒙古、山西、河北、北京、天津等 5 省(直辖市、自治区)。

　　工程区范围内泛区左岸沿线还有新龙河、龙凤河故道等汇入。

　　永定河河道内无日常基流,导致永定河围垦河道、平槽造滩耕种问题极为普遍,局部河段主槽形状已不明显,于主槽行洪能力显著下降。同时,两岸百姓为了生产、生活通行方便,于主槽填筑了多条阻水隔埝,严重阻碍行洪,多处河段甚至直接被改造成鱼池。河道内杂草丛生,生态环境及水景观效果较差。

　　由于历史原因,永定河泛区形成了分区滞洪的格局。本次武清区永定河分区隔埝主要有北前卫埝、南围埝、北围埝和新龙河右埝,总长 41.55 km,由于是群众自发修筑加固而成,缺少统一规划,埝顶起伏较大,宽窄不一,局部边坡陡,还存在缺口断堤不连续、不完整等问题,无法满足分区运用要求。

　　邵七堤村段河道现状见图 8.1-41。

图 8.1-41　邵七堤村段河道现状

罗古判村段河道现状见图 8.1-42。

图 8.1-42　罗古判村段河道现状

**2. 河道水质现状**

参考永定河监测数据以及相关报告,认为河道中大部分区域水体重金属浓度低于检出限。因此,设计中不考虑重金属影响,只计算 DO、NH$_3$-N、高锰酸盐指数和 TP。

河道中阻水隔埝又使河道中的水体无法置换,水质较差,为劣 V 类。取永定河武清段出境监测断面马家口站逐月水质监测资料可知,永定河武清段主要超标项目为 NH$_3$-N和 TP,超过地表 V 类水标准,超标率分别为 46.15%和 56.41%,最大超标倍数达 3.2 倍和4.1 倍。

从时间上来看,永定河中各污染物浓度存在较明显的季节性变化规律。枯水期水量较小,高锰酸盐、NH$_3$-N、TP 等污染物随上游来水汇入永定河中,污染物浓度增加。平水期永定河流量略微增加,河流中污染物一方面随水流进入下游河道,另一方面通过水体的自净作用进行降解,污染物浓度略微下降。丰水期雨水丰沛,土壤中堆积的化肥等营养物质随径流汇入永定河,致使河流中高锰酸盐指数、NH$_3$-N、TP 等浓度再次增大。

马家口断面水质变化趋势见图 8.1-43。

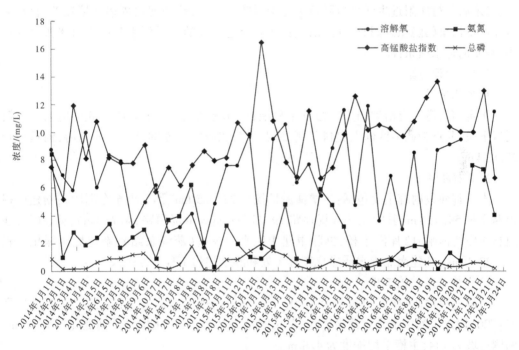

**图 8.1-43　马家口断面水质变化趋势**

### 8.1.5.2　存在问题

经综合分析,目前永定河在工程方面、水生态方面及河道管理等三方面存在如下问题。

**1. 工程方面**

(1)河道主槽淤积,影响行洪安全。

根据水利部于 2008 年 2 月批复的《永定河系防洪规划》,永定河泛区主槽龙河口(桩号 7+800)以上按 400 m³/s 整治,龙河口(桩号 7+800)以下按 600 m³/s 整治,新龙河泛区段按 200 m³/s 整治。永定河经过多年行洪排涝、围垦河道、平槽造滩耕种,局部河段主槽形状已不明显,主槽行洪能力显著下降。

(2)子埝薄弱、不连续,堤顶为土路,巡查交通不便。

2. 水生态方面

河道生态水量不足,景观效果差。近年来,永定河几乎无上游来水,天然径流量很少,常年干涸。部分河道存蓄沿线涝水,河道生态水量不足,已治理完成的永定河北围埝、南围埝虽已满足泛区防洪要求,但堤坡为土堤,无生态绿化措施,生态景观效果较差。

3. 河道管理方面

(1)部分滩面围垦严重。

河道沿线部分区段均不同程度地存在围垦、养殖、温室大棚、果树、林木等占用滩地,特别是东洲至老米店约 5 km 区域主槽两侧滩地,果树、林木等占用滩地尤为突出。

(2)临河段村庄侵占河滩地、垃圾污水入河问题突出。

罗古判、杨营村、甄营村及老米店等村庄均在河道沿岸,部分房屋占压堤防、河道滩地;老米店等村庄附近生活垃圾随意丢弃于堤防河道旁,致使河道周边环境较差,存在对水体产生污染的隐患。同时,河道沿线村庄未经过处理的生活污水与雨水直接排至河道中,致使河道水质条件较差。

#### 8.1.5.3　治理方案

1. 工程范围

永定河河道综合治理与生态修复工程项目(水务部分)位于天津市武清境内永定河泛区下段,起点为武清区邵七堤村北侧,终点为与北辰区交界的马家口村下游,河道全长27.82 km。

2. 工程措施

本工程建设内容主要包括:主槽清淤扩挖长 22.085 km(邵七堤至东洲段);新建巡视道路全长 54.53 km(其中宽 5 m 堤顶路 19.75 km、宽 3 m 堤顶路 34.78 km);新建配套建筑物 4 座拦河闸、12 座漫水桥,拆除重建 1 座水源泵站(茨洲泵站);新建堤岸绿化工程428.23 万 m²;新建南北寺水质净化工程 1 处和滩地整治工程。

1)主槽清淤扩挖工程

对邵七堤村北侧(河道桩号 0+120)至东洲村南侧老米店安全区北端部(河道桩号21+720)段永定河主槽进行清淤扩挖,总长度为 22.085 km。主槽设计河底宽度为 50 m,两侧边坡为 1:4,主槽平均深度为 4.8 m。

对两侧小埝加培后作为巡视道路,堤埝参照 5 级堤防标准设计,埝顶设计超高 0.5 m,两侧边坡坡比 1:2.5,堤型为均质土堤梯形断面,堤身填筑土料压实度应不小于 0.91。

2)堤岸绿化工程

新建堤岸绿化工程面积为 428.23 万 m²,主要包括永定河泛区两侧绿化堤埝岸坡长度 48.36 km,绿化面积 134.84 万 m²;新龙河绿化堤埝长度为 18.76 km,绿化面积为40.95 万 m²;增产河绿化堤防长度为 20.3 km,绿化面积为 39.7 万 m²;北运河绿化堤防长度为 8.47 km,绿化面积为 12.74 万 m²;滩地绿化为主河道上开口两岸 30 m 宽的滩地绿化和 12 m 宽的主河槽边坡绿化,绿化面积分别为 127.1 万 m² 和 72.9 万 m²。

3）新建南北寺水质净化工程

本次水质净化工程建设范围为河道桩号 17+950~20+200 段,占地面积 20.6 hm²,有效处理面积 17.7 hm²。

4）滩地整治工程

本次滩地整治工程主要是针对河道主槽扩挖段,即邵七堤村北侧(河道桩号 0+120)至东洲村南侧老米店安全区北端部(河道桩号 21+720)之间,河道主槽上开口至南北两侧围埝之间除林地和坑塘水面外的耕地、草地等进行土地平整和整治,主要措施包括表层熟土剥离、土方摊铺、表土恢复、土地平整和土地复耕等,整治面积为 9 452.8 亩。

3. 生态补水

1）水量现状

武清区永定河上游无水入境,由于天津市水资源紧张,在上游无分水的情况下缺水量较大,无法完全满足永定河的生态用水需求。因此,在无分水的情况下,本工程生态补水方案只考虑永定河武清区段的生态需水量。

永定河泛区上游有官厅水库、永定河滞洪水库蓄水,河道上有卢沟桥枢纽、梁各庄节制闸、东张务节制闸、老米店防洪闸等工程控制。由于近几十年来的干旱和上游工程控制,永定河河北入武清永定河断面来水多年平均流量为 0。

新龙河入武清来水量由廊坊市东张务闸控制,一般在春季雨后开 1 孔闸,提闸下泄规模约 2 m³/s,时间 1 d;汛期前开 2~3 孔,下泄规模约 5 m³/s,时间 2~3 d;其余时间新龙河来水量为 0。

龙河水质较差、龙河水量较大时,关闭大南宫闸和南三孔节制闸,闸前水位抬升后自流进北场泵站,北场泵站泄水规模 4 m³/s,下泄水量经引渠沿线供灌溉后剩余水量入新龙河,入新龙河水量无监测。

龙凤河通过秦黄干渠引水,沿线供灌溉及河道生态用水。至东蒲洼街大南宫闸分流部分水量入龙凤河故道。龙凤河故道通过东洲泵站和茨州泵站与永定河连通。东洲泵站闭闸后,水位抬升足以使小营闸引水至二十八支渠,通过茨州泵站控制下泄水量进永定河,茨州泵站泄水规模 8 m³/s,下泄流量无监测。

河道内生态补水水量可利用北场泵站、茨洲泵站和东洲泵站在非灌溉期由水闸管理部门联合调度,通过已有渠系及河道补水至工程区范围。

2）生态需水量

保障生态环境需水量是恢复河流生态功能、维持河流生态健康、打造河流生态廊道的关键因素。国务院批复的《海河流域综合规划(2012—2030 年)》(国函〔2013〕36 号),从水量、水质和生态环境三个要素,明确了永定河生态功能定位,平原段应恢复水体连通和景观环境功能。

永定河武清区段常年干涸,已丧失自然河流特性。鉴于天津市缺水现状,本次生态需水量的计算,仅考虑维持河流生态环境功能不丧失的最小水量,即基本生态环境需水量。考虑永定河武清区段的水体连通功能,本次基本生态环境需水量包括水面蒸发损失水量、渗漏损失水量、绿化灌溉需水量。

(1)水面蒸发损失水量。现状永定河武清区河道常年干涸,工程实施将形成连续水面,蒸发损失增大,本次考虑对水面增加造成的水量损失进行补水。

根据水面面积、降水量、水面蒸发量计算各月的蒸发生态需水量。根据武清区气象站降雨及蒸发资料统计,多年平均水面蒸发量为 1 084.40 mm,多年平均降雨量为 557.3 mm。经计算,本河段蒸发损失水量为 162.17 万 $m^3$。

(2)渗漏损失水量。采用经验公式法,根据渗漏损失系数与水面面积计算渗漏损失水量。永定河渗漏量一般为 1~3 mm/d。经计算,河道渗漏损失水量为 212.90 万 $m^3$。

(3)绿化灌溉需水量。本河段两侧堤坡建设植被绿化工程,绿化植被从河道取水灌溉。

采用单位面积用水量法计算绿化灌溉需水量,参考天津市用水定额资料,绿化用水取 0.80 $m^3/(m^2 \cdot a)$,工程建设绿化面积约 246 $hm^2$,经计算,本河段绿化灌溉需水量为 243.64 万 $m^3$。

综上所述,本工程生态需水量为 618.71 万 $m^3$,其中永定河 4#拦河闸以上河段为 321.67 万 $m^3$,永定河 4#拦河闸以下河段为 175.87 万 $m^3$,新龙河为 121.17 万 $m^3$。

3)生态补水方案

永定河东洲以上现状大部分河段断流,只在下游段有少许水量。通过调度东洲、茨州、北场扬水站,并疏通部分干渠,从北运河、龙凤河故道向永定河补水。永定河在北辰区庞嘴村与北运河交汇,因此东洲以下段可利用北运河来水,以保障河道生态水量。永定河引水工程线路见图 8.1-44。

图 8.1-44　永定河引水工程线路

本工程位于武清境内,由于北运河水量汛期水量较为丰沛,因此考虑从北运河补给方案。本次水量平衡分析武清全区水量平衡。

4. 水量平衡分析

1) 来水分析

来水量包括上游入境水量与武清区引水量,主要为北运河来水,由于北运河来水已经计入武清区历年引水量中,因此本次计算不再重复考虑,来水量按青龙湾减河(3.2 亿 $m^3$)来水及武清区引水(2.97 亿 $m^3$)考虑。

2) 用水分析

区域用地表水用水主要包括武清区农业灌溉用水。农业用水量采用《天津市现代灌溉发展规划(2012—2020 年)》中的数据。规划 2020 年农业用水量为 2.33 亿 $m^3$。

河道内用水主要包括河道内水体的蒸发渗漏及河道内绿地用水量。

按照河道内生态水量分析的计算方法,估计北运河及龙凤河的蒸发渗漏量为 1 859 万 $m^3$。北运河河道内湿地及绿化用水量为 2 760 万 $m^3$。

本次项目区规划范围内永定河生态需水量为 0.062 亿 $m^3$。

5. 生态补水方案

根据典型年水量平衡分析,规划 2020 年典型年份农业用水的月份均缺水。因此,上半年 3—5 月基本无水可引,可考虑 8 月、9 月减少土门楼向青龙湾减河的泄量,增加北运河向龙凤河的引水量,通过龙凤河向永定河补水。

#### 8.1.5.4　项目总结

本次武清区永定河综合治理与生态修复工程以防洪安全为前提,通过清淤扩挖河道主槽满足防洪要求;新建巡视道路工程满足河道汛期及日常的巡视要求;新建蓄水闸、泵站等工程调蓄生态水量;新建漫水桥工程满足两岸居民的通行要求;新建堤岸绿化工程和水质净化工程形成绿色生态廊道、改善水环境;新建滩地整治工程改善耕种条件。

### 8.1.6　兴庆区水系连通工程

#### 8.1.6.1　项目区基本情况

1. 地理位置

银川市兴庆区,隶属宁夏回族自治区首府银川市,是首府银川市的核心区,自治区科技、文化、教育、经济、金融和商贸物流中心。兴庆区位于银川市东部,东与内蒙古自治区鄂托克前旗接壤,西临唐徕古渠,南北分别与灵武市、永宁县、贺兰县、平罗县接壤,辖区总面积 828 $km^2$,下辖 11 个街道办事处、2 个镇、2 个乡。

2. 排水体系现状

兴庆区黄河以西部分总面积 296 $km^2$。区域排水体系较为完善,辖区排水干、支沟共计 18 条,总排水干沟 1 条,干、支沟 17 条,总长度 154.9 km。总排水干沟为滨河水系,长度 49.4 km,位于滨河路东侧,自南向北布置,汇集了银川市部分排水干、支沟的水量后统一排入黄河。主要排水干沟 4 条,长度 116.54 km,分别为永二干沟、银东干沟、银新干沟(含城市四排)、第二排水沟。排水干沟东西向布置,跨滨河路入滨河水系。排水支沟 13 条,长度 105.47 km,排水支沟南北方向布置,排入沿线的各排水干沟,主要有四三支沟、二二支沟等。

兴庆区(河西)河流、沟道调查见表8.1-1。

表 8.1-1　兴庆区(河西)河流、沟道调查

| 序号 | 河流、沟道名称 | 类型 | 地理位置概况 | | | 说明 |
|---|---|---|---|---|---|---|
| | | | 总长度/km | 兴庆区辖区内 | | |
| | | | | 流经 | 长度/km | |
| 1 | 黄河 | 河道 | 5 464 | 掌政镇永南村、碱富桥村、强加庙村;通贵乡河滩村、通南村、通贵村、通北村;月牙湖乡月牙湖村,滨河一、二、三、四、五村;月牙湖治沙林场 | 45.5 | 途经掌政镇、通贵乡、月牙湖乡 |
| 2 | 滨河 | 总干沟 | 49.4 | 掌政镇永南村、碱富桥村、强加庙村;通贵乡河滩村、通南村、通贵村、通北村 | 26.80 | 入黄河 |
| 3 | 永二干沟 | 干沟 | 33.2 | 胜利街、大新镇上前城村、塔桥村;掌政镇春林村、掌政村、五渡桥村、碱富桥村、镇河村、强家庙村;通贵乡河滩村、通南村 | 24.07 | 入滨河 |
| 4 | 银东干沟 | 干沟 | 15.71 | 掌政镇杨家寨村、镇河村;通贵乡通南村 | 15.71 | 入滨河 |
| 5 | 银新干沟(含城市四排) | 干沟 | 23.70 | 丽景街街道办事处,大新镇 | 5.52 | 入滨河 |
| 6 | 第二排水沟 | 干沟 | 43.93 | 胜利街街道办事处、银古路街道办事处、大新镇大新村、新水桥村 | 10.29 | 入滨河 |
| 7 | 黄羊沟 | 支沟 | 5.92 | 司家桥村、河滩村、通南村 | 5.92 | 入滨河 |
| 8 | 南大沟 | 支沟 | 6.02 | 通南村、通贵村 | 6.02 | 入八一沟 |
| 9 | 八一沟 | 支沟 | 6.48 | 通南村、通贵村 | 6.48 | 入滨河 |
| 10 | 七一沟 | 支沟 | 9.79 | 通南村、通贵村、通北村 | 9.79 | 入滨河 |
| 11 | 西丰沟 | 支沟 | 8.80 | 通贵村、通北村 | 7.02 | 入滨河 |

续表 8.1-1

| 序号 | 河流、沟道名称 | 类型 | 地理位置概况 | | | 说明 |
| --- | --- | --- | --- | --- | --- | --- |
| | | | 总长度/km | 兴庆区辖区内 | | |
| | | | | 流经 | 长度/km | |
| 12 | 二二支沟 | 支沟 | 4.33 | 长庆石油基地;大新镇燕鸽村、茂盛村 | 4.33 | 入第二排水沟 |
| 13 | 四三支沟 | 支沟 | 40.00 | 掌政镇掌政村、碱富桥村、洼路村、镇河村;镇贵乡通西村 | 8.84 | 入永二干沟、银东干沟、第二排水沟 |
| 14 | 四三二分沟 | 支沟 | 11.66 | 掌政镇永南村、碱富桥村、强家庙村;通贵乡司家桥村 | 11.66 | 入永二干沟、银东干沟 |
| 15 | 跃进沟 | 支沟 | 5.39 | 通贵村、通西村 | 5.39 | 入第二排水沟 |
| 16 | 双坟沟 | 支沟 | 1.27 | 永南村 | 1.27 | 入滨河 |
| 17 | 春林沟 | 支沟 | 0.85 | 春林村 | 0.85 | 入永二干沟 |
| 18 | 星火沟 | 支沟 | 1.80 | 洼路村 | 1.80 | 入四三支沟 |
| 19 | 大浪湖沟 | 支沟 | 3.16 | 镇河村 | 3.16 | 入清水湖 |
| | 沟道合计 | | 271.41 | | 154.92 | |

**3. 湖泊、湿地现状**

兴庆区现有湖泊、湿地共 27 处,总面积 2.06 万亩。其中,较大型湖泊(≥1 000 亩)6 处,水域面积 1.38 万亩;中型湖泊(≥500 亩,<1 000 亩)4 处,水域面积 0.31 万亩;500 亩以下的小型湖泊 17 处,水域面积 0.37 万亩。

已连通湖泊、湿地有 7 处,水域面积 1.13 万亩,占总面积的 55%;具有稳定岸线(防护措施较完善,有环湖路、防护林)的湿地水系 23 处,水域面积 1.86 万亩,占总面积的 90%。

已实施连通和岸线情况统计见表 8.1-2。

表 8.1-2　已实施连通和岸线情况统计

| 行政区 | 连通(7 处)占总面积的 55% | 稳定岸线(23 处)占总面积的 90% |
|---|---|---|
| 兴庆区 | 北塔湖、徕龙湖、阎家湖、清水湖、滨河大道西边水系、滨河湿地水系、高尔夫湖 | 北塔湖、小园湖、徕龙湖、丽景湖、中山公园银湖、阁第湖、西燕鸽湖、东燕鸽湖、碱湖、春林湖、石油城水道、孔雀湖、獐子湖、獐子湖南侧水道、鸣翠湖、典农湖、赵家湖、黄河渔村人工湖、高尔夫湖、惠东湖、贺兰山路水系、滨河大道西边水系、滨河湿地水系(除大浪湖、周家大湖、阎家湖、清水湖外的其他湖泊) |

银川市兴庆区湖泊水系调查见表 8.1-3。

表 8.1-3　银川市兴庆区湖泊水系调查

| 序号 | 湖泊名称 | 面积/亩 | 岸线长/km | 湖泊类型 | 责任单位 | 补水 |
|---|---|---|---|---|---|---|
| 1 | 北塔湖 | 1 220 | 10.02 | 公园湖 | 丽景街办事处 | 唐徕渠 |
| 2 | 小园湖 | 400 | 2.10 | 景观湖 | 胜利街办事处 | 唐徕渠 |
| 3 | 徕龙湖 | 183 | 3.73 | 公园湖 | 胜利街办事处 | 唐徕渠 |
| 4 | 丽景湖 | 135 | 1.87 | 公园湖 | 银古路办事处 | 红花渠 |
| 5 | 中山公园银湖 | 113 | 2.36 | 公园湖 | 解放西街办事处 | 唐徕渠 |
| 6 | 阁第湖 | 185 | 1.35 | 生态湖 | 大新村 | 大新渠 |
| 7 | 西燕鸽湖（含孔司路与银横路水道） | 325 | 2.87 | 生态湖 | 燕鸽村 | 大新渠 |
| 8 | 东燕鸽湖 | 56 | 0.81 | 生态湖 | 燕鸽村 | 小新渠 |
| 9 | 碱湖(含水道) | 895 | 5.75 | 生态湖 | 杨家寨村、孔雀村 | 孔北渠 |
| 10 | 春林湖 | 174 | 1.77 | 自然湖 | 春林村 | 孔北渠 |
| 11 | 石油城水道（京藏高速西侧） | 192 | 3.88 | 生态湖 | 杨家寨村、孔雀村 | 孔北渠 |
| 12 | 孔雀湖 | 522 | 2.94 | 生态湖 | 孔雀村 | 大新渠 |
| 13 | 獐子湖 | 1 391 | 5.08 | 生态湖 | 塔桥村 | 大新渠 |
| 14 | 獐子湖南侧水道 | 113 | 2.66 | 自然湖 | 塔桥村 | 大新渠 |
| 15 | 鸣翠湖 | 2 682 | 12.19 | 公园湖 | 掌政村 | 掌一渠 |
| 16 | 大浪湖 | 98 | 1.63 | 自然湖 | 镇河村 | 大银河渠 |
| 17 | 闫家湖 | 462 | 3.95 | 自然湖 | 碱富桥村 | 闫生明渠 |

续表 8.1-3

| 序号 | 湖泊名称 | 面积/亩 | 岸线长/km | 湖泊类型 | 责任单位 | 补水 |
|---|---|---|---|---|---|---|
| 18 | 清水湖 | 1 084 | 6.53 | 自然湖 | 镇河村 | 大银河渠 |
| 19 | 典农湖 | 66 | 0.88 | 生态湖 | 掌政村 | 掌二渠 |
| 20 | 赵家湖 | 737 | 5.89 | 生态湖 | 掌政村 | 掌二渠 |
| 21 | 周家大湖 | 357 | 2.60 | 自然湖 | 五渡桥村 | 杨湖渠 |
| 22 | 黄河渔村人工湖 | 322 | 6.21 | 景观湖 | 掌政村 | 贺家渠 |
| 23 | 高尔夫湖 | 985 | 3.62 | 景观湖 | 碱富桥村 | 永一支渠 |
| 24 | 惠东湖 | 240 | 3.72 | 生态湖 | 永南村 | 惠农渠 |
| 25 | 贺兰山路水系(通贵段) | 281 | 13.74 | 生态湖 | 通西村、通北村 | 农田排水 |
| 26 | 滨河大道西边水系 | 2 027 | 52.77 | 生态湖 | 掌政镇、通贵乡 | 农田排水 |
| 27 | 滨河湿地水系 | 5 386 | 76.85 | 生态湖 | 掌政镇、通贵乡 | 农田排水 |
| | 合计 | 20 631 | 237.77 | | | |

#### 8.1.6.2  存在问题

(1)水系不连通,湖泊面积逐渐萎缩。

银川市兴庆区深居西北内陆高原,属于典型的半干旱气候,具有气候干燥、风大沙多的特点。区内自产水资源量少质差,属资源型缺水地区,经济社会发展主要依赖过境黄河水。一方面,由于自然条件所限,银川市境内降雨量小、蒸发量大,生态补水困难,允许耗用黄河水资源量大部分用来生产生活用水,可以用来湿地补水的少之又少,无法满足湿地维持现状的需水量,导致部分湖泊、水系的面积萎缩,长期只能在小水位运行。另一方面,由于河湖水系不连通、水体不流动、水力联系差,水动力不足,导致部分沟道水量大而不能充分补充到河湖、水系中,白白地流失掉,而部分沟道又长期处于小水位,水生态水环境面临巨大压力,导致水生动植物生长栖息环境破坏、水生态功能退化等问题。

目前,兴庆区东部部分具备水系连通条件的河湖湿地尚未实现连通(如獐子湖、孔雀湖、春林湖、碱湖等),补水、换水、排水条件差,自然修复能力弱,湖泊湿地的生态功能与经济社会发展的需求不相适应。

四三支沟、二二支沟、银东干沟等维持河湖水系正常生态需水量不足,水体流动性差,河湖水系的生态功能难以正常发挥。

(2)水体富营养化。

目前,兴庆区境内的沟道、水系、湖泊湿地最主要的补水来源是农田灌溉退水。随着城镇化、工业化进程加快,农村生活废水、农用化肥、农药残留、畜禽养殖废弃物已成为环境的四大污染源,这些面源污染物通过灌溉用水带入沟道,进而随沟道退水进入湖泊湿地,使得这些水体受到污染,加之水产养殖过量投入营养物质等原因,造成水系、湖泊水中

的 $COD_{CR}$、$BOD_5$、$NH_3-N$、$TP$ 等污染物指标往往较高,藻类种类和种群相对密集,导致水质恶化,威胁到水生生物多样性。

(3)沟道、水系、湖泊的泥沙淤积。

兴庆区的自然禀赋决定了区域植被覆盖度较低,土壤结构较松散,自然地质有沙化现象。湖泊是人工湿地的重要形式之一,而部分湖泊的主要补水方式是通过渠道补水和沟道退水,这些渠道和沟道的水又来自于黄河,黄河含沙量大,流经时带来了大量的泥沙,长期补水又导致渠道、沟道、湖泊的泥沙淤积。

(4)水系、湖泊的盐渍化。

目前,兴庆区水系、湖泊的补水多数来自农田灌溉退水和经过城市污水处理厂的达标排放的污水,大量的农田灌溉水退水到水系、湖泊中,一些城市处理过的污水也随排水沟流入到水系、湖泊中,农田灌溉退水和污水厂处理过的污水中所挟带的盐分残留到土壤上,且银川市的气候较为干燥,蒸发量大,大量的蒸发带走土壤中的水分,随着浅层地下水位下降,将盐分留在土壤中,土壤盐分越来越多,导致水系、湖泊的盐渍化,而部分植物无法适应高盐的土壤,渐渐出现了植被退化的现象,进而导致生态环境被破坏,水系、湖泊的生态功能也受到影响。

(5)水系、湖泊的环境破坏。

人类活动和自然生态息息相关,人类活动离不开自然生态,也影响着自然生态。随着城市建设、经济发展,人们的生活质量在不断提高,压力也在不断增大,亲近大自然成为部分人群释放压力、享受生活的方式。随着越来越多的人走进大自然,在享受大自然带给人们的美好时,一些人出现了不文明现象,随地践踏植被、乱扔废弃物,这些不文明行为也使得水系、湖泊环境遭到了破坏。

(6)管理能力有待加强。

近年来,兴庆区政府在兴庆区范围内修建了大量的水系、湖泊、湿地公园等,并逐步改善了各个沟道环境,加强了水利基础设施的建设,为沟道、水系、湖泊、湿地公园的全面保护奠定了基础。但是,还有相当一部分水系、湖泊、湿地未能受到严格保护。目前,执法监管方面存在河湖管理保护执法队伍人员少、装备落后,多部门联合执法机制尚未形成,执法手段软化、执法效力不强,河湖日常巡查制度不健全、震慑效果不明显等问题。同时,沟道、水系、湖泊等保护资金还不充足,地区财力难以列支生态保护管理经费,管理可持续性还有待提高。

### 8.1.6.3　治理方案

1. 两湖(碱湖、清水湖)整治工程

本方案以湖区绿化为主要措施,以补植植物为主,坚持突出生态,尽量保留原有的植物群落及生态群落,做到乔-灌-草的合理搭配,切实发挥植被的生态功能。对水边岸坡进行生态防护,对湖周进行绿化、休闲观光、体育健身等游憩设施建设。

2. 二二支沟整治工程

1)沟道清淤疏浚措施设计

(1)清淤段选择。

针对沟道污泥淤积和沟道被挤占的现状,考虑对五燕路至第二排水沟段沟道进行清淤疏浚及岸线整理,长度 4.34 km。

（2）清淤方案。

沟道清淤疏浚采用长臂反铲挖掘机配人工平整的方式进行。施工过程中可采用分段围堰、强排抽水等措施降低施工难度,加快施工进度。根据沟底设计高程进行清淤,沟底需满足设计比降。含水率低的成形污泥可直接拉运至污泥处理厂,含水率高的污泥挖至河岸后须经过晾晒方可外运,以避免污物漏撒污染周边环境。

在开挖边坡上遇有地下水渗流时,在边坡修正和加固前,应采取有效的疏导和保护措施。沟道疏浚过程中,随时对开挖的尺寸和土地质量进行自检,并对边坡用人工进行整修和处理。

（3）清淤土方计算。

根据设计纵断面和现状沟道过流计算,沟道清淤 4.34 km,土方开挖 1.75 万 $m^3$。

2）岸边整治措施设计

对五燕路至第二排水沟段沟道进行清淤及岸线疏理,考虑提升边坡稳定性,设计岸坡整治 4.34 km,通过放缓河道边坡,构建河道自然蜿蜒、深潭浅滩交错、缓流急流相间的自然平面形态,采用自然型河道护岸。根据河岸不同情况,因地制宜,通过乔-灌-草、乔-草等多种形式合理搭配种植,构建层次丰富的岸线,恢复河岸与河床之间在水文和生态上的联系,使其发挥截留雨水、稳固堤岸、过滤河岸地表径流、净化水质、减少河道沉积物的作用。

3）绿化工程设计

岸坡绿化形式为乔木、灌木及草坪相结合的方式进行,长度 4.38 km,宽度 5 m。绿化范围内靠近农田或庄点一边种植乔木,如新疆杨、垂柳、紫穗槐等形成隔离带,靠近沟道及沟道内边坡种植草坪或低矮的灌木,如鸢尾、千屈菜、荇菜等美化环境。

3. 银东干沟整治工程

1）沟道清淤疏浚措施设计

银东干沟经过多年运行,已形成较为稳定的河道及堤岸线。本次设计对银东干沟至滨河大道段,长度 15.62 km 进行清淤。实测数据显示,目前银东干沟上段(汉延渠至二二支沟段)沟道内淤泥深度在 0.1~0.5 m,银东干沟下段(二二支沟至滨河大道段)沟道内淤泥深度在 0.02~1.5 m,沟道清淤采用挖掘机进行干挖,挖掘出来的淤泥采取就地推平形成堤岸,对于已有的形成堤岸的段落和多余的淤泥采取转运方式,转运至指定地点堆放。

2）岸边整治措施设计

考虑提升边坡稳定性,砌护沟道总长 7.7 km,通过放缓河道边坡,构建河道自然蜿蜒、深潭浅滩交错、缓流急流相间的自然平面形态,采用自然型河道护岸。根据河岸不同情况,因地制宜地通过乔-灌-草、乔-草等多种形式合理搭配种植,构建层次丰富的岸线,恢复河岸与河床之间在水文和生态上的联系,使其发挥截留雨水、稳固堤岸、过滤河岸地表径流、净化水质、减少河道沉积物的作用。护坡以上至开口线部分采用生物措施对沟道内坡全线进行绿化。

3）绿化工程设计

岸坡绿化形式为乔木、灌木及草坪相结合的方式进行，长度 4.58 km，宽度为沟道道路外侧 5 m。绿化范围内靠近农田或庄点一边种植乔木，如新疆杨、垂柳、紫穗槐等形成隔离带，靠近沟道及沟道内边坡种植草坪或低矮的灌木，如鸢尾、千屈菜、荇菜等美化环境。

#### 8.1.6.4　项目总结

（1）形成兴庆区水系格局完整，排泄通畅，满足防洪、排涝、灌溉、引水、生态等基本功能需求，达到相关规范要求的防洪排涝标准。通过治理，防洪标准达到 10~20 年一遇，排涝标准达到 5~10 年一遇，1 日降雨，3 日排干。

（2）河流纵向、横向连通性良好，常年有水河流水体能够自然流动；季节性河流恢复河流基本形态，保障汛期泄洪安全。

（3）沿河两岸无违规排放污水，河流水体达到Ⅳ类水标准；河道水体清澈，水体透明度不低于 50 cm；河面清洁，无有害水生植物，无明显漂浮物，水生生物生长自然。

（4）河道生态岸线率达到 80% 以上，岸坡基本稳定，不发生明显滑坡、崩岸等；河道岸坡整洁，原生植物保护良好，无乱垦乱种、乱挖乱建乱堆问题；水域岸线生态空间与生境多样，满足生物生活习性需求。

（5）河流两岸自然人文景观良好，尽量保留自然河态、田园风光、乡野情趣、历史文脉。

（6）河湖管护范围明确，标识清晰，管护管理人员和经费到位，管护制度健全，河长制有效管护机制基本形成。

### 8.1.7　天津市宁河区黑臭水体整治工程

#### 8.1.7.1　项目区基本情况

1. 区域概况

宁河区位于天津市东北部、华北平原东部、渤海湾西北部。地理坐标为北纬 39°09′06″~39°36′01″、东经 117°18′54″~117°55′37″。全区南北宽约 49 km，东西长约 52 km，总面积1 031 km²。

宁河区属暖温带季风型大陆性气候区。总的气候特征为：暖、干、温差异常明显，季风显著，四季分明。宁河区多年平均气温 11.1 ℃。常年最冷月为 1 月，平均气温为 -5.7 ℃。常年最热月为 7 月，平均气温 25.6 ℃。宁河区境内降水的一般特征是：明显的季节性分布，干湿分明，春旱夏涝，多年平均降水量为 551.6 mm。风向有明显的季节变化。

宁河区辖区 14 个镇，分别是芦台镇、宁河镇、苗庄镇、丰台镇、岳龙镇、板桥镇、潘庄镇、造甲城镇、七里海镇、大北涧沽镇、东棘坨镇、北淮淀镇、俵口镇、廉庄镇，共 282 个行政村。

2. 项目区现状及评价

宁河区共发现 68 处黑臭水体，水体类型为干渠、支渠和坑塘，均不在建成区内，总长度约为 25.23 km，水体总面积约为 0.248 km²，黑臭水体共涉及潘庄镇、七里海镇、芦台镇、苗庄镇、丰台镇、造甲城镇、大北涧沽镇和东棘坨镇 8 个镇。

### 8.1.7.2　存在问题

#### 1. 生活污水污染

宁河区受生活污水污染的水体共有 52 处,其中坑塘 13 个、沟渠 39 个,大多数坑塘及河道/沟渠分布于村庄周边,污染物主要来源于居民倾倒的生活垃圾及未经处理的生活污水,部分水体目前仍有生活污水排入。生活污水及生活垃圾渗滤液会随着降雨、地表径流等进入到坑塘水体中,大量的 N、P 营养元素及有机污染物进入坑塘,藻类等浮游植物大量繁殖,导致坑塘富营养化严重、水体溶氧量下降,厌氧反应产生恶臭气味,淤积底泥在缺氧环境下会发黑变臭,严重影响坑塘水体的质量。

#### 2. 禽畜养殖污染

经过前期实地踏勘和取样分析,受畜禽养殖污染的水体共计 8 处且全部为沟渠,养殖坑塘污染物主要来自畜禽养殖场无序排入的养殖粪便及冲洗废水经自然沉降后形成,畜禽养殖坑塘底泥(猪粪)和污水有明显的分层界面。经过多年的蒸发、渗漏,污水不断浓缩,养殖废水富营养化严重,水体呈黑臭状态,颜色偏灰黑,并伴有恶臭。部分坑塘粪多水少,部分坑塘粪少水多,底泥黑臭现象明显,水体中水生生物种类和数量较少。

#### 3. 农田退水污染

经过前期实地踏勘和取样分析,受农田退水污染的水体共计 2 处且全部为沟渠,水体临近农田,农业生产大量使用化肥、高毒低效农药和薄膜,由此带来的面源污染问题比较突出。大量化肥、农药残留及薄膜中的化学物质进入水体,水体呈现富营养化状态,导致水生植物如藻类过量增长,其死亡后腐烂分解需要消耗水中的溶解氧,使水体脱氧,引起水生生物的窒息死亡,使水质变差并且发出恶臭气味。

#### 4. 内源污染

内源污染多数是指底泥污染释放及由于水体生态退化引起的污染。

底泥是各种污染物累计富集比较稳定的场所,底泥中污染物的浓度可以间接反映河水的污染强度。当水体受到污染后,水中部分污染物可通过沉淀或颗粒物吸附而蓄存在底泥中,适当条件下重新释放,成为二次污染源,这种污染称为底泥污染。其主要通过以下 4 种方式影响上覆水体水质:

(1)由于底泥与间隙水中浓度差引起的污染物向上覆水体的释放过程,从而使上覆水体中主要污染物浓度增加。

(2)底泥微生物降解有机物的过程消耗上覆水体中的溶解氧。

(3)底泥在悬浮过程中,吸附的污染物向上覆水体的扩散、释放,增加了上覆水体中的有机污染物。

(4)底泥扰动,增加了底泥中污染物向上扩散速率。

通过现场查勘发现,河道、沟渠和坑塘由于附近村镇垃圾倾倒、多年生活污水的排放和常年自然沉积,河道底部聚积了大量淤泥,增加了河道的内部污染源,并缩窄河道断面,即使在冬季破冰取样时底泥仍释放出难闻的刺鼻气味。

#### 5. 水质现状

依据《城市黑臭水体整治工作指南》,将黑臭水体细分为轻度黑臭和重度黑臭两级。为摸清宁河区黑臭水体水质现状,对本区 2018 年 12 月上报的黑臭水体调查表涉及的 51 处、困难村排查增加 4 处及第三轮排查增加 13 处,共计 68 处黑臭水体开展现场查勘和采样分析工作,每个黑臭水体按照 500 m 的间距设置监测点,取样点设置于水面下 0.5 m 处,水深不足 0.5 m 时,设置在水深的 1/2 处,监测指标包括透明度、溶解氧(DO)、氧化还原电位(ORP)和氨氮($NH_3-N$)。根据水质监测结果,宁河区黑臭水体水质情况较差,其中有 43 处黑臭水体属于重度黑臭,19 处黑臭水体属于轻度黑臭,另有 6 处上报的黑臭水体由于径流较小、冰面较厚及沟渠所属村镇为拆迁村,沟渠已干涸等原因,未取到水样。

### 8.1.7.3　治理方案

#### 1. 整体方案

在"外源减排、内源控制、活水循环、水质净化、生态修复"总体思路的指导下,通过对黑臭水体水质、黑臭水体产生原因、周边环境状况进行充分细致调研,结合黑臭水体分布位置、面积及前期工程情况,通过控源截污、内源治理、水体连通、生态修复与水体治理等工程措施,多管齐下,对宁河区黑臭水体进行综合整治。

宁河区黑臭水体整治工程总体方案见图 8.1-45。

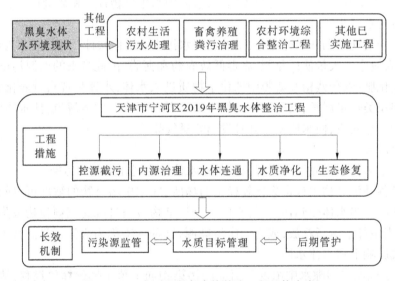

**图 8.1-45　宁河区黑臭水体整治工程总体方案**

该工程从建设时间节点上位于农村生活污水处理工程、畜禽养殖粪污治理工程和农村环境综合整治工程之后,在治理目标水体外源污染物基本上完全截断和内源得到有效控制的基础上,利用水质净化这一阶段性措施,增加水体透明度和水体净化能力,在有条件的水体采取活水循环措施,结合生态修复手段,最终实现水质稳定达标,使治理水体具备较强的抗污染冲击能力,减少水体黑臭反复风险。

#### 1)生活污水污染

针对点源生活污水排放,首先,需要采取截污工程,包括截污管网建设及污水处理站建设,均在其他上位工程中实施,本工程不再设计。其次,黑臭水体通常需要进行内源治理,底泥未列入其他清淤工程的,在本工程进行清淤;不具备清淤条件的,进行底泥原位修复。最后,进行生态修复及布置生态浮床。同时,对于水体流动性极差的问题,有条件的村庄进行水体连通工程。

2）禽畜养殖污染

针对点源畜禽养殖污水排放，首先，需要要求养殖场（小区）污水处理后达标排放，此项内容在其他上位工程中实施，本工程不再设计。其次，养殖废水污染物浓度极高，受纳水体通常需要进行内源治理，底泥未列入其他清淤工程的，在本工程进行清淤；受地形等条件不具备清淤条件的，进行底泥原位修复。最后，进行植物生态修复，并布置生态浮床、人工水草及人工曝气等水质净化设备。同时，对于水体流动性极差的问题，有条件的村庄进行水体连通工程；不具备连通条件的沟渠或坑塘投加微生物进行水质调控。

3）农田退水污染

针对面源污染，水体污染物浓度较低，主要采取清淤加生态修复的措施，现有泵站的增加调水量，促进水体循环。

2. 治理措施

1）控源截污工程

控源截污主要针对生活污水直排和养殖小区（养殖场废水）排泄物污染进行外源控制，黑臭水体所在村庄除拆迁村外均有农村生活污水处理工程建设计划，部分村庄生活污水处理设施已建设完成，其他村庄也正在建设，2020 年前实现农村生活污水处理工程全覆盖，故不在本工程设计范围内。对于拆迁村黑臭水体，需结合拆迁进度，待村民搬迁后再实施本工程。

针对畜禽养殖污染，宁河区畜禽水产服务中心正在组织开展畜禽养殖粪污治理工程，该工程实施后养殖废水达标后排入附近受纳水体，对于不能达标排放的养殖场则进行排污口封堵，杜绝高浓度养殖废水进入沟渠和坑塘，本工程设计范围不包括畜禽养殖废水处理工程。

经过现场调查发现，部分黑臭水体河岸带和岸边存在生活垃圾堆放和倾倒现象，本工程在部分居民活动较为密集区域设计围栏，在一定程度上降低了村民垃圾倾倒引起的水体污染。目前，宁河区正在开展农村环境整治工程，垃圾清理由村里负责，建设单位应加强与其他部分的沟通和协调，确保黑臭水体所在区域定期进行垃圾打捞和清理，从根本上杜绝垃圾造成的水体污染。对于已拆迁的拆迁村黑臭水体，本工程设计生活垃圾清运，结合拆迁村后期规划进行施工。

2）内源治理工程

大部分黑臭水体存在污染物质含量高于正常底泥的底部淤泥，底泥是各种污染物累积富集比较稳定的场所，底泥中污染物的浓度可以间接反映水体的污染程度。当水体受到污染后，水中部分污染物可通过沉淀或颗粒物吸附而蓄存在底泥中，适当条件下重新释放，成为二次污染源。

底质改良剂作用机制示意图见图 8.1-46。

物理清淤和底泥原位修复对比结果见表 8.1-4。

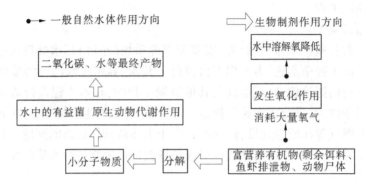

图 8.1-46　底质改良剂作用机制示意图

表 8.1-4　物理清淤和底泥原位修复对比结果

| 内源治理方式 | 优点 | 缺点 |
|---|---|---|
| 物理清淤 | 有效降低淤泥内源污染 | 破坏底泥环境,常造成周边空气有明显臭味,影响周边居民生活;成本较高;存在运输、无害化处置问题 |
| 底泥原位修复 | 在不破坏底泥环境的基础上,原位进行内源污染的控制;也可作为机械清淤的补强手段;成本较低 | 对于淤积深度过高的情况,不易达到控制内源污染的预期效果 |

　　根据以上对比结果,本工程针对淤泥淤积深度较厚黑臭水体进行物理清淤以控制内源污染,防止其他黑臭水体整治工程实施后,由于底泥释放造成水体水质变差;对于底泥淤积不太严重的黑臭水体,则采用底泥原位修复技术,原位对底泥进行削减和控制,达到治理内源污染的目的。

　　3) 水质净化工程

　　控源截污和内源治理工程实施后,黑臭水体黑臭现象得到了一定程度的缓解。针对沟渠和坑塘内现有的污染水体,为进一步减轻污染负荷,本工程采取人工增氧、投加复合微生物菌剂、布设复合生态浮岛、河湖净化一体机等水质净化工程措施,提高水体中污染物质的降解速度,提高水体透明度,增强水体的自净能力。

　　几种曝气机优缺点对比结果见表 8.1-5。

　　水质调控菌剂工艺原理见图 8.1-47。

　　一体化处理设施工艺流程示意图见图 8.1-48。

　　根据以上对比,结合项目水体水文、经济实用性、景观性等因素,可在污染严重、水深较深的水体采用河道净化一体机,在水深较浅区域采用超微曝气机,在有一定景观要求的水体采用涌泉曝气机或喷泉曝气机,在不方便连接交流电等水体可采用太阳能解层式曝气机。

表 8.1-5　几种曝气机优缺点对比结果

| 曝气机类型 | 优点 | 缺点 |
| --- | --- | --- |
| 超微曝气机 | 对水体进行人工增氧,能够适应深浅不同的多种水体 | 安装调试稍复杂,施工时需专业人员安装调试 |
| 河道净化一体机 | 采用固载化微生物结合曝气增氧、循环推流作用,不仅能吸收、转化、降解、清除水中的黑臭污染物,还能随循环水流到达池底,将淤泥分解成 $CO_2$ 和水,解决河道清淤难题 | 有一定水深、水面宽度要求 |
| 涌泉曝气机 | 具有较好的曝气增氧效果;具有一定的景观效果;在停止曝气时,设备不露出水面 | 有一定水深、水面宽度要求 |
| 喷泉曝气机 | 具有曝气增氧的效果,兼具景观效果 | 曝气增氧效果稍差;有一定水深、水面宽度要求 |
| 太阳能解层式曝气机 | 具有曝气增氧的效果,可在不易连接交流电区域使用 | 有一定水深、水面宽度要求;曝气效果受天气影响 |

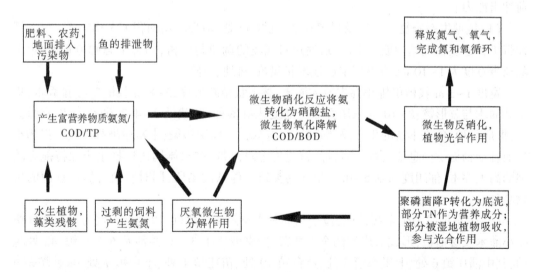

图 8.1-47　水质调控菌剂工艺原理

4)水体连通工程

"流水不腐"体现了流动水体的净化能力及水质维持能力,本工程黑臭水体所涉及的沟渠和坑塘兼有汛期排涝和非汛期蓄水的功能,平常水体与外界水体不连通,水体水质维

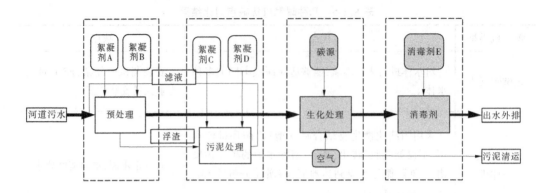

图 8.1-48　一体化处理设施工艺流程示意图

持能力和自净能力较差。根据现场情况结合周边水系条件,在有条件的水体通过建设管涵、疏挖等工程措施,增加水体的连通性和流动性,提高水体的自净能力和水质维持能力,起到改善水质的作用。

5)生态修复工程

通过实施内源治理和水质净化工程措施,基本上可实现阶段性消除黑臭的目标,但要实现治理后水质持续稳定,需提高水体生态系统的自我净化能力。本工程通过植草护坡、设置生态隔离带等措施截留雨水径流等面源污染,根据水体深度不同,种植挺水植物、浮叶植物和沉水植物对水环境进行修复,构建健康、稳定的水生态系统,提高水体抗污染负荷冲击能力。

(1)坑塘生态修复工程涉及村镇 6 个、坑塘 42 处,治理坑塘面积 123 145 m²。生态缓冲带工程建立在坑塘护坡岸上区域,通过对现场的调研与分析,结合生态廊道宽度,生态隔离带宽度为 1~10 m,边界划定避让现状建筑、耕地、道路。

宽度 1~3 m 栽植单排小乔木或大灌木,林下栽植整形篱;3~8 m 栽植 2~3 排乔木,搭配矮灌木与整形篱;8~10 m 采用乔灌草的复式群落种植,栽植 3~4 排乔木,辅以常绿乔木,形成品种、色彩丰富的生态隔离带群落,有效拦截面源污染,丰富岸坡林冠线。以为小型哺乳动物提供栖息地、食源为目标,营建生态隔离带,在水体周边选择水土保持能力较强的高大乔木,郁闭度为 0.5~0.7,形成鸟类筑巢停歇的场所,同时栽植可提供食源的植物品种。

(2)生态护岸为生态缓冲区,位于水面及生态隔离带之间,以固土护坡为目标选择矮生小灌木及矮地被,形成对岸坡的全面覆盖,护岸坡比 1:3。总共涉及 6 个村镇、42 处坑塘,其中潘庄镇 6 处、七里海镇 3 处、芦台镇 19 处、苗庄镇 1 处、丰台镇 7 处、东棘坨镇 6处。总面积为 73 332 m²,其中潘庄镇占 30 392 m²、七里海镇占 12 337 m²、芦台镇占15 431 m²、苗庄镇占 1 585 m²、丰台镇占 7 664 m²、东棘坨镇占 5 923 m²。

(3)水生植物净化工程总共涉及 5 个村镇、30 处坑塘,其中七里海镇 3 处、芦台镇 14处、苗庄镇 1 处、丰台镇 6 处、东棘坨镇 6 处。总面积为 94 085 m²,其中七里海镇 17 895m²、芦台镇 37 517 m²、苗庄镇 5 280 m²、丰台镇 10 473 m²、东棘坨镇 22 920 m²。

6) 长效机制

本工程实施后,由于农村地区截污不彻底、雨水径流等污染问题,可能会面临污染负荷再度升高状况,使得水质恶化和黑臭反复,因此需要保证水质有效管理,确保水质改善效果的长效性。在后期管理维护过程中,应加强水体周边生活垃圾的控制管理,严禁垃圾直接入河,对水体中的落叶、水生植物残体进行打捞和清理,定期对水生植物进行收割和补种,实现治理后水体水质的长效保持。

#### 8.1.7.4　项目总结

宁河区黑臭水体整治工程的实施,将有效解决宁河区相关村镇环境现状存在的一系列问题,能够提高当地水环境质量,提升水生态环境。该项工程是惠民工程,符合宁河区社会经济发展规划和人民群众要求,对保障居民人身及财产安全具有重要意义。经过调查研究和工程分析论证,该项目技术上和经济上可行。主要建设内容包括:

(1) 控源截污工程:对村民已迁走的拆迁村的黑臭水体周边的生活垃圾进行清理,垃圾清理量约为 230 m³。对于坑塘和沟渠周边有居民住户的黑臭水体,为防止村民垃圾随意丢弃污染水质,布设围栏约 4 344 m。

(2) 内源治理工程:对底泥淤积严重的坑塘和沟渠进行物理清淤,清淤量约 37 625 m³。针对底泥淤泥不太严重或物理清淤难度较大的黑臭水体,通过原位修复方式固化和削减污染底泥,控制内源释放,原位修复底泥面积共 72 607 m²。

(3) 水质净化工程:对污染严重坑塘和沟渠内黑臭水体,采用微生物菌剂强化、复合生态浮岛、生物滤床、人工增氧、河湖净化一体机等措施进行处理。采用微生物菌剂和杀藻剂共治理水体面积约 59 923 m²,布设复合生态浮岛面积约 1 855 m²,布设生物滤床面积约 2 700 m²,布设人工增氧设备 19 台,布设河湖净化一体机 12 台。

(4) 水体连通工程:通过建设泵站、渠系建筑物方式将黑臭水体与周边水体连通,提高水体循环流动性,提高自净能力。本工程建设泵站 1 座,建设渠系建筑物 9 座,均为涵洞。

(5) 生态修复工程:本工程对边坡裸露的坑塘和沟渠实施生态护岸工程,植草护坡面积约 55 562 m²,联锁板护坡面积约 6 858 m²;设置生态缓冲带面积 34 038 m²;种植水生植物面积 26 574 m²。

### 8.1.8　九十九湾连通水系幸福河湖建设工程

#### 8.1.8.1　项目区基本情况

九十九湾位于漳州市区,地处西北溪下游漳州平原,其主河道上下游分别连通九龙江北溪干流及九龙江支流西溪干流。九龙江北溪右岸内林进水闸与西溪左岸湘桥水闸之间的河道,自北向南蜿蜒迂回,弯弯曲曲,故称九十九湾。

九十九湾现状流域面积 100.5 km²,上游主流为恒坑溪,发源于流域西北部的竹古寨南麓,流经董坑、坂园、蔡前、丰乐、恒坑、流岗于孚美村北面注入九十九湾,九十九湾再流经东屿、圳头、湘桥等地于湘桥水闸处注入九龙江西溪,主河道长 21.0 km,平均陂降0.8‰,上游主流恒坑溪流域面积 25.2 km²,河长 12.9 km,平均陂降 1.75‰。主要支流有西洋、古塘、浦口、东墩溪 4 条,流域面积分别为 23.2 km²、9.7 km²、8.1 km²、15.9 km²。

#### 8.1.8.2　存在问题

（1）防洪排涝存在薄弱环节。

①梧店支渠与迎宾大道交叉位置高程 5.0~5.6 m，遭遇较大暴雨时，属于漳州市龙文区容易发生积水位置，积水深度 0.5~1.0 m。根据测算，发生的原因主要为梧店支渠迎宾大道—新浦东路段渠道过流能力不足，导致上游来水无法及时排除，导致局部发生积水。

②东坂连接渠与碧湖连通位置为九龙江大桥下，现状桥底为填土，仅仅预留有一处小土渠，远不能满足排水防涝规划中的水系连通作用，急需按照规划断面进行渠道建设，打开卡口，充分发挥碧湖滞洪区与湘桥湖滞洪区的调蓄作用，分摊九十九湾下游的排涝压力。

③浦口支渠现状有一处生态补水泵站（1.8 万 $m^3/s$），从九十九湾主河道与漳州北连接线交叉位置取水，向浦口支渠与九龙江大道交叉位置向渠道补水，目前补水情况尚可。但是对浦口支渠上游无生态补水措施，上游河道水量基本靠降雨补充，水量有限，总体来说，通过上一轮水环境治理，浦口支渠在原来的基础上有了一定的改善，但是效果有限。浦口支渠现状水环境、水生态情况亟待通过增加生态水量等措施来进一步改善。

④九十九湾内林引水渠及西洋溪（内林引水渠汇入点—九十九湾主河道汇入口）均存在不同程度的淤积，淤积厚度在 0.50~1.00 m，局部区域淤积较为严重。枯水期时河道或内林双向泵站停止引水时，水流变缓，无法满足河道冲淤要求，河道行洪能力大打折扣，影响城区生态补水效率，影响主城区排涝安全。

（2）水生态环境质量有待提高。

坚持污染减排和生态扩容两手发力，强化源头控制，辅助过程削减，实施末端治理。通过强化污染源控制、实施水质原位提升工程等，有效改善水系自净能力。

①水环境污染管控仍需加强。

九十九湾是龙文区的一条内河，上游分布有农田、鱼塘和村庄，农村生活污水、生活垃圾、畜禽和水产养殖等污染虽然已经进行了治理，但仍需进一步加强污染管控，防治农业农村面源污染对河道水环境的影响。九十九湾下游城区段入河排污口已进行多轮排查和整治，但仍有部分小区存在雨污错接、混接问题，致使生活污水随雨水管道排入河道，影响河流水质。另外，为解决暗渠旱季污水直排内河，目前虽已采取了建设末端截污管道等措施，但仍存在雨季时污水溢流污染的问题。

②季节性水体自净能力不强。

恒坑溪、西洋溪、古塘溪、浦头港等九十九湾入境的支流来水水质相对较差，加上九十九湾上建有多处闸坝，特别是汛期容易受九龙江西溪水位顶托影响，导致九十九湾下游段水体流速缓慢，水体自净能力不强，要维持和改善河道水质难度较大。

九十九湾上游河道在水系连通工程和中小河流治理工程实施采取了直立挡墙硬质护岸，水生植物无法生长，导致水体自净能力较差，生态系统较为脆弱。

九十九湾上游河道硬质护岸现状照片见图 8.1-49。

（3）湘桥湖、碧湖水生态环境有待提升。

湘桥湖和碧湖作为龙文区重要的滞洪区，承接了九十九湾主港道及浦头港、后坂港等

图 8.1-49　九十九湾上游河道硬质护岸现状照片

支渠的来水,水质易波动,湖区水生植物较少,水系流动性较差,湖体部分区域藻类较多,溶解氧不足,水生态环境有待提升。

碧湖水湾现状照片见图 8.1-50。

图 8.1-50　碧湖水湾现状照片

### 8.1.8.3　治理方案

1. 生态补水

本工程生态需水量根据渠道水文条件分多年平均径流和干涸断流 2 种工况进行分析。生态环境需水量依据《河湖生态环境需水计算规范》(SL/T 712—2021),结合工程生态补水目标、项目区水资源条件、资料获取情况综合确定,具体包括生态基流、生物基本栖息功能需水量、自净需水量几部分。

工程补水规模根据多年平均径流工况和干涸断流工况下补水流量取大值确定,经分析,浦口支渠补水规模为 0.33 m³/s,梧店支渠补水规模为 0.06 m³/s,开发区支渠补水规模为 0.14 m³/s,西坑支渠补水规模为 0.03 m³/s。

工程补水规模成果见表 8.1-6。

表 8.1-6　工程补水规模成果

| 序号 | 参数 | 浦口支渠 | 梧店支渠 | 开发区支渠 | 西坑支渠 |
|------|------|---------|---------|-----------|---------|
| 一 | 多年平均径流工况下 | | | | |
| 1.1 | 年内较枯时段补水流量/(m³/s) | 0.03 | 0.07 | 0.06 | 0.04 |
| 1.2 | 年内较丰时段补水流量/(m³/s) | 0.33 | 0.23 | 0.27 | 0.17 |
| 二 | 干涸断流工况下 | | | | |
| 2.1 | 补水流量/(m³/s) | 0 | 0.005 | 0.01 | 0.01 |
| 三 | 补水规模/(m³/s) | 0.33 | 0.06 | 0.14 | 0.03 |

**注**：补水规模=max(多年平均径流工况下年内较枯时段补水流量，多年平均径流工况下年内较丰时段补水流量，干涸断流工况下补水流量)。

2. 防洪排涝工程

(1)梧店支渠综合整治工程：对梧店支渠进行综合整治，增加过水能力，完善工程区防洪排涝体系，改善工程沿线水环境，提升中心城区河网水质，建设长度 407.06 m，其中明渠段长度 215.46 m，箱涵段长度 191.60 m。

(2)东坂连接渠与碧湖连通工程：提升九十九湾涝片与浦头港涝片的联排联调能力，大力保障九十九湾连通水系防洪排涝安全，完善区域防洪除涝体系。新建九龙江大桥桥底渠道 131.66 m；新建碧湖园区跨河钢筋混凝土框架结构栈桥 1 座，长度 56 m，宽度 5 m。

(3)内林引水渠及西洋溪(内林引水渠汇入点—九十九湾主河道汇入口)清淤工程：根据原设计断面进行清淤整治，恢复河道原有过水断面，保障河道行洪排涝能力，清淤整治长度 4.20 km。

3. 水生态保护与修复工程

(1)浦口支渠生态补水工程。新建九十九湾上美湖取水泵站(近期 3.00 万 m³/d，含 5%漏损)，干管按照远期规模(5.10 万 m³/d)进行铺设，支管根据浦口支渠补水量进行铺设，其余九十九湾下游梧店支渠、开发区支渠等河道生态补水进行预留三通口，剩余 2.10 万 m³/d 取水泵站远期另行新建，工程新建一体化泵站 1 座。输水管线总长 5.698 km，其中干管(DN800)长度 2.040 km，输水支管(DN600、DN500)长度 3.658 km。

(2)生物多样性保护与修复工程。进行现状生物多样性调查和评价，建立水生生物完整性监测体系，实现常态化生物多样性调查，开展水生生物增殖放流。

A. 生物完整性指标体系

主要涵盖鱼类状况、重要物种状况、浮游生物状况、底栖动物状况、水生高等植物状况、生境状况 6 个方面内容的 25 个指标，如表 8.1-7 所示。

表 8.1-7　水生生物生物完整性指数评价指标

| 指数 | 指标 | 备注 |
|---|---|---|
| 鱼类状况 | 种类数 | 关键性指标 |
| | 资源量 | |
| | 优势科 | |
| | 营养结构 | |
| | 成鱼比例 | |
| | 外来入侵物种 | |
| | 洄游性物种 | |
| | 杂食性鱼类 | |
| | 畸形/疾病鱼类 | |
| | 产漂流性卵鱼类 | |
| | 产黏性卵鱼类 | |
| 重要物种状况 | 重点保护物种 | 关键性指标 |
| | 区域代表物种 | |
| 浮游生物状况 | 浮游植物密度 | |
| | 浮游动物生物量 | |
| | 浮游植物多样性 | |
| | 浮游动物多样性 | |
| 底栖动物状况 | 软体动物种类数 | |
| | 底栖动物优势种 | |
| 水生高等植物状况 | 水生高等植物覆盖度 | |
| 生境状况 | 水体连通性 | 关键性指标 |
| | 岸线硬化度 | |
| | 渔业水质 | |
| | 水温 | |
| | 水质 | |

a. 确定指标基准值

指标基准值是评价水体曾经达到或者可能达到的最优水平,确定方式包括:有记录的历史最佳状态;通过管理可达到的最佳状态;评价水体内未受干扰的水域状态;科学模型推断的理想状态;专家评判的理想状态。

b. 开展调查与监测

根据选取的指标及制订的调查方案,开展专项调查、监测及资料收集,获取各指标所需数据。

c. 指标赋分

根据指标现状值与基准值的差异赋分,对各个指标赋予 0~5 不同的整数分值,分值越高,表明指标越接近基准值。

d. 得分计算

(1)指数计算。

采用加权平均的方法分别计算鱼类状况、重要物种状况、生境状况等得分,并对得分进行百分制标准化。

暂定各指标权重相等,后续结评价水域实际适当调整各指标权重。

$$S' = 20 \times \sum I_i W_i$$

式中:$S'$ 为各类别状况得分;$I_i$ 为相应类别下指标分值;$W_i$ 为相应类别指标对应权重。

(2)确定指数得分。

在计算得分后,分别对比鱼类状况、重要物种状况、生境状况等关键性指标,取最小值确定各类别状况的最终得分。

$$S = \min\ (S', 20 \times I')$$

式中:$S$ 为各类别状况最终得分;$S'$ 为各类别状况计算得分;$I'$ 为关键性指标得分。

(3)确定水生生物完整性指数最终得分。

计算鱼类状况、重要物种状况及生境状况等得分的平均值,作为评价水域水生生物完整性指数最终得分。

根据得分情况,水生生物完整性指数评价等级分为 6 级,见表 8.1-8,依次为"优""良""一般""较差""差""无鱼"。

表 8.1-8　水生生物完整性指数评价等级划分

| 等级 | 等级状态说明 | 分值 |
|---|---|---|
| 优 | 人类干扰甚小或没有,河道无拦河坝或水闸阻隔,河岸带地表几乎硬化,水文保持自然节律,水质良好。依地理区系、水域大小和生境特点,所有可能出现的鱼类种类均出现,群落结构合理。鱼类资源量丰富,接近历史最佳状态。珍稀物种种群结构完整,物种资源保存完好,数量较多 | 90~100 |
| 良 | 水系完整、开放连通程度高,自然岸线比例较高,水文较少受到人类活动的改变,水体污染程度低。鱼类种类略低于历史值;某些种类的数量、年龄结构和大小分布低于期望标准;营养结构显示出某种压力信号,但仍极少有天然杂交或感染疾病的个体;非本地种个体的数量比例低。与历史状态相比,鱼类资源较为丰富,物种濒危程度低 | 80~90 |

续表 8.1-8

| 等级 | 等级状态说明 | 分值 |
|------|------------|------|
| 一般 | 水系完整性和开放连通性受到一定程度影响,水文受到一定程度的人为改变,水体污染程度较低。与历史状况比较,种类减少,资源量下降;营养结构偏斜,高龄个体和顶级捕食者罕见,畸形或感染疾病个体的出现比例高于一般水平;外来入侵鱼类比例上升。同历史状态相比,鱼类资源量有所下降,濒危物种数量降低 | 60~80 |
| 较差 | 水系完整性和开放连通性受到较大影响,水文受到较大程度的人为改变,水体污染程度较高。与历史状况比较,种类明显减少,外来种数量占比较高;极少顶级捕食者;年龄结构缺失;畸形或感染疾病个体出现较多。同历史状态相比,鱼类资源量显著下降,濒危物种数量明显降低 | 40~60 |
| 差 | 水系整体破碎化,开放连通性受到显著影响,水文受到人类活动的控制很强,水体污染程度高。除非本地种和耐受性强的杂食性种类外,鱼类种类较少,外来种类数量占比高;畸形或感染疾病个体的比例很高。与历史状态相比,鱼类资源量持续明显下降,物种区域性消失风险高 | 20~40 |
| 无鱼 | 人类干扰强度大,生境破碎化严重,水环境质量恶劣;鱼类等水生生物极其稀少,大部分保护物种已消失。 | 0~20 |

B.常态化生物多样性调查

a.调查内容

(1)水生生境:调查河道地形地貌、底质状况、岸线自然状况、水质、水体自净能力等相关资料。

(2)浮游植物:浮游植物的种类组成、密度、优势种种类等。

(3)浮游动物:浮游动物的种类组成、密度、优势种种类等。

(4)底栖动物:底栖生物的种类组成、密度与生物量、优势种种类等。

(5)水生高等植物:水生植物的种类组成、覆盖率、优势种种类等。

(6)鱼类:鱼类的种类组成及分布、资源量、生物学(年龄、体长、体重、性别)分析。

(7)鸟类:鸟类的种类组成、数量、分布及珍稀濒危鸟类。

b.调查断面

在九十九湾河水系设置 8 个断面进行水生生物调查,鱼类调查不设固定调查断面。

c.调查频次

每年丰水期(7 月)和枯水期(11 月)各调查 1 期。项目实施前后各调查 2 期。

C.河湖健康评价

(1)资料收集:收集有关水利、农业、环保等有关部门基础资料,主要包括河岸带物理结构资料、水文水质资料、水生生物资料和社会服务功能资料。

（2）现场工作开展：主要对河岸带物理结构、水文水质及水生生物进行调查监测。其中，水质监测包含常规指标和实验室指标等，力求数据的完整性；水生生物监测包含底栖动物和鱼类资源监测。同时，开展公众满意度问卷调查。

（3）水体健康评价体系构建：整理水体水生态历史资料及调查结果，综合分析其存在的问题，客观评价水体现状，构建适合九十九湾水系的健康评价系统。

技术路线见图 8.1-51。

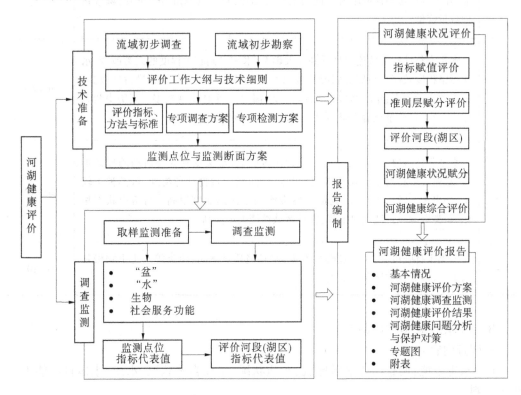

**图 8.1-51　技术路线**

D. 水生生物增殖放流

依照修复水域水生生物本底资源状况，按照《水生生物增殖放流管理规定》（中华人民共和国农业部令第 20 号）相关要求，增殖放流对象的确定一定程度上要根据放流水域原有土著物种的种类组成、种群大小、群落组成、河流连通性状况等综合分析确定。

放流规模应根据放流水域生境条件、生态承载力、放流对象的种群生存力等因素，综合分析确定。

一般来讲，放流鱼种的规格越大，适应环境能力和躲避敌害生物能力越强，成活率越高，但苗种培育成本越高。另外，放流个体与自然种群个体之间存在生存空间的竞争因素，也需要统一考虑，一般情况下建议放流当年苗种或次年鱼种。根据九十九湾河水系现状，初步确定放流草鱼、鲢鱼、鳙鱼、圆吻鲷、赤眼鳟、鲇鱼、黄颡鱼等种类。鱼类增殖放流鱼类规格及数量见表 8.1-9。

表 8.1-9　鱼类增殖放流鱼类规格及数量

| 序号 | 放流种类 | 规格/cm | 数量/尾 |
|---|---|---|---|
| 1 | 草鱼 | 8~10 | 3 000 |
| 2 | 鲢 | 8~10 | 5 000 |
| 3 | 鳙 | 8~10 | 3 000 |
| 4 | 圆吻鲴 | 8~10 | 1 500 |
| 5 | 赤眼鳟 | 8~10 | 1 500 |
| 6 | 鲇 | 5~6 | 2 000 |
| 7 | 黄颡鱼 | 5~6 | 2 000 |

放流分 2 年实施。每年放流时间可选在 9—10 月。选择在人为干扰较少、水质良好、饵料生物较丰富的水域。

4. 水环境治理工程

针对九十九湾内河水环境现状存在的问题,本次设计通过实施水体原位净化措施,提高水体自净能力。在九十九湾连通水系部分河段采取生态浮岛、微纳米曝气生物接触氧化系统、复合纤维浮动湿地等水质净化措施,进一步削减水体中污染物浓度,改善和提升河道水质。

1) 九十九湾上游生态环境提升工程

在下尾张桥上游 200 m 河道水面两侧错落布置生态浮床,每个浮床长×宽为 6 m×3 m,共布置 15 个浮床,布置间距为 4.9 m,共计 270 m²;在漳州北连接线 S1524 桥下游小桥段 200 m 河道水面两侧错落布置生态浮床,每个浮床长×宽为 6 m×3 m,共布置 25 个浮床,布置间距为 2 m,共计 440 m²。本段生态浮床总共布置 710 m²。

生态浮床设计平面图见图 8.1-53。

图 8.1-52　生态浮床设计平面图

2）九十九湾中下游水质强化治理工程

在孚美路下游 600 m 河段中间位置设置 1 套微纳米曝气生物接触氧化系统，布设 602 m 输气主管，布置 1 785 m 输气支管和 84 根微孔曝气管。微纳米生物接触氧化系统包括生态浮床 980 m²，浮床上悬挂的生物绳状填料 8 820 m；每根微孔曝气管上安装生物绳状填料，悬挂的填料共 2 856 m。

微纳米曝气生物接触氧化系统设计平面见图 8.1-53。

**图 8.1-53　微纳米曝气生物接触氧化系统设计平面图**

3）湘桥湖生态环境提升工程

本次设计在湘桥湖布设以水仙花、花叶造型为主的复合纤维浮动湿地共 2 022 m²。通过复合纤维浮动湿地基质、微生物与植物的协同净化作用进一步净化水质，为鸟类创造栖息环境，营造自然生态净化效果。

**5. 水文化景观工程**

（1）推进水利遗产普查，建立九十九湾水利遗产名录库，对列入名录库的水利遗产做好跟踪保护工作，同时系统性地分类开展沿九十九湾水利遗产普查工作，并在此基础上与智慧河道相结合，建立数据库，将普查的信息全部实现数字化管理与展示。

（2）开展河源文化溯源，适时开展河流故道线路遗址遗迹、传统水利科学技术的前期调查，挖掘文化内涵。

（3）创作水文化艺术作品，提升沿河水利工程文化内涵，加强九十九湾水文化传播，创作水文化艺术作品（讲好"幸福+"河湖故事）。出版 1 本九十九湾水文化宣传刊物，制作 1 部水文化主题短视频，通过线上方式利用水文化宣传刊物与水文化短视频向公众展示九十九湾水文化。

**6. 管护提升工程**

（1）完善河湖长制建设，编制"一河（湖）一策"，开展河湖健康评价，建立河湖档案。

（2）在现有信息化基础上，提升幸福河湖智慧化管护能力，实现九十九湾水系的现代化管理。

### 8.1.8.4　项目总结

（1）治理防洪排涝薄弱环节。

坚持"以泄为主，蓄滞泄结合，工程措施与非工程措施相结合"的总体策略，完善"蓄得住、防得固、排得出"的体系完备、标准适宜、安全可靠、协调配套的现代防洪排涝体系，主要通过开展支渠治理等措施，基本消除防洪排涝薄弱环节，可有效提高主城区九十九湾流域与浦头港流域的联排联调能力，大大保障主城区防洪排涝安全，完善区域防洪除涝体系，提高区域防御洪涝灾害能力。

（2）提升水环境质量。

坚持污染减排和生态扩容两手发力，强化源头控制、辅助过程削减、实施末端治理。通过强化污染源控制、实施水质原位提升工程等，有效整治入河排污口，提高城镇及农村污水处理能力，有效改善水系自净能力。

（3）保护修复水生态系统。

坚持尊重自然、顺应自然、保护自然的原则，秉承自然恢复和治理修复相结合的方针，通过优化水域与陆域的生态协同功能，保护和修复河岸带，提高区域生物多样性，完善水生生物调查和监管体系，管好"盛水的盆"，治好"盆里的水"，打造人水和谐、健康稳定的水生态体系。

（4）彰显水文化提升水景观。

通过水文化保护、传承、弘扬与利用，形成一批水文化研究成果，建成一批精品水文化工程，打造一批水文化展示平台与窗口，基本建成九十九湾水文化长廊，全面提升区域水文化软实力，充分彰显水文化内涵，幸福河湖的文化功能得以充分发挥。通过自然岸线的生态恢复、亲水河漫滩地景观的建设、沿河生态巡查系统和绿化廊道的建设，打造生态绿廊，实现人水和谐。

（5）提升河湖管护能力。

强化河湖长制，落实管护责任，完善"一河（湖）一策"，开展河湖健康评价，建立健全河湖健康档案，夯实河湖保护治理管理基础；强化数字孪生流域建设，加强卫星遥感影像应用，建设九十九湾智慧管控系统，提升流域智能化管理能力；因地制宜地建立九十九湾现代化管理机制，探索创新河湖巡查管护模式等，建立务实管用的河湖管护长效机制，提升流域治理现代化水平。

（6）助力流域发展。

挖掘九十九湾河湖生态价值，依托河湖独特自然禀赋，在保障流域及其周边地区水安全，服务流域综合治理，促进实现流域生态文明建设的前提下，探索河湖生态产品价值实现机制和流域发展模式，促进区域产业转型升级，创造新的经济增长点，激发新的流域发展活力，带动区域人民群众就近致富，促进区域经济可持续发展，形成流域良性发展机制。

# 8.2　湖泊水生态保护与修复

## 8.2.1　大理环洱海湖滨缓冲带生态修复与湿地建设工程

### 8.2.1.1　项目区基本情况

　　洱海流域位于澜沧江、金沙江和元江三大水系分水岭地带,属澜沧江-湄公河水系,流域面积 2 565 km²,地理坐标在东经 99°32′~100°27′、北纬 25°25′~26°16′。洱海地处云南省大理白族自治州境内,是云南省第二大高原淡水湖,是大理市主要饮用水源地,又是苍山洱海国家级自然保护区和风景名胜区的核心,具有调节气候、提供工农业生产用水和保持水生生物多样性等多种功能。

　　洱海湖面高程 1 966.0 m 时,湖面面积 252 km²,蓄水量达 29.59 亿 m³;湖泊南北长度为 42 km,东西宽 3~9 km;洱海最大水深为 21.3 m,平均水深 10.8 m。湖盆形态特征系数为 0.10,湖泊岸线发展系数为 2.068,湖岸线长 129.14 km,湖泊补给系数为 10.6,湖水停留时间 2.75 a。洱海流域气候属低纬高原亚热带季风气候,干湿分明,气候温和,日照充足。全年有干湿季之别而无四季之分,每年 11 月至翌年 4 月、5 月为干季,5 月下旬至 10 月为雨季。

　　洱海及其流域地理位置见图 8.2-1。

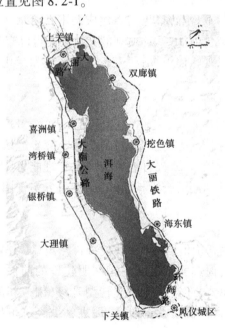

图 8.2-1　洱海及其流域地理位置

### 8.2.1.2　存在问题

1.水环境问题

(1)洱海水质由Ⅱ类下降到Ⅲ类,波动性强,总氮和总磷为主要污染物。

近年来洱海水质在Ⅱ~Ⅲ类波动性强,存在一定的恶化趋势。2001 年前洱海处于Ⅱ

类水质,主要水质指标 N、P 呈缓慢增长趋势,2002 年后洱海水质急剧下降,水质在Ⅱ～Ⅲ类波动,2003—2006 年处于Ⅲ类。2008 年洱海水质好转为Ⅱ类,2009—2016 年水质处于Ⅲ类。

2018 年 1 月至 5 月、11 月和 12 月全湖综合评价为Ⅱ类水质;6—10 月全湖综合评价为Ⅲ类水质,洱海水质在Ⅱ～Ⅲ类之间演替。在水质较好的 1—5 月、11—12 月这 7 个月当中,湖水平均透明度在 1.92 m 以上,最高为 2 月和 5 月的 1.96 m;在水质相对较差的6—10 月,湖水平均透明度较低,超标因子主要为 TP、COD、高锰酸盐指数。

2018 年洱海水质情况见表 8.2-1。

表 8.2-1　2018 年洱海水质情况

| 月份 | 水质类别 | 平均透明度/m | 主要超标因子 |
|---|---|---|---|
| 1 | Ⅱ | 1.89 | — |
| 2 | Ⅱ | 1.96 | — |
| 3 | Ⅱ | 1.90 | — |
| 4 | Ⅱ | 1.89 | — |
| 5 | Ⅱ | 1.96 | — |
| 6 | Ⅲ | 1.71 | TP、TN、高锰酸盐指数 |
| 7 | Ⅲ | 1.41 | TP、COD、高锰酸盐指数 |
| 8 | Ⅲ | 1.45 | TP、COD、DO |
| 9 | Ⅲ | 1.37 | TP、COD、高锰酸盐指数 |
| 10 | Ⅲ | 1.40 | TP、COD、$BOD_5$ |
| 11 | Ⅱ | 1.67 | — |
| 12 | Ⅱ | 1.76 | — |

受气温及用水时段的影响,污染物每年呈周期性波动,每年 7—10 月较高,TN、TP 和叶绿素含量与透明度呈明显的负相关。而且 2016 年、2017 年水质,尤其是 TN 略差于2015 年。

洱海主要污染物含量变化趋势见图 8.2-2。

洱海局部水域水质恶化,表现在北部大片水域、南部局部水域及东、西沿岸带部分水域水质污染严重,水污染呈向湖内推进趋势。受入湖污染负荷的影响,洱海水质空间分布呈现中部好于南部和北部、湖心好于沿岸水域的特点。近 20 年来,由于洱海Ⅲ类水分布面积不断增加,水质污染由北向南、由沿岸带向湖心不断推进。因此,现阶段需采取多技术手段,有效削减污染负荷入湖量、遏制水质恶化趋势及污染水域面积的扩大是当前紧迫的任务。

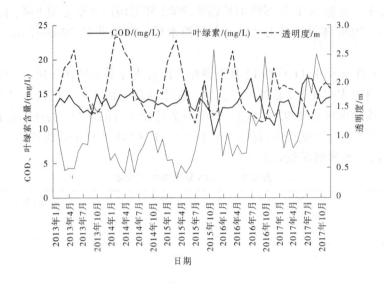

图 8.2-2　洱海主要污染物含量变化趋势

（2）洱海富营养化趋势明显，规模化水华发生风险仍然较高。

洱海富营养化问题突出，1992 年以来，富营养化综合指数呈波动性增加趋势，2003 年曾一度达到富营养化水平。目前，洱海处于中营养状态，但富营养化转型期特征明显，脆弱的水生态系统使水质维持能力减弱，在水质剧烈波动下，夏秋季藻量较大，局部湖湾（尤其北部湖湾）、下风向岸边藻类水华频发，9—10 月规模化蓝藻水华暴发风险高。

（3）污染源分散，入湖污染治理难度大。

①人为活动造成的污染较为严重。洱海流域水生态保护区核心区范围内村落分布集中，农村污染严重。洱海流域水生态保护区核心区内平均人口密度远高于流域的平均水平，由于大部分村落直接临湖或临湖较近，其生活污水未经任何处理直接排放入湖，每年直接排放污水量达 295.94 万 t，大量污染物入湖给洱海水质带来很大压力。村落垃圾收集清运能力不足，未得到有效的处理处置，垃圾堆满溢出的现象常见。部分垃圾池、厕所建在湖边、河道边，导致部分垃圾随雨季冲刷进入洱海，对湖水造成了一定的污染。洱海流域水生态保护区核心区内村落集中、人口众多、人类活动强烈，环境压力很大。

②农业面源污染较重。洱海流域水生态保护区核心区内耕种农田面积大，农灌回水产生量大，且未经处理，直接排放进入水体；村落畜禽养殖污染严重，区域内大牲畜养殖总量占流域总养殖量的 18.2%。以上原因导致农业面源污染成为影响洱海水质的重要污染源。

③入湖河流水质差，污染物入湖量高。洱海 29 条主要入湖河流水质污染严重，入湖口水质主要为Ⅴ类甚至劣Ⅴ类，主要指标严重超标，大量污染物在入湖口未得到有效拦截直接进入洱海，增加了洱海的污染负荷，严重影响洱海水质。

④项目区景点集中，旅游污染压力大。洱海流域水生态保护区核心区是旅游景点的集中区，项目区类型为码头、生态湿地、生态公园等，目前旅游景点的餐饮、住宿污水未能

集中处理或仅经简单处理排放,影响湖泊水体水质。

2. 水生态问题

(1)水生植物面积占比小,且面临萎缩风险。

一般认为,在湖泊中沉水植物面积超过 15% 以上时才开始对湖泊生态系统结构产生影响,植被面积超过 30% 以上时才开始具有显著的清洁水质功能,植被面积接近 50% 时表明水生植物优势和清水稳态已得到确立,植被面积超过 50% 以后的继续扩张容易产生湖泊的沼泽化趋势。洱海的沉水植物分布面积由 20 世纪 80 年代的约 40% 骤降至 10% 左右,并且在现阶段水质难以大幅改善的情况下,仍有可能持续下降。洱海浅水区域间隙性水华聚集也会导致局部水质恶化和水体透明度降低,从而影响水生植被生长与分布。因此,洱海水生植物仍面临面积萎缩的风险。

目前,洱海沉水植物种子库资源严重退化,种子库的物种数及密度均极度匮乏。主要表现为原生种如海菜花、角果藻及篦齿眼子菜的种子库几乎消失;现有优势种如微齿眼子菜、苦草、金鱼藻的种子库亦极其稀少;湖心平台的种子库呈急剧下降趋势。而现存的种子库萌发潜力极低,若不加管理与补充,洱海种子库的丰度及萌发力会随富营养化趋势的加重而逐年降低。这些对于洱海沉水植物的恢复与洱海生态系统的良性循环极为不利。

洱海水生植被面积变化过程见图 8.2-3。

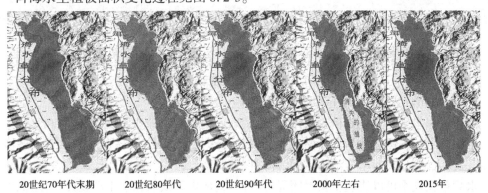

| 20世纪70年代末期 | 20世纪80年代 | 20世纪90年代 | 2000年左右 | 2015年 |

**图 8.2-3  洱海水生植被面积变化过程**

(2)湖湾浅水区呈沼泽化趋势,水生植物结构简单化。

洱海浅水区富营养化和淤积为浮叶植物创造了很好的生长条件。在洱海 8 个主要湖湾的浅水区,浮叶植物菱的快速生长导致夏秋季局部水面被封闭,可导致水下缺氧;密集的菱冠层还阻挡阳光进入水下,从而对沉水植物生长不利,导致夏秋季菱分布区的水生植物类群简单化;菱在秋末冬初会大量死亡腐烂,导致其体内吸收的氮、磷等污染物再次释放到水体污染水质。

在洱海富营养化较重的湖湾(沙坪湾、洪山湾、马久邑湾)和大部分沿岸浅水区的金鱼藻往往成为优势种;金鱼藻为假一年生植物,其在洱海的生长旺盛期为 5—8 月,在秋冬季植物大部分会死亡腐烂,残留小部分植物会沉入水底过冬。金鱼藻的分布面积和生物量随季节变化的大幅波动对生态系统和水质造成很大冲击。

洱海湖湾植被呈沼泽化趋势,见图 8.2-4。

(a)金鱼藻群落

(b)满江红群落

(c)菱群落

(d)湖湾沼泽化

**图 8.2-4　洱海湖湾植被呈沼泽化趋势**

(3)外来植物入侵岸带,土著植物生长受限。

洱海近岸水域受到外来植物入侵,常见的入侵植物有粉绿狐尾藻、水葫芦和喜旱莲子草。水葫芦主要入侵区域为洪山湾和西沙坪的浅水近岸区域,粉绿狐尾藻主要入侵沙坪湾、北三江入湖河口、西岸带浅水区和洱海月公园。

水葫芦在夏季可以快速生长封闭局部水面,造成水下缺氧和水生动物死亡,水葫芦可遮挡太阳光照进入水体从而严重限制沉水植物生长。粉绿狐尾藻为水陆两栖型植物,可挤占本土植物生存和分布空间,导致本土植物消失和生物多样性丧失。

外来水生植物入侵洱海的情况见图 8.2-5。

(4)废弃鱼塘底质差,塘埂阻碍水体交换,岸线杂乱。

在 20 世纪 80 年代至本世纪初,洱海近岸水域被大量围垦成鱼塘,主要分布在洪山湾片区、沙坪湾片区、喜洲片区和下关片区。2003 年推行"三退三环"政策,废弃鱼塘大部分时间被淹没在水下,只在最低水位时有部分塘埂露出。废弃鱼塘的底质受到残饵和鱼类排泄物的污染,塘埂影响近岸水体交换和破坏景观。洱海退塘环湖时,大部分鱼塘底部污染物未能得到很好的清理,这些污染物被长时间滞留在湖内,对洱海近岸水质造成不利影响。

洱海废弃鱼塘及构筑物见图 8.2-6。

(a)粉绿狐尾藻    (b)沟渠中的粉绿狐尾藻

(c)凤眼莲    (b)湖湾的粉绿狐尾澡和凤眼莲

图 8.2-5  外来水生植物入侵洱海的情况

图 8.2-6  洱海废弃鱼塘及构筑物

(5)房基拆除后形成裸露湖岸带。

三线划定工程实施过程中,已经拆除了 1 806 户房子,部分房基紧邻洱海湖面,房基拆除和地形整理后形成新的裸露岸带亟须进行护坡植绿、加固和生态化处理,从而减少水体冲刷和增强净化。

房屋拆迁后现状见图 8.2-7。

图 8.2-7　房屋拆迁后现状

(6)流域生态安全保障体系尚未建立。

洱海历年来虽已实施湖滨带生态修复,但修复后的湖滨带生态尚不稳定,生态功能较弱。近年来开始建设缓冲带,恢复流域重要节点湿地,但对洱海未形成有效保护体系,对洱海保护能力不足。流域水土流失较严重,沿湖开垦为菜地、农田的现象较为普遍,流域陆地生态多样性亟待保护。

3. 区域排水问题

绿线内拆迁造成排水管网破坏,亟须进行管网完善,避免污水外流。村内灌溉沟渠数量多,经现场勘察,村庄范围内雨水大部分排入污水管,有少部分排入村内排水明沟,村内沟渠平时用来排放灌溉尾水(灌溉尾水已经过塘库处理),而后排入洱海,污染洱海水质。

### 8.2.1.3　治理方案

1. 湖滨缓冲带生态系统恢复

主要包括植物群落恢复、鸟类栖息地营建、鱼类生境保护与恢复等措施。湖滨缓冲带生态修复面积 762.96 hm²,修复后绿地率达 75% 以上。

洱海植被群落修复主要包括绿化隔离带、乔草防护带、灌草湿生带、挺水植物带和浮叶、沉水植物带 5 个部分的建设。现有植被提升改造包括现状湖滨林带提质增效、外来入侵物种清除、现有苗圃利用等。试验性沉水植被恢复工程主要在古生村、白鹤溪、洱滨村等 3 处区域,开展水下湖滨带沉水植物人工栽植,栽植面积共 78 000 m²。

为减少湖滨缓冲带人为干扰,在生态低敏感区域开展农业观光、滨水景观、亲水休闲等多种性质的生态旅游,将游客引导入生态低敏感区域,避免过多人流对洱海生态高敏感区域造成影响。建设视廊与平台工程 42 处,建设红山公园、海心亭等特殊生态节点 82 处。

2. 湿地建设工程

湿地建设工程主要包括河口湿地、沟渠湿地、生态净化区及特殊功能性湿地。共新建湿地 203.87 hm²,改造湿地 169 hm²。包括建设河口湿地 16 处(面积 71.2 hm²)、沟渠湿地 19 处(面积 11.31 hm²)、生态净化区 46.21 hm²、特殊功能性湿地 4 处(面积 75.15 hm²),改造海北湿地 169 hm²。其中,海西片区共建设河口湿地 16 处、沟渠湿地 17 处、生态净化区 28.16 hm²、特殊功能性湿地 2 处;海北片区建设沟渠湿地 2 处、生态净化区 18.05 hm²,保留罗时江、西闸河、弥苴河、永安江的现有河口湿地,进行适度改造,改善水流条件,提升生态功能;海东片区建设特殊功能性湿地 2 处。

根据生态修复需求及《关于将大理市才村、龙龛湿地纳入大理市环洱海流域湖滨缓冲带生态修复与湿地建设工程设计范围的通知》等要求,将海西片区才村、龙龛湿地实施内容纳入本项目,才村湿地面积 13.6 hm²,龙龛湿地面积 12.05 hm²;海东片区的湿地工程主要为向阳湾湿地和党校湿地。向阳湾湿地布置于环海路与洱海水面之间,占地面积 38.89 hm²,其中湿地面积约 37.45 hm²;党校湿地位于大理洱海东部、海东镇北村,占地面积共 10.61 hm²,其中湿地面积约 1.89 hm²。

3. 湖滨基底修复工程

工程对绿线以内的房屋基础及环海路进行清除及改造,恢复成生态岸坡、变墙为坡、变直为曲、变硬质防护为生态透水、清除面源污染因素,采取消浪措施及固坡措施保证岸坡的稳定性,根据生态恢复目标要求,在不同区域、不同高程之间有针对性地采取不同的恢复模式,为陆生系统及水生系统创造基底条件。

针对村庄段 1 806 户生态搬迁户的房屋基础结构及郊野段环海路进行生态化改造,洱海西岸片区湖滨岸带基底修复区共涉及下关镇、大理镇、银桥镇、湾桥镇、喜洲镇共 5 个乡(镇)30 个村庄,总长度 53.02 km,其中村庄段湖滨岸带长 30.22 km,郊野段湖滨岸带长 22.8 km;洱海东岸片区湖滨岸带基底修复区共涉及海东镇、双廊镇共 2 个乡(镇)3 个村庄,总长度 2.22 km,全部为村庄段。

4. 管网完善工程

管网完善工程主要服务于生态搬迁区,对原有洱海边部分居民点收集管破除,统一以重力流形式截流村落污水进入一期截污管道,并最大化以重力流形式将沿海居民点污水接入环湖截污管道。

项目覆盖区自下关镇小关邑村起北至喜洲镇桃源村止,并包含环湖工程一期截污干管东侧未覆盖的居民点。从北向南主要包括 23 个居民点:桃源村、深江村、沙村、江上村、河矣江村(部分)、北登村、石岭杨家村、大林邑村、北磻村、磻溪村、下波淜村、白塔邑村、马久邑村、龙凤村、才村、瓦村、小邑庄、下龙龛、北罗久邑、南罗久邑、下末南、下末北、洱滨村,共计服务居民点面积约 433.88 hm²。

本次设计需建设污水管包括 DN500 管(7.251 km)、DN600 管(5.12 km)、DN800 管(2.543 km)及 DN400 居民点污水恢复连接管(6.9 km)。

5. 生态监测廊道工程

生态监测廊道工程设计范围为洱海西岸、北岸和东岸。其中,洱海西岸范围为南起阳南溪,北至上关村,涉及下关、大理、银桥、湾桥、喜洲 5 个乡(镇);洱海北岸范围为西起沙坪湾罗时江,东至红山湾西岸,涉及上关镇;洱海东岸范围为南起机场路,北至红山湾东岸,涉及双廊、挖色、海东、凤仪 4 个乡(镇)。主线道路主要利用生态搬迁腾退区域、部分 S221 段、环海东路、机场路部分段、滨海大道和洱海北路。兼具生态保护、健康游憩、资源文化、绿色出行以及绿色经济发展等多种功能。生态廊道总长 48.91 km,道路面积 32.42 万 m²。

洱海西岸生态监测廊道:起点为阳南溪(桩号 K0+000),终点为上关村(桩号 K46+750.058),中心线长 46.75 km,廊道长 46.78 km,面积 31.04 万 m²。与现状道路、村巷、通道进行接顺;生态监测廊道沿线敷设箱涵 100 座,管涵 50 处,桥梁 26 座。

洱海北岸生态监测廊道:起点为上关村,终点为大丽高速双廊服务区,中心线长度 17.08 km。现状为环海东路海北段,路面结构为沥青混凝土路面。生态监测廊道利用现状路面靠近洱海侧,宽度为 2.50 m,直接在靠近洱海侧的现状路面上进行标示划分。

洱海东岸生态监测廊道:包括两部分,即利用环海东路现状路面、改建双廊和塔村路面。海东段环海东路可直接在靠近洱海侧的现状路面上进行标示划分,其中大丽高速双廊服务区至天镜阁段划分宽度为 2.5 m,天镜阁至机场路环岛段划分宽度为 4.0 m;双廊古街已成规模,路面为石板,路面暂不进行路面大修;塔村生态监测廊道北起于环海公路,南止于环海公路,沿线穿越塔村,中心线长为 2 155.221 m,全线圆曲线 27 个,最小半径 $R = 13$ m。

道路设计高程:村庄段设计高程与现状高程一致或略低于现状;郊野段设计高程高于现状标高 0.8~1.0 m,且保证设计标高不低于 1 966.5 m。道路最小纵坡 ≥0.3%,最大纵坡 ≤2.5%,坡长 ≥60 m。

生态监测廊道结合现状洱海湖滨缓冲带内分布的农田、苗圃、湿地、村镇等,主要分为村庄型和郊野型 2 种类型。

村庄型:红线宽度为 7 m,路基宽 8 m。其横断面布置如下:

0.5 m(土路肩)+4 m(自行车道)+3 m(人行道)+0.5 m(土路肩)= 8 m。

郊野型:红线宽度为 6.5 m,路基宽 7.5 m。其横断面布置如下:

0.5 m(土路肩)+4 m(自行车道)+2.5 m(人行道)+0.5 m(土路肩)= 7.5 m。

6. 科研试验地工程

本工程建设带有湿地修复功能科研功能的试验地共 5 个,分别为洱海水生植物繁育研究试验地、洱海入湖河口湿地可持续发展研究试验地、洱海水生态系统综合研究试验地、洱海土著水生动物繁育恢复试验场、洱海流域水生态环境研究试验地。

目前,各试验基地设计近期由洱海流域已有研究基础的中国科学院水生生物研究所和上海交通大学大理研究院入驻开展科研工作,因此本工程与这两家科研机构共同完善并细化试验基地建设内容。

工程建设的内容基本为:对试验地选址进行平整、提升,使其满足水生植物室外试验要求;新建 2 m 宽交通道;新建 DN200 污水管,将污水接入环湖截污一期管网;新增视频监控 2 部及设置铁艺围栏,满足试验地日常管理。新建管理用房 5 处,总建筑面积 650 m²,钢筋混凝土框架结构两层建筑。

　7. 服务系统设计

　1) 智慧系统设计

　生态监测廊道建设智慧管理系统的主要功能是为政府提供生态监测廊道生态保护,服务生态廊道管理,为社会大众提供环保科普等,实现对洱海生态廊道生态指标的监测,辅助洱海保护管理,兼顾公众康养休闲需求,最终实现对洱海生态廊道运行管理的数字化、信息化、智慧化。新建视频监控点位 200 处,沟渠湿地水质监测站点 48 处,水量监测站点 24 处;建设室外大屏 9 处,室外 AR 扫码点 55 处,无人超市 3 处,海西步道建设智能跑步系统,共计 40 km;一级控制中心 1 处,控制分中心 11 处;建设软件主要包括环保监测系统、生态廊道考核系统、监管执法系统、日常管理系统、智能跑道分析系统、智慧科普系统等。

　2) 标识系统

　本项目标识系统结合大理自然、历史、文化和民俗风情等特色,其设计概念提炼于洱海水文化元素、当地白族特色建筑风格、大理三塔以及苍山的山脉特征,选用节能环保的制作材料进行设置,按照引导、解说、指示、命名、警示等严格进行设置,共分设 6 级标识。标识重点设置于驿站、公共卫生间、自行车停放处、电瓶车上车点、湿地以及生态监测平台等区域。

　3) 灯光照明系统设计

　本工程中海西片区村庄段设置道路照明,主要服务于周边村民;郊野段与沿线景观相融合,沿路设置草坪灯进行亮化点缀;为保护湿地生态系统,湿地段不设置照明设施。海北及海东片区利用现状道路照明,不再设置照明设施。

　海西片区村庄段采用太阳能路灯,LED60W 杆高 6 m,单侧布置;郊野段采用低矮型柱灯,高度 0.6 m,双侧布置。

　道路照明供电电源引自临近 10 kV 市政配电网,沿道路穿管埋地敷设,分段设置 10 kV/0.4 kV 箱式变电站,间距为 800~1 000 m,照明控制箱设于箱变附近,分区分组控制,采用自动/手动控制方式。

　10 kV 线路敷设与道路建设同步实施,同时考虑后期扩展、维修,在道路建设时预留电力通道。采用 PVC 排管方式,沿路预留 4 根 φ160 mm CPVC 管及 1 根 φ110 mm 七孔梅花管,设于道路西侧并每隔 40~60 m 设置电缆手孔井。同时,在道路东侧设置通信管道,采用 5 根 φ110 mm UPVC 管及 1 根 φ110 mm 七孔梅花管。

　4) 监测管理用房

　本项目管理用房分为 3 类:陆域监测管理用房、巡驻点及水域监测管理用房,建设情况如下:

　(1) 陆域监测管理用房共设 13 座,单体建筑面积为 350 m²。

　(2) 巡驻点共设 19 处,单体建筑面积为 120 m²。

（3）水域监测管理用房。共设 6 处，其中桃源站点和引洱入宾站点利用现有优化，另外 4 个新建，新建站点用地面积 2 592 m²，新建建筑占地面积 1 300 m²。桃源站点设置码头，可停泊 6 艘 7 m 长的快艇，由岸边经过联系桥通向船艇停靠的浮桥，浮桥总长 77 m，宽度 2.5 m，距岸边 4~5 m。

### 8. 生态搬迁和安置

本项目生态搬迁和安置范围主要涉及下关镇、大理镇、银桥镇、湾桥镇、喜洲镇、上关镇、双廊镇、挖色镇、海东镇、凤仪镇等 10 个镇 49 个村委会，涉及土地面积 27 586.95 亩，其中永久征收 14 105.70 亩，临时征用 13 481.25 亩。永久征收土地包括农用地 6 315.60 亩（耕地 4 415.70 亩、林地 1 295.40 亩、其他农用地 604.50 亩）、建设用地 2 137.80 亩，未利用地 5 652.30 亩；临时征用土地包括农用地 6 183.15 亩，建设用地 6 791.85 亩，未利用地 506.25 亩。实施范围内涉及居民 1 806 户 7 676 人，其中经营户 353 户、农户 1 453 户。涉及各类房屋面积 743 001 m²。规划主要采取易地搬迁安置，政府统一规划区域，规划区域均位于洱海水生态保护区核心区界线外（"红线"范围）外。初步选定了 80 个生态搬迁集中安置点，共 88 个地块，搬迁安置区初步规划 1 300.62 亩安置土地，同时生产安置居民适当配置适量的土地资源，积极扶持引导居民从事第二、第三产业，安置居民恢复生产生活。

#### 8.2.1.4 项目总结

通过本工程的实施，将现有环洱海绿线范围内侵占水面的居民点、经营性客栈等人为干扰源迁出、拆除。采用以人工修复为辅、自然恢复为主的低生态干扰措施，修复和完善已受损的洱海湖滨带及缓冲带，使整个洱海湖滨生态系统恢复到自然良性循环状态。改善及恢复植物-动物生境，利用生态的湖滨带过滤和削减入湖污染物。通过强调工程生态功能，兼顾环境、康养功能，构建环洱海湖滨带生态屏障，促进大理经济社会的可持续发展。

（1）生态修复。

遵循自然生态规律，以自然修复为主、人工修复为辅的原则，采取适宜的工程措施、修复技术与管理对策，修复已退化的湖滨缓冲带生态系统，使其恢复健康的生态结构、应有的湖滨带功能、丰富的生物多样性。生物多样性综合指数高于现状，BI≥35.5，绿地率达 75% 以上，湖滨缓冲带修复面积 762.96 hm²，工程实施后使洱海湖滨生态系统基本恢复。

（2）污染物削减。

按照从源头治理的原则，污染物的削减应尽量在源头、上游进行，本工程是洱海的最下游、最后一道防线，水质净化目标必须与上游其他工程协同完成。对于洱海入湖面源污染物，规划调蓄带工程与本工程属于一个整体，其对污染物的削减以调蓄带消纳和回用为主。由于调蓄带工程仍处于规划中尚未实施，本次初步设计削减目标暂不考虑与之衔接。

因此，本工程在实施生态搬迁、截污管网完善、农田清退、生态净化区和湿地建设后，工程总体污染负荷削减目标为：COD 削减 30%，TN 削减 25%，TP 削减 20%。

（3）湖滨空间恢复。

通过生态搬迁、湖滨生态岸线基底修复等工程，将绿线以内的居民全部迁出，对原有房基、路基等硬质化地面进行破除，并采取生态措施进行修复，降低人为干扰，全面修复村庄段 32.44 km 的硬质岸线,恢复原有被侵占的湖区面积不小于 17 hm²,绿线以内无居民与建筑物侵占情况,保障洱海岸线管理以及生态空间管控更为有效。

(4)消除生活污染源。

对原有环湖截污一期干管工程未覆盖的居民点,通过本工程新建排水管网系统,实现沿湖 23 处居民点 46 397 人产生的 5 172.88 m³/d 的污水全面截流,服务人口满足 2030 年的需求,并在本次污水管网完善设计的基础上对路面漫流排放的初期雨水进行部分截留。

### 8.2.2　星海湖生态环境整治工程

#### 8.2.2.1　项目区基本情况

1.地理位置

石嘴山市地处宁夏回族自治区北部,位于东经 105°57′~106°68′、北纬 38°22′~39°24′,平均海拔 1 110 m,东临鄂尔多斯台地,西踞银川平原北部,南与本区的贺兰县、灵武市相连,北与内蒙古乌海市接壤,市域总面积 5 310 km²,占宁夏回族自治区土地面积的 8.0%。

星海湖位于宁夏回族自治区石嘴山市大武口区境内,南距银川市区约 70 km,距北武当生态旅游区 5 km。星海湖水域面积 23.38 km²,地理位置介于东经 105°58′~106°59′、北纬 38°22′~39°23′。星海湖位置见图 8-2-8。经过多年开发和建设,星海湖已建成为一个沙水相依、群岛环绕、林荫草茂、鸥翔鱼游、特色明显的沙水园林生态景区,成为石嘴山市最靓丽的城市名片。星海湖先后被评为国家级水利风景区、国家湿地公园、国家体育总局水上运动训练基地等。

图 8.2-8　星海湖位置

**2. 星海湖(大武口拦洪库)情况**

星海湖属于中型拦洪库,分南域、中域、北域和东域,主要担负汝箕沟、小风沟、大风沟、归德沟、韭菜沟、大武口沟等沟道的拦洪蓄洪任务。星海湖(大武口拦洪库)于1980年设立,2010年,《自治区水利厅关于石嘴山市大武口拦洪库除险加固工程初步设计报告的批复》(宁水计发〔2010〕28号),批复星海湖拦洪库面积共计23.38 km²,对大武口拦洪库进行除险加固,并将汝箕沟、大风沟、小风沟纳入星海湖防洪体系。星海湖防洪标准为50年一遇设计,100年一遇校核,保障大武口区、平罗县以及包兰铁路、平汝铁路、G6高速公路及第二农场渠等重要设施的防洪安全。

20世纪60年代至20世纪末,星海湖面积逐步萎缩,周边成了污水排污池、固废排渣场,滞洪区面积由原来的18.2 km²减少到16 km²,调洪区面积由7.2 km²减少到3.8 km²,防洪库容减少至1 150万m³,防洪能力不足10年一遇,严重威胁人民群众生命财产安全。

2003年,石嘴山市委、市政府经分析研判,对星海湖进行抢救性保护,启动实施了星海湖湿地自然保护及综合整治工程,疏浚湖泊150万m³,修筑调洪区围堤20 km,完善拦洪库7.6 km,形成常年水域面积23 km²,在湿地区域进行了大规模绿化。通过建设,提高了星海湖蓄洪、泄洪和防洪能力。

星海湖(大武口拦洪库)各域情况见表8.2-2。

**表8.2-2 星海湖(大武口拦洪库)各域情况**

| 名称 | 区域 | 面积/km² | 洪水来源 | 平均底高程/m | 设计洪水位/m | 校核洪水位/m | 正常蓄水位/m |
|---|---|---|---|---|---|---|---|
| 星海湖 | 北域 | 3.82 | 大武口沟 | 1 096.5 | 1 099.65 | 1 100.53 | 1 098 |
| | 中域 | 6.17 | 归德沟、韭菜沟、大武口沟 | 1 096.5~1 096.7 | 1 099.65 | 1 100.53 | 1 098 |
| | 西域 | 0.30 | | | 1 099.65 | 1 100.53 | 1 098 |
| | 南域 | 5.05 | 大风沟、小风沟、汝箕沟 | 1 096.5~1 096.7 | 1 099.65 | 1 100.53 | 1 098 |
| | 东域 | 5.80 | 滞洪区 | 1 094.8~1 095.7 | 1 098.6 | 1 098.6 | 1 096.5 |
| | 新月海 | 2.24 | | | | | |
| | 合计 | 23.38 | | | | | |

**3. 星海湖国家湿地公园情况**

星海湖湿地原为历史上的古沙湖遗址和自然形成的山洪滞洪区,是银川平原"七十二连湖"的组成部分,又名"北沙湖"。2002年星海湖湿地恢复性综合治理工程开工建设以来,形成了由东、西、南、北、中、新六大水域,2006年星海湖被列为全国首批70个湿地保护示范项目之一。星海湖湿地2011年正式成为国家湿地公园为首批国家级湿地公园,承担的功能主要包括保护鸟类栖息地、调节区域小气候、增加生物多样性及改善水环境、维护区域生态平衡、增强贺兰山生态屏障生态安全。

星海湖国家湿地公园湿地类型主要包括湖泊湿地、沼泽湿地及人工湿地。湿地生态系统服务功能包括供给服务(提供淡水、保护遗传资源);调节服务(净化水体、调节气候等);文化服务(休闲和生态旅游、教育价值等);支持服务(生产生物量、水循环、提供栖息地)。通过持续加大湿地植被恢复工作,湿地公园生态系统得到了极大的改善,形成了多样的湿地类型。截至目前,湿地公园(除去水面)绿化面积达到 958.45 hm²,绿地率 41.7%。

1)植物资源

根据湿地公园总体规划统计调查,湿地公园范围内多为温带植物,拥有高等植物 17 科 29 属 31 种。主要优势种包括柽柳、芦苇、长苞香蒲、碱蓬、蓆草等。

2)野生动物资源

星海湖湿地野生动物脊椎动物共有 16 目 21 科 76 种。其中,鸟类 9 目 12 科 55 种,鱼类 3 目 4 科 15 种,哺乳类 1 目 1 科 1 种,两栖类 1 目 2 科 3 种,爬行类 2 目 2 科 2 种,国家重点保护鸟类 5 种。

3)鸟类栖息地

星海湖国家湿地公园位于全球东亚—澳大利亚和中亚鸟类迁徙路线,是国际上鸟类迁徙和栖息繁衍的重要停留地,为鸟类提供了重要的栖息地和觅食区,有效改善了鸟类栖息繁殖的环境,已连续多年观测到国家二级保护鸟类白琵鹭、鸳鸯等,并在 2019 年观测到国家一级保护鸟类黑鹳。

4.星海湖水面及补水量历史变化

1)星海湖历史水面变化

星海湖 40 余年(1977—2018 年)以来的卫星影像资料直观反映湖泊水面的演替趋势,湖泊面积经历了原状—缩小—扩大的演替过程。20 世纪 70 年代的水面面积 10~12 km²;20 世纪 80 年代至 21 世纪初,水面面积缩小为 5~9 km²;近 10 年以来,尤其是 2004 年开始补充黄河水以来,星海湖水面面积扩大至 15~20 km²。

基于遥感解译的星海湖水面面积演变趋势见图 8.2-9。

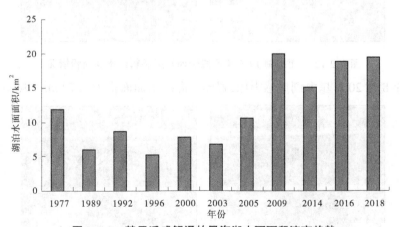

图 8.2-9　基于遥感解译的星海湖水面面积演变趋势

1977 年 9 月 22 日星海湖遥感影像,解译星海湖水面面积为 11.98 km²(见图 8.2-10)。

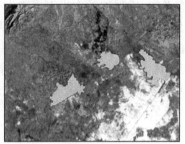

图 8.2-10　星海湖 1977 年遥感影像及遥感解译水面面积情况

1989 年 8 月 24 日星海湖遥感影像,解译星海湖水面面积为 6.05 km²(见图 8.2-11)。

图 8.2-11　星海湖 1989 年遥感影像及遥感解译水面面积情况

1996 年 8 月 2 日星海湖遥感影像,解译星海湖水面面积为 5.21 km²(见图 8.2-12)。

图 8.2-12　星海湖 1996 年遥感影像及遥感解译水面面积情况

2000 年 8 月 20 日星海湖遥感影像,解译星海湖水面面积为 7.79 km²(见图 8.2-13)。

图 8.2-13　星海湖 2000 年遥感影像及遥感解译水面面积情况

2003 年 8 月 15 日星海湖遥感影像,解译星海湖水面面积为 6.82 km$^2$(见图 8.2-14)。

图 8.2-14　星海湖 2003 年遥感影像及遥感解译水面面积情况

2005 年 7 月 10 日星海湖遥感影像,解译星海湖水面面积为 10.61 km$^2$(见图 8.2-15)。

图 8.2-15　星海湖 2005 年遥感影像及遥感解译水面面积情况

2009 年 11 月 3 日星海湖遥感影像,解译星海湖水面面积为 20.01 km$^2$(见图 8.2-16)。

图 8.2-16　星海湖 2009 年遥感影像及遥感解译水面面积情况

2014 年 7 月 28 日星海湖遥感影像,解译星海湖水面面积为 15.20 km$^2$(见图 8.2-17)。

图 8.2-17　星海湖 2014 年遥感影像及遥感解译水面面积情况

2016 年 4 月 12 日星海湖遥感影像,解译星海湖水面面积为 18.87 $km^2$(见图 8.2-18)。

 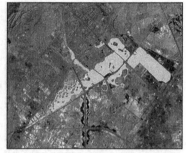

**图 8.2-18　星海湖 2016 年遥感影像及遥感解译水面面积情况**

2018 年 4 月 18 日星海湖遥感影像,解译星海湖水面面积为 19.53 $km^2$(见图 8.2-19)。

 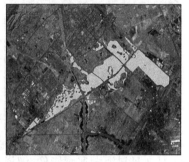

**图 8.2-19　星海湖 2018 年遥感影像及遥感解译水面面积情况**

2)星海湖历史补水情况

2004 年开始通过第二农场渠向星海湖生态补充黄河水,2004—2019 年合计向星海湖生态补水 3.21 亿 $m^3$。其中 2004 年生态补水 689.5 万 $m^3$,2008 年补水最多为 2 813 万 $m^3$,年均生态补水量 2 000 万 $m^3$(见表 8.2-3)。星海湖区域年降水量 179.8 mm,年水面蒸发量 1 107.3 mm,按照星海湖现状的水域面积计算,每年湖面蒸发量 2 040 万 $m^3$,与补水量基本平衡。星海湖生态补黄河水使用权证为 2 025 万 $m^3$。

**表 8.2-3　星海湖历年黄河补水量统计**　　　　　　　　　　　　　　　单位:万 $m^3$

| 年度 | 合计 | 年度 | 合计 |
|---|---|---|---|
| 2004 | 689.5 | 2013 | 2 275 |
| 2005 | 1 632 | 2014 | 1 799 |
| 2006 | 2 642 | 2015 | 2 016 |
| 2007 | 2 099 | 2016 | 1 929 |
| 2008 | 2 813 | 2017 | 2 293 |
| 2009 | 2 250 | 2018 | 1 916 |

续表 8.2-3

| 年度 | 合计 | 年度 | 合计 |
|---|---|---|---|
| 2010 | 1 933 | 2019 | 1 881 |
| 2011 | 1 838 | 补水总量 | 32 054 |
| 2012 | 2 040 | 年均补水量 | 2 003 |

星海湖补水量与水面面积变化见图 8.2-20。

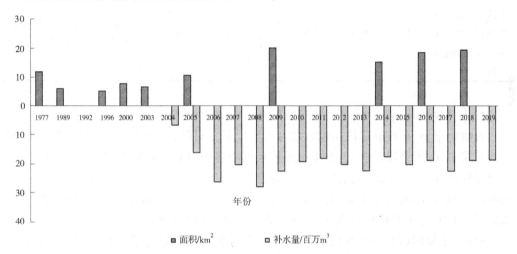

**图 8.2-20　星海湖补水量与水面面积变化**

5. 星海湖生态功能区划

根据《全国主体功能区规划》，大武口区位于国家重点生态功能区，对黄河中下游生态安全具有重要作用。

根据《全国生态功能区划(修编版)》，星海湖位于西鄂尔多斯-贺兰山-阴山生物多样性保护与防风固沙重要区，区内植被在涵养水源和防风固沙方面发挥着重要作用。

根据《宁夏回族自治区空间规划》，星海湖作为宁夏"三屏一带五区"生态网络大骨架中连接贺兰山生态屏障与黄河岸线生态廊道的节点，发挥着生态安全、生物多样性维护、生物迁徙等重要的功能，生态功能十分重要，关系着较大范围区域的生态安全。

星海湖国家湿地公园位于全球东亚——澳大利亚和中亚鸟类迁徙路线，是国际上鸟类迁徙和栖息繁衍的重要停留地，通过开展鸟类疫源疫病监测、鸟类栖息地恢复工程等措施，为鸟类提供了越来越多的栖息地和觅食区，有效改善了鸟类栖息繁殖的环境。

6. 星海湖水环境现状

1) 水功能区划

根据《宁夏回族自治区水功能区划修编报告》，宁夏全区共划分一级水功能区 27 个、二级水功能区 41 个。

星海湖的水功能区划分情况:一级水功能区为黄河宁夏开发利用区，二级水功能区为星海湖大武口景观娱乐用水区,水质目标 2020 年、2030 年均定为Ⅳ类。

星海湖二级水功能区划分见表 8.2-4。

表 8.2-4　星海湖二级水功能区划分

| 二级水功能区名称 | 所在一级水功能区名称 | 流域 | 水系 | 河流湖库 | 水质代表断面 | 水质目标 | | 区划依据 | 所属县(区) | 说明 |
| --- | --- | --- | --- | --- | --- | --- | --- | --- | --- | --- |
| | | | | | | 2020 年 | 2030 年 | | | |
| 星海湖大武口景观娱乐用水区 | 黄河宁夏开发利用区 | 黄河 | 黄河 | 星海湖 | 湖心水域 | Ⅳ类 | Ⅳ类 | 休闲娱乐 | 大武口区 | 国家湿地公园 |

2) 水环境质量现状

石嘴山市委、市政府坚决贯彻落实习近平生态文明思想,推进中央环保督察反馈意见整改落实工作,围绕湿地修复、水生态保护和水质提升、防洪滞洪,持续实施了湖底清淤、生物多样性保护、堤坝砌护、沿岸绿化等综合性工程,全面加强星海湖湿地综合整治,排查取缔污染源,退出所有渔业养殖,星海湖水质由劣Ⅴ类提升为Ⅳ类,氨氮($NH_3$–N)、化学需氧量(COD)等主要指标持续好转,防洪调蓄功能不断巩固提升。

根据《宁夏回族自治区水功能区划》,星海湖水功能区划为景观娱乐用水区,水质目标为Ⅳ类。经过多年治理,近年来星海湖水质明显改善,2020 年 1—5 月星海湖南域、中域、北域水质平均达到地表水Ⅳ类及以上。2020 年 6 月 11 日停止第二农场渠向星海湖补水后,星海湖水质逐渐恶化,7 月中旬水质监测数据显示,中域水质为Ⅴ类~劣Ⅴ类,主要超标因子为化学需氧量和总磷。

7. 星海湖水生态现状

1) 水生态环境现状

根据《沙湖流域水生态环境状况调查》,星海湖是沙湖流域的组成部分,沙湖流域生态环境生物总体现状引用该报告内容。

A. 浮游植物

采集调查浮游植物 137 种(仅鉴定到属的按一个种计算),隶属于 8 门 96 属。其中,以绿藻门种类最多,42 属 56 种,占总种类数的 40.9%;硅藻门次之,21 属 34 种,占24.8%。水体浮游植物常见属有微囊藻属、蓝纤维藻属、鱼腥藻属、栅藻属等 12 类。

B. 浮游动物

采样调查中共检测到各类浮游动物 47 种,其中轮虫 20 种,占 42.6%;枝角类 10 种,占 21.3%;原生动物 9 种,占 19.1%;桡足类 8 种,占 17.0%。轮虫常见属有臂尾轮属、多肢轮属、三肢轮属、晶囊轮属、腔轮属、龟甲轮属。

C. 底栖动物

调查中底栖动物共计检出 41 种别(仅鉴定到科、属者按一个种计算),隶属于 3 门 6

纲。其中,以节肢动物门昆虫纲种类最多,共 23 种。常见种类主要有环节动物门寡毛纲尾鳃蚓、水丝蚓,软体动物门瓣鳃纲背角无齿蚌、腹足纲萝卜螺,节肢动物门甲壳纲秀小长臂虾,节肢动物门昆虫纲划蝽。另外,水体尚有一定量的河蟹,为人工增殖放流种类。

D. 水生植物

调查采集到水生植物 30 种,隶属于 3 门 4 纲 17 科。从种类组成分析,绝大部分为湖泊中普生性的种类。各类水生植物生物量随水深等的变化呈现出一定规律的变化,沉水植物生物量为 $380 \sim 842$ g/m²,菹草生物量最高,大茨藻生物量相对较最低;浮叶植物生物量一般为 $270 \sim 305$ g/m²;挺水植物生物量一般为 $333 \sim 1\,460$ g/m²。

根据群落本身的特征和生态环境的特点,水生植被可分为 8 个群丛:芦苇群丛、香蒲群丛、香蒲-荇菜-眼子菜群丛、荇菜-菹草-狐尾藻群丛、荇菜群丛、菹草群丛、狐尾藻群丛、穿叶眼子菜群丛。

E. 鱼类

调查鉴定鱼类 24 种,隶属于 6 目 10 科。常见与优势种类主要有鲤形目鲤科的鲤、鲫、麦穗鱼、高体鳑鲏、鲢、鳙、草鱼,鲇形目鲇科的鲇,鲈形目塘鳢科的黄黝鱼、鰕虎鱼科的波氏栉鰕虎鱼。这些鱼类中,池沼公鱼、青鳉、乌鳢为引入种定居,而鲢、鳙、草鱼、团头鲂、大口鲇为人工放养或人工养殖种类逃逸进入。

2) 水动力条件

星海湖为人工修整的自然湖泊,目前南域通过连通渠与沙湖相连,连通渠闸门长期处于关闭状态,沙湖水不进入星海湖;星海湖水体常年处于非流动状态,主要水动力来源于水源补给,补给源主要为第二农场渠补水、山洪水、中水及周边雨水。山洪水来自大武口沟(进北域)、归韭沟(进中域)、大小风沟及汝箕沟(进南域)。

3) 流域水土保持

星海湖所在区域的地貌类型为贺兰山东麓洪积冲积倾斜平原区,平原区下缘地层岩性为砂层、黏性土和湖积物。现状水土流失类型为风蚀、水蚀并存,程度为轻度侵蚀和中度侵蚀。水土流失类型主要表现为:在降雨和地表径流的动力作用下,将直接受到冲刷和掏蚀。当风力超过沙粒启动速度时,易形成风蚀。星海湖南域淤积较为严重。黄河水和山洪水的流入,特别是山洪带来了大量的泥沙,且长时间得不到清淤整治,以致在湖区局部形成泥沙淤积,直接影响到星海湖湖区的库容,使得这一片水域水位降低,影响水域开发利用。

#### 8.2.2.2　存在问题

星海湖在防洪调蓄、水资源节约利用、水生态环境保护等方面主要问题如下:

(1) 水域面积过大。

星海湖(大武口拦洪库)面积为 23.38 km²,现状(常年)水域面积为 18.08 km²。星海湖区域年降水量 179.8 mm,年水面蒸发量 1 107.3 mm,由于水面面积较大,造成湖区内蒸发量较大。

(2) 水量消耗过多。

星海湖位于干旱地区,资源型缺水问题突出。生态补水水源主要是依靠工业、农业节约的黄河水。第二农场渠每年向星海湖生态补黄河水约 2 000 万 m³。湖水受蒸发影响,水资源损耗量较大,虽然区域生态环境改善明显,但也造成水资源损耗、浪费、高效利用不够等问题。

(3)湖体自净能力欠佳。

自从 2004 年以来,星海湖主要依靠黄河生态补水,补水水源单一,缺少水域水体的循环流动和多源补给,未能形成健康水生态系统,造成湖体自净能力减弱,存在水质下降风险。

(4)湿地生态系统不完善。

星海湖生态脆弱,生物多样性较少,微生物、植物、鱼类等生物丰富度不足,湿地生态存在结构单一、系统不健全等问题。

(5)节约集约利用水资源不够。

石嘴山市城市中水回用、水域水体循环利用和多源补给不够,农业用水质量、工业用水重复利用率、水资源综合利用率不高。人均本地水资源量为 207 $m^3$,约为全国人均水平的 1/10。农业用水量占总用水量的 88%,远高于全国 62.8% 的比例,用水结构严重失衡。

### 8.2.2.3　治理方案

统筹分析星海湖补水水源,确定以中水利用为主的补水方案,以水定湖、分区治理,提升中水水质,建立星海湖中水补水内循环和第二农场渠引水循环的星海湖内循环体系保证水质,最终实现"两减一治、四增强、一确保"的目标。

1. 减水面减水量方案

星海湖为大武口拦洪库,属于中型水库,分南域、中域、北域和东域,主要担负汝箕沟、小风沟、大风沟、归德沟、韭菜沟、大武口沟等沟道的拦洪蓄洪任务。同时,星海湖是古黄河自西向东游移过程中所形成的自然湖泊湿地,为国家湿地公园。统筹考虑星海湖防洪调蓄、湿地净化、生态环保、休闲旅游文化的功能和补水水源条件,分区施策,分区治理,提升防洪调蓄功能,改善生态功能,增强生物多样性,实现减水面减水量消耗的目标。

1) 中域、北域

星海湖作为中型拦洪库,中域和北域均具有拦洪的功能,按照防洪要求,汛期不能超过汛限水位;同时,星海湖作为国家湿地公园,原规划中域为恢复重建区,北域为湿地保育区,为石嘴山市人民群众亲水近水休闲的重要区域,北域和中域靠近城市中心,水位按汛限水位 1 098.0 m 控制,确保防洪库容,维持湖泊湿地状态。中域和北域常水位由 1 098.5 m 降低至 1 098.0 m,总体变化不大,与正常年份水位变化接近,中域水域面积减少 0.36 $km^2$,水深 1.3~1.5 m;北域水域面积减少 0.05 $km^2$,水深 1.5 m。

2) 南域

作为水库南域具有拦洪的功能,作为湿地南域原规划为恢复重建区,其湖域面积 5.05 $km^2$,现状常水位为 1 098 m 的情况下水域面积为 3.38 $km^2$,为湖泊湿地,微微起伏的小岛穿梭在水面。适当降低南域水位,湿地类型调整为湖泊沙洲沼泽湿地,增加防洪库容,增强防洪功能;降低水位后,增加沙洲岛和沼泽面积,通过自然修复和人工辅助恢复重建,改善和恢复湿地生态系统,增强湿地净化作用,改善湿地生境,为鸟类营造良好的栖息环境,提高生物多样性。南域水位降为 1 096.8~1 097.3 m,结合现状多沙洲特点恢复成自然沙洲湿地,水域面积调整为 1.54 $km^2$,减少约 1.84 $km^2$。

3) 东域

作为水库东域为滞洪区,作为湿地东域原规划为湿地保育区。东域远离城区,人为干预较少,湖域面积为 5.8 km²,现状水位为 1 096.5 m 的情况下水域面积为 5.68 km²,为滞洪区。东域水域面积大,降低东域常水位,增加防洪库容,可显著增强防洪功能,提升作为滞洪库的基本功能。东域水位降低 1.3 m,降为 1 095.2 m,恢复成自然表流湿地,水域面积调整为 0.7 km²,约减少 5.0 km²。水域减少后,增加了滩涂湿地面积,增强了表流湿地水质净化功能,改善了湿生植物生境。

星海湖减水面减水量实施后水域面积为 10.55 km²,蓄水量为 1 024.04 万 m³。

星海湖减水面减水量方案见表 8.2-5。

表 8.2-5　星海湖减水面减水量方案

| 区域 | 湖域面积/ km² | 现状(常年) | | | 减水面减水量 | | | |
| --- | --- | --- | --- | --- | --- | --- | --- | --- |
| | | 水位/m | 水域面积/ km² | 蓄水量/ 万 m³ | 水位/m | 水域面积/km² | 蓄水量/ 万 m³ | 一般水深/ m |
| 北域 | 3.82 | 1 098.5 | 1.99 | 338.1 | 1 098 | 1.94 | 239.55 | 1.5 |
| 中域 | 6.17 | 1 098.5 | 5.43 | 946.99 | 1 098 | 5.07 | 682.88 | 1.3~1.5 |
| 西域 | 0.3 | | 0.3 | | | 0.3 | | |
| 南域 | 5.05 | 1 098.5 | 3.38 | 524.91 | 1 096.8~ 1 097.3 | 1.54 | 22.63 | 0.1~0.3 |
| 东域 | 5.8 | 1 096.5 | 5.68 | 605.48 | 1 095.2 | 0.7 | 38.79 | 0.2~0.4 |
| 新月海 | 2.24 | 1 097.5 | 1.3 | 270.39 | | 1 | 40.19 | |
| 合计 | 23.38 | | 18.08 | 2 685.87 | | 10.55 | 1 024.40 | |

2. 星海湖生态需水量

1) 生态需水量确定原则

A. 科学合理性原则

宁夏湖泊的形成演变与黄河变迁、引黄灌区发展及黄河水资源支撑条件有密切的关系。星海湖的形成演变与防洪滞洪、引黄灌溉等不同历史时期的水利开发建设紧密相连,构成了独特的西北干旱地区湖泊湿地生态系统。

根据国家及流域相关功能定位及星海湖功能保护要求,按照《河湖生态环境需水计算规范》(SL/T 712—2021)等相关规范的技术规定,充分考虑星海湖生态环境特征及水资源禀赋条件,科学选择生态水量计算方法,合理确定星海湖生态水量指标。

B. 有限目标原则

石嘴山市属于干旱半干旱地区,水资源贫乏,生态、生产用水矛盾极为突出,星海湖生态保护应根据国家生态保护的战略要求,结合西北干旱地区湖泊水资源禀赋条件差的特点,星海湖生态水量应根据补水水源条件,坚持有限目标,量水而行,以水量确定保护规模。以维护星海湖的功能为目标,以维持星海湖最小水面面积为基础,确定星海湖的基本生态水量。

C. 适应性管理原则

本次提出的星海湖生态水量是基于一定的功能保护要求,在一定条件下、一定阶段内和一定保证率下的生态水量。在生态水量管理中,应进一步根据补水条件、水资源配置和管理实践、水资源重大配置工程及调度运行等实际进行动态调整,实施星海湖生态水量适应性管理。

2)生态需水量计算方法

A. 相关规范要求

(1)《河湖生态环境需水计算规范》(SL/T 712—2021)。

根据《河湖生态环境需水计算规范》(SL/T 712—2021),湖泊生态环境需水量计算应根据湖泊生态环境保护目标对应的水文过程要求,选择合适的计算方法,分别计算湖泊的基本生态环境需水量和目标生态环境需水量。

湖泊生态环境需水计算包括基本生态环境需水量年最小值、年内不同时段值和全年值计算等。其中,年最小值计算根据资料系列采用不同的方法,有长系列($n$ 大于 30 年)水位资料的湖泊,可采用 $Q_p$ 法;缺乏长系列水位资料的湖泊,可采用"近 10 年最枯月平均水位法",比较分析采用多种方法计算的结果,合理确定基本生态环境需水量最小值。

基本生态环境需水量年内不同时段值计算可采用频率曲线法,通过分析生态-水文过程分析,按汛期、非汛期或逐月计算基本生态环境需水量的年内不同时段平均水位。也可根据保护目标所对应的生态环境功能,分别计算维持各项功能不丧失需要的水量,取外包值作为年内不同时段值。维持湖泊形态功能不丧失的水量,可采用湖泊形态分析法。维持生物栖息地功能不丧失的水量,可采用生物空间法;当生物保护物种为多个时,应分别计算各保护物种的水位,并取外包值。维持自净功能基本要求的水量可按照纳污能力计算的相关规定计算。全年值计算可以用水位表示,也可以用水量表示。

(2)《河湖生态需水评估导则》(SL/Z 479—2010)。

根据《河湖生态需水评估导则》(SL/Z 479—2010),湖泊生态需水在空间上应分为入湖生态需水、湖区生态需水和出湖生态需水三个方面。其中,湖区生态需水包括湖泊生态水位和湖区生态耗水。湖区生态耗水是为维持湖泊一定生态水位,湖区所需要消耗的水量。湖泊生态耗水由湖区植物蒸散发、水面蒸发量和湖泊渗漏量组成。计算湖泊最低生态水位的方法有天然水位资料法、湖泊形态分析法、最小生物空间分析法等。湖区生态耗水等于湖区水面蒸发量减去湖区水面降水量加上湖泊渗漏量。

(3)《河湖生态保护与修复规划导则》(SL 709—2015))。

根据《河湖生态保护与修复规划导则》(SL 709—2015)),湖泊湿地最低生态水位是指维持湖泊湿地基本形态与基本生态功能的湖区最低水位,是保障湖泊湿地生态系统结构和功能的最低限值。湖泊湿地最低生态水位计算方法可以采用频率分析法、湖泊形态分析法、生物空间最小需求法等。最低生态水位不能小于 90%保证率最枯月平均水位。适宜生态水位是指满足湖区和出湖下游敏感生态需水(与河流连通时)的水位及过程,是保障湖泊湿地生物多样性的基本限值。对闭口型湖泊,要考虑湖区生态需水,根据湖区水生生态保护目标要求,结合湖泊常水位和水面面积、湿地面积等,采用生物空间法等确定适宜水位及其过程。对吞吐型湖泊,除考虑湖区生态需水外,还需满足湖口下游敏感生态需水的湖泊下泄水量及过程。

(4)《水资源保护规划编制规程》(SL 613—2013)。

根据《水资源保护规划编制规程》(SL 613—2013),湖泊生态需水指入湖生态需水量及过程,其水量由湖区生态需水量和出湖生态需水量确定。对吞吐型湖泊,入湖生态需水量为湖区生态需水量和出湖生态需水量之和;闭口型湖泊入湖生态需水量即湖区生态需水量。湖区生态需水量包含两部分:湖区生态蓄水变化量和湖区生态耗水量。前者采用最小生态水位法计算;后者采用水量平衡法计算。

(5)《水工程规划设计生态指标体系与应用指导意见》(水总环移〔2010〕248 号)。

该指导意见提出湖泊生态需水指入湖生态需水量及过程,其水量由湖区生态需水量和出湖生态需水量确定。对吞吐型湖泊,入湖生态需水量为湖区生态需水量和出湖生态需水量之和;闭口型湖泊入湖生态需水量即湖区生态需水量。湖区生态需水量包含两部分:湖区生态蓄水变化量和湖区生态耗水量。前者采用最小生态水位法计算;后者采用水量平衡法计算。

(6)《水域纳污能力计算规程》(GB/T 25173—2010)。

该规程明确计算湖泊水域纳污能力,应采用近 10 年最低月平均水位或 90%保证率最枯月平均水位相应的蓄水量作为设计水量。

(7)《全国水资源调查评价生态水量调查评价补充细则》(水总环移〔2018〕506 号)。

全国第三次水资源调查评价工作印发了《全国水资源调查评价生态水量调查评价补充细则》用于指导河湖水系生态水量调查评价工作。

该细则规定,基本生态环境需水量是指维持河湖给定的生态环境保护目标对应的生态环境功能不丧失,需要保留在河道内的最小水量(水位、水深)及其过程。基本生态环境需水量是河湖生态环境需水要求的底限值,包括生态基流、敏感期生态需水量、不同时段需水量和全年需水量等指标。其中,生态基流是其过程中的最小值,一般用月均流量(或水量)表征;敏感期生态需水量是维持河湖生态敏感对象正常功能的基本需水量及其需水过程;不同时段需水量可分为汛期、非汛期两个时段的需水量,对于东北、西北等封冻期较长的地区,还应包括冰冻期时段。湖泊生态水量的计量单位主要用水位、水量等指标。

根据上述有关导则规范等规定的湖泊生态环境需水计算要求,总结湖泊生态水量计算方法如表 8.2-6 所示。

表 8.2-6　湖泊生态水量计算方法

| 序号 | 方法 | 方法类别 | 指标表达 | 适用条件及特点 |
|---|---|---|---|---|
| 1 | 90%保证率法($Q_p$ 法) | 水文学法 | 90%保证率最枯月平均水位 | 要求拥有长系列水文资料 |
| 2 | 近 10 年最枯月平均水位法 | 水文学法 | 近 10 年最枯月平均水位 | 与 90%保证率法相同,均用于纳污能力计算 |

续表 8.2-6

| 序号 | 方法 | 方法类别 | 指标表达 | 适用条件及特点 |
|---|---|---|---|---|
| 3 | 频率曲线法 | 水文学法 | 用长系列水文资料的月均水位的历史资料，构建各月水位频率曲线，将95%频率相应的月平均水位作为对应月份的节点基本生态环境需水量控制指标，组成年内不同时段值，用汛期、非汛期各月的平均水位复核汛期、非汛期的基本生态环境需水量控制指标 | 要求拥有长系列水文资料，考虑了各个月份湖泊水位的差异 |
| 4 | 水量平衡法 | 整体法 | 根据湖区降水、蒸发和渗漏、出入径流量等按照水量平衡原理，根据湖泊水面面积保护要求，确定湖泊的生态水量 | 需要湖泊区域的降水、蒸发及渗透以及出入径流量等 |
| 5 | 最小生态水位法 | 整体法 | 湖泊湿地最低生态水位计算方法可以采用频率分析法、湖泊形态分析法、生物空间最小需求法等综合确定。最低生态水位不能小于90%保证率最枯月平均水位 | 需要长系列水位数据、湖泊形态数据及生物资料等 |
| 6 | 功能分析法 | 整体法 | 可根据保护目标所对应的生态环境功能，分别计算维持各项功能不丧失需要的水量，取外包值作为年内不同时段值。维持湖泊形态功能不丧失的水量，可采用湖泊形态分析法。维持生物栖息地功能不丧失的水量，可采用生物空间最小需求法；当生物保护物种为多个时，应分别计算各保护物种的水位，并取外包值。维持自净功能基本要求的水量可按照纳污能力计算的相关规定计算。 | 需要长系列水位数据、湖泊形态数据及生物资料等 |

B. 计算方法选用

按照《河湖生态环境需水计算规范》（SL/T 712—2021）等相关计算规范要求，湖泊生态水量的计算方法主要有90%保证率法（$Q_p$法）、近十年最枯月水位法、频率曲线法、水量平衡法、最小生态水位法和功能分析法等。根据相关规范中湖泊生态水量计算的适用条件及其特点，考虑到目前星海湖缺乏基本性水文、生态监测数据，许多计算方法应用时面临许多困难。结合星海湖实际特点，本研究选用水量平衡法开展星海湖生态水量计算。水量平衡法是根据研究区各水量收支情况确定生态需水量的一种方法，该方法也是目前湖泊生态水量计算的主要方法。

3）星海湖生态需水量

生态需水量计算以湖泊湿地生态系统水量平衡为基础，当降水不能满足耗水需要时，需要利用外来水资源进行补充，以保证湿地生态系统的健康状态。结合星海湖的现状特

点,其生态需水量可由下式表示:

$$W_L = W_W + W_P + W_S + W_M - W_R$$

式中:$W_L$ 为湖泊湿地生态需水量;$W_W$ 为水面蒸发消耗需水量;$W_P$ 为湿地植物需水量;$W_S$ 为渗漏需水量;$W_M$ 为绿地灌溉需水量;$W_R$ 为降水量。

A. 降水量

降水是星海湖的重要补给来源之一,星海湖地处宁夏引黄灌区腹地,降水量少,根据石嘴山市平罗雨量代表站 1988—2019 年长系列降水量观测成果资料,星海湖区域多年平均降雨量为 179.8 mm。按照星海湖面积为 23.38 km² 核算,多年平均条件下降水进入星海湖的水量为 420.37 万 m³。

B. 蒸发量

蒸发是星海湖水量损失的重要途径之一,星海湖位于我国西北干旱半干旱地区,区域蒸发强烈。星海湖附近水文站点有大武口沟水文站和平罗站,大武口沟水文站位于贺兰山出山口附近,风速大、蒸发量偏大;平罗站位于平原区,与星海湖蒸发情况接近。根据石嘴山市平罗蒸发代表站采用 E-601 型蒸发皿测定的 1965—2019 年长系列蒸发观测成果资料,核算多年平均蒸发为 1 107.3 mm。根据 E-601 型蒸发皿和实际水体蒸发量的换算关系,系数取值 0.9。按照星海湖水面面积为 10.55 km² 核算,星海湖蒸发水量为 1 051.38 万 m³。

C. 渗漏量

渗漏是星海湖水量减少的一个关键途径,为了准确计算星海湖渗漏水量,星海湖渗漏补给量按照达西定律进行计算,是由渗透系数、过水断面面积和水力坡度共同决定的。渗漏量计算公式为

$$W_S = KAJ$$

式中:$W_S$ 为渗漏量,m³;$K$ 为渗透系数,m/d;$A$ 为渗透面积,m²;$J$ 为水力坡度,无量纲。

按照宁夏相关湖泊相关研究成果,星海湖渗透系数数值取 0.000 1 m/d,水力坡度为 1。按照星海湖水面面积为 10.55 km² 核算,渗漏水量为 38.51 万 m³。

D. 湿地植物需水量

湿地植物需水量是植被正常生长所需要的水量,包括 5 部分:植物同化过程耗水和植物体内包含的水分、植物蒸腾耗水、植株表面蒸发耗水以及土壤蒸发耗水。而植物蒸腾耗水和土壤蒸发耗水的水量之和,即蒸散发量占植物需水量的 99%,所以可将其近似理解为植物需水量。在估算大区域或流域植物需水量时,常采用植被面积和蒸散发量的乘积进行植被需水量的计算。其公式为

$$W_P = A(t)ET$$

式中:$W_P$ 为湿地植物需水量;$A(t)$ 为湿地面积;$E$ 为植被覆盖度;$T$ 为蒸散发量。

湿地是生物、植物多样性极其丰富的地区,在计算植物需水量时只能选择有代表性的植物,并选择关键物种和指标值进行计算。星海湖的野生群落以芦苇为优势种,所以以芦苇的覆盖度划分需水量级别来计算植物需水量是合理的。计算过程中的芦苇的蒸散发量值参考了国内部分学者的研究成果,芦苇覆盖度取值为 60%,年蒸散发量取值为 1 200 mm。湿地面积取值为星海湖不包括水面和湖滨带绿地区域为 8.29 km²,计算植物需水量

为 596.88 万 m³。

E. 绿地灌溉需水量

根据《宁夏回族自治区城市生活用水定额(试行)》(宁水发〔2008〕19 号),绿化用水为 1~3 L/(m²·d)。草坪一般晴天是 2~3 d 浇灌 1 次,地被植物(小灌木)连同乔木一般晴天是 3~5 d 浇灌 1 次。综合考虑用水定额和浇灌次数,星海湖湖滨带浇灌水量取值 0.3 m³/(m²·a),星海湖湖滨带面积约 4.54 km²,绿地灌溉每年需水量约为 136.2 万 m³。

F. 星海湖生态需水量

以湖泊湿地生态系统水量平衡为基础,根据以上计算结果,星海湖每年的生态需水量约为 1 402.6 万 m³。

3. 补水水源分析

星海湖周边可利用水源包括中水、雨洪水和城市雨水径流。

1) 中水水源

目前,石嘴山市共有 7 座城市污水处理厂和 3 座工业园区污水处理厂(见图 8.2-21)。从图 8.2-21 可以看出,石嘴山市第二污水处理厂、石嘴山市第四污水处理厂、石嘴山经济技术开发区东区污水处理厂和平罗工业园区循环试验区污水处理厂距离星海湖相对较远,难以向星海湖补水;星海湖周边共有 5 座城镇污水处理厂和 1 座工业园区污水处理厂,距离星海湖较近,易于向星海湖补水。这些污水处理厂于 2019 年平均实际处理量约为 2 589 万 m³/a,中水回用量约为 534 万 m³/a,外排水量约为 2 038 万 m³/a。

石嘴山市第一污水处理厂位于星海湖北域西北方向约 300 m,其 2019 年外排水量约为 1 013 万 m³/a,可作为星海湖补水主要水源;石嘴山市第三污水处理厂目前停止运行,其收集污水排入石嘴山市第一污水处理厂进行处理;石嘴山市第五污水处理厂、平罗县第一污水处理厂、平罗县第二污水处理厂和平罗县 1 座工业园区污水处理厂均位于星海湖南侧,排向三二支沟和第三排水沟,其外排水量平均约 1 025 万 m³/a,可供星海湖补水使用。

考虑到星海湖以南 4 座污水处理厂比较分散,铺设管线到星海湖为其补水工程较大,且目前第三排水沟(平罗段)水污染治理工程——威镇湖截流净化工程已经建设完成,威镇湖改造成表流湿地并与第三排水沟相连对其进行处理,设计日处理水量约为 15 万 m³/d,出水水质为地表水 V 类,冬季 5 个月不运行,可作为星海湖补水主要水源。

2) 其他水源

星海湖流域可收集的洪水资源约 200 万 m³/a,主要在上游河道截潜工程收集并用于周边灌溉供水。经核算,石嘴山市主城区雨水径流约 167 万 m³/a,雨水径流水质较差,直接补水将影响星海湖水质,不作为主要补水水源,可作为补充水源。其他补水水源用于南域补水,运行中根据补水水量情况,适当抬高南域水位。

沙湖退水受沙湖黄河补水影响较大,退水量不稳定,且沙湖星海湖连通通道尚需进一步进行生态修复治理,以提升水质。近期暂不考虑沙湖退水向星海湖补水,远期结合宁北生态水网连通循环体系,统筹考虑沙湖退水与典农河来水,完善区域水循环体系。

3) 补水水源结论

通过以上分析可以看出,星海湖周边可利用水源包括中水、雨洪水和城市雨水径流,

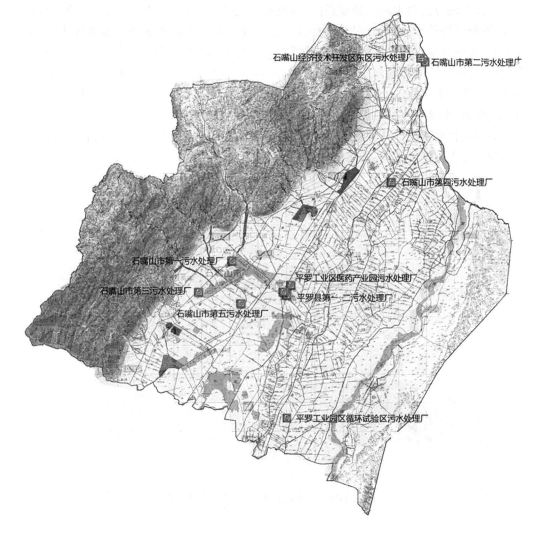

**图 8.2-21　石嘴山市污水处理厂位置分布**

而中水(石嘴山市第一污水处理厂出水、威镇湖湿地出水)作为星海湖主要补水水源,雨洪水作为补充水源。

星海湖每年的生态需水量约为 1 402.6 万 $m^3$。石嘴山市第一污水处理厂排水每年可为星海湖补水约 1 013 万 $m^3$,缺失 389.6 万 $m^3$。补水可从威镇湖湿地引调,石嘴山市第一污水处理厂排水和威镇湖湿地出水每年可为星海湖补水 1 402.6 万 $m^3$,满足其生态用水需要。

4. 补水水质提升方案

星海湖主要补水水源为石嘴山市第一污水处理厂排水和威镇湖湿地出水,其中石嘴山市第一污水处理厂设计排水标准为一级 A,实际出水水质优于一级 A 标准;威镇湖湿地设计出水水质为地表水 V 类,实际出水为劣 V 类。星海湖水质考核目标为地表水 IV 类,星海湖生态补水水源需进行深度处理达到地表水 IV 类后才能为星海湖补水。

综合考虑分析再生水厂处理规模、威镇湖湿地可利用水量、出水水质和周边的可利用土地、地形条件等,补水水质提升方案包括新建威镇湖湿地提水泵站及输水管线、中水深度处理、东域湿地生态修复和中域水环境治理。拟对石嘴山市第一污水处理厂出水管线进行切改,在威镇湖湿地出口新建取水泵站(引水流量 2 万 m³/d)和 11.2 km 输水管线,使其出水进入中水深度处理工程,中水经中水深度处理工程后,达到地表水Ⅳ类,经北龙州表流湿地、东域表流湿地进一步处理后,作为星海湖补水水源。

星海湖补水水质提升主要包括威镇湖湿地提水泵站及输水管线、北域潜流湿地工程和东域湿地生态修复工程,详见图 8.2-22。

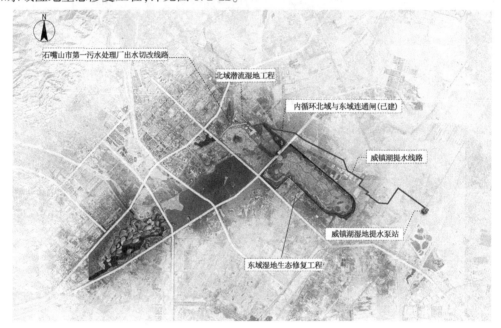

图 8.2-22　星海湖补水水质提升工程布置

1)威镇湖湿地提水工程

威镇湖湿地出水为星海湖主要补水水源,在十二分沟入第三排水沟处西侧新建威镇湖提水泵站 2 万 m³/d,将威镇湖湿地出水提升后经过 11.2 km 输水管线输送至北域潜流湿地进行深度处理。

2)北域潜流湿地工程

北域潜流湿地建于星海湖北域北侧,成星海湖天地和航空小镇之间的区域,占地面积 46 hm²,其中潜流湿地面积 20 hm²,其余为布水沟渠、收水沟渠、道路、提升泵房、管理用房及其他景观设施等。

3)东域湿地生态修复工程

星海湖东域位于山水大道以北、滨湖大道以东,东西长约 4.3 km,南北最宽处约 2.1 km,总面积 5.8 km²。东域湿地以缩减水面保证蓄洪滞洪功能为前提,以自然湿地、生态恢复为主,包括湿地生态净化区 25.6 hm²;滨岸带修复区改造岸线总长度 11.9 km;湿地保护区 20 hm²。

5. 星海湖水循环方案

星海湖中水补水量为 1 403 万 m³/a,经过深度处理后达到地表Ⅳ类标准,综合分析星海湖历史演变和周边河湖水系条件,构建星海湖"三循环"体系。一是建立中水补水内循环体系,改善水动力条件,增强水体自净能力,进一步削减水体主要污染物,保障一定时期内化学需氧量(COD)、氨氮(NH₃-N)、总磷(TP)等主要环保考核监测指标达标。二是建立第二农场渠引水循环体系,由于星海湖水面蒸发量较大,水体中的总氮(TN)和盐分易发生富集,中水补水内循环体系可保证水体在一定时期内水质达标,长期来看易造成星海湖藻华爆发和水体咸化,因此需增加第二农场渠引水循环体系,维护星海湖水体稳定达标。三是建立宁北生态水网连通大循环体系,流域河湖水系互连互通,实现星海湖较大流量水体循环,进一步发挥星海湖生态净化作用,促进流域水质稳定达标。宁北生态水网连通大循环体系为远期实施方案,不纳入本次工程设计范围。

1) 中水补水内循环方案

为提高星海湖自净能力,延缓星海湖水质恶化,需增强星海湖内部水动力条件,对中水补水进行循环,并充分利用生态修复后的东域和南域湿地净化功能。

拟在星海湖东域西侧新建提升泵站,设计流量为 1.4 m³/s;输水管线沿湖岸分别给中域和南域进行补水,中域补水流量为 0.7 m³/s,南域补水流量为 0.7 m³/s,输水管线长 8.8 km。南域水体通过新建提水泵站进入中域,汇合后流向北域,最终流回东域,实现补水水源循环。

补水水源内循环示意见图 8.2-23。

2) 第二农场渠引水循环方案

补水水质提升和补水内循环实施后,解决了星海湖的生态补水问题,一定程度上延缓了其水质恶化的趋势。但由于补给星海湖的中水基本用于星海湖的蒸发、渗漏和植物蒸腾等生态需水,污染物仅靠植物吸收难以完全去除,余留污染在湖内富集,水质目标难以长期稳定达标,水体逐渐富营养化将引发藻华问题。而且中水全盐量含量较高(1 400 mg/L),难以降解和消除,逐渐富集将导致星海湖咸化和盐渍化问题。

为解决上述问题,拟建立第二农场渠引水过流循环体系,将星海湖作为黄河水过流通道,第二农场渠来水进入南域和中域,流入北域后通过新建排水泵站排回第二农场渠,引排水等量,不消耗黄河水,拟引水过流循环水量为 1 000 万~1 500 万 m³/a。宁北生态水网连通大循环体系建立后,逐步减少引水过流循环水量,甚至停止运行第二农场渠引水过流循环。第二农场渠引水循环方案见图 8.2-24。

6. 南域湿地生态修复方案

星海湖南域位于滨湖大道以北、世纪大道以南、沙湖大道以西,东西长约 3.8 km,南北最宽处约 2.1 km,总面积 5.05 km²。

对降低水位后南域进行地形重塑、驳岸修复、生境修复和生态系统结构修复,建设为自然沙洲型湿地,深浅不一的地形和岛屿生境让生态系统更加多样化,也为湿地植物和微生物群创造了更为丰富的环境,强化了湿地在净化水质方面的功能,可作为补给的中水和第二农场渠来水的过滤净化区域。

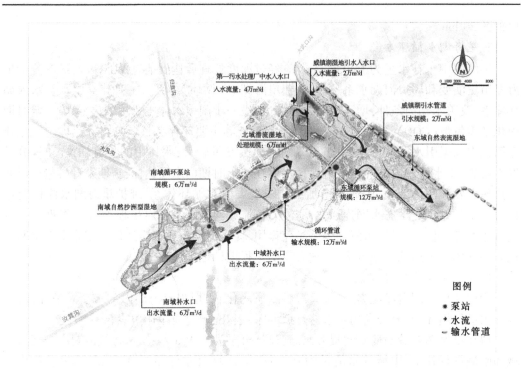

图 8.2-23　补水水源内循环方案

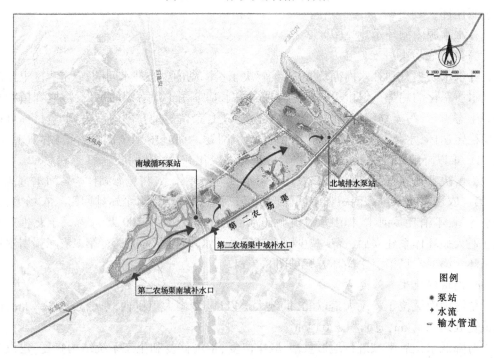

图 8.2-24　第二农场渠引水循环方案

依托其丰富的场地资源,结合石嘴山地区的石文化、水文化和民俗文化,通过构建

"石之廊道""水之廊道"和科普宣教设施,融湿地科普教育、休闲游憩、文化创意于一体,营造丰富多彩的体验空间,更好地发挥文化宣传和科普教育的作用,增强湿地休闲旅游文化功能。南域湿地生态修复工程布置见图 8.2-25。

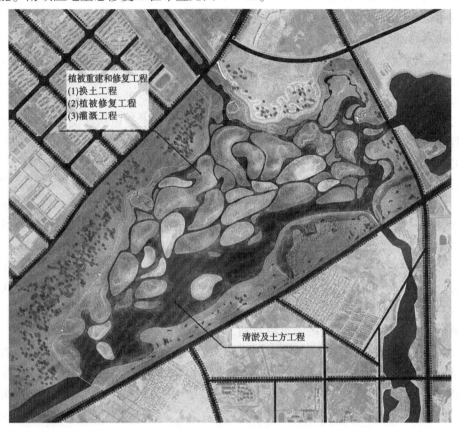

**图 8.2-25　南域湿地生态修复工程布置**

以保证蓄洪滞洪功能为前提,对南域湿地进行生态修复。南域湿地总体生态修复面积为 1.75 km²,其中主要包括清淤及土方工程、植被重建和修复工程两大工程。

清淤及土方工程主要包含两部分,分别为南侧水域的湖底挖方,以及北侧水域局部挖方后的水系连通的挖方。植被重建和修复工程主要集中在现状岛屿中的裸露土地区域,通过换土工程、植被修复工程及配套的灌溉工程,实现现状岛的植被修复。

7. 智慧管控

建设星海湖水位、水量、水质、视频感知体系,提升改造星海湖通信网络系统,打造环星海湖智慧管理系统,实现对星海湖洪水预警、水质监测、生态监测、循环调度、洪水调度,辅助星海湖管理与保护,实现对星海湖运行管理的数字化、信息化、智慧化。

### 8.2.2.4　项目总结

保护黄河是事关中华民族伟大复兴和永续发展的千秋大计。为落实习近平总书记视察宁夏重要讲话精神,落实黄河流域生态保护和高质量发展要求,扭转挖湖造景情况,提高黄河上游水资源集约利用水平,2020—2021 年在宁夏党委政府的指导下,中水北方勘测设计研究有限责任公司作为勘察设计和 EPC 总承包牵头单位实施了本项目。

工程总投资 3.88 亿元,已于 2021 年 11 月验收并连续运行 1 年以上。本工程的成功经验对黄河上游水资源匮乏地区湖泊、大型人工湿地、湖泊替代水源、湖泊水循环等方面均起到示范作用,具有极大的推广应用价值。

1. 技术特点

(1)统筹兼顾、系统治理。本工程在设计过程中,统筹考虑星海湖在水资源、水环境、水生态和水安全上存在的问题,通过新建人工湿地、湖泊水体人工循环、湖泊生态修复、调整水库形态建成近自然湿地等技术,对星海湖进行了系统治理。

(2)设施简单、建设周期短、见效快。本工程建设内容主要包括潜流湿地、表流湿地、输水管线、提水泵站和对湖泊进行生态修复,建设设施比较简单;2021 年 2 月 1 日开工建设,2021 年 11 月 26 日完工,总工期 298 d,实现了当年开工当年完工,建设周期较短。

(3)因地制宜,解决现有生态问题。统筹考虑星海湖所在地区的自然禀赋和资源条件,针对星海湖存在的生态问题,充分发掘并利用区域本地的水资源来替代黄河水进行生态补水;结合星海湖分区管理和引黄渠道引水特点,因地制宜地构建了星海湖内、外循环体系,增强了星海湖水动力条件和自净能力,保障了星海湖水环境质量。

(4)对污染负荷波动的适应能力强。本工程主要通过新建人工湿地来对中水进行深度处理,由于中水自身存在水量和水质不稳定情况,人工湿地在实际运行过程中处理水量在 2 万~6 万 $m^3/d$,进水水质在地表水 V 类至城镇污水处理厂一级 A 标准之间波动,但人工湿地出水均能稳定达标,对污染负荷波动的适应能力较强。

(5)生物多样性强、生态系统稳定。本工程将星海湖东域(水面面积 5.8 $km^2$)改造成"塘+表+滩"结合的近自然表流湿地,对星海湖南域(面积 4.08 $km^2$)实施了生态修复改造成湖泊沙洲沼泽湿地,工程实施后,星海湖形态结构更加多元化,水生动植物、水禽明显增加,生物多样性增强,生态系统趋于稳定。

(6)运维简单、管理技术要求低。本工程运维主要包括潜流湿地运行维护和内、外循环调度,通过新建的智慧化管控体系,可以实时监测并灵活科学地对整体工程进行管理调度,建成后仅由 2~4 人进行日常运行维护和管理,运维简单、管理技术要求低。

2. 先进性与创新性

(1)构建星海湖内、外循环体系,解决使用中水单一补水水源情况下污染物在湖泊中逐渐累积而导致水质恶化问题。

本工程通过新建潜流湿地和表流湿地对中水进行深度净化后来替代黄河水对星海湖进行生态补水,在使用中水单一补水水源情况下,补给的中水基本用于星海湖的蒸发、渗漏和植物蒸腾等生态需水。在没有其他外来水源补给循环的情况下,污染物在湖内累积,星海湖水体会逐渐恶化并富营养化,并且中水全盐量含量较高(1 400 mg/L),难以降解,将引起盐分累积,星海湖面临咸化和盐碱化的风险。根据星海湖分区管理特点,构建了星海湖内循环体系,循环流量为 1.4 $m^3/s$,增强了星海湖水动力,提高了其自净能力,延缓了星海湖水质恶化;结合星海湖周边可利用水资源,构建了星海湖引黄过流外循环体系,引排水等量,不消耗黄河水。星海湖的内、外循环体系,彻底解决了星海湖使用中水单一补水水源情况下水体富营养化、咸化和盐渍化问题。

（2）解决了北方地区潜流湿地在冬季无法运行或低效运行的问题。

石嘴山市历年最低平均气温为 -23.2～-19.4 ℃，而潜流湿地在此温度下运行常存在无法运行或低效运行的问题。本工程潜流湿地采用预处理区高水位冰盖保温、控制进出水渠道坡度以保证流速在防冻阈值内、收配水系统采用带盖板装配式 U 形水渠、填料防冻配置技术控制冻土层以下填料比例不低于 50%、冬季收割植物二次利用于填料区进行保温并补充碳源等技术集成，保障了潜流湿地工程在北方地区冬季高效运行。

3. 主要技术指标

工程实施后，潜流湿地出水水质达到地表水Ⅳ类标准（总氮除外），星海湖控制断面年平均水质达到地表水Ⅳ类标准，营养状态为轻度富营养。

4. 节水效果

工程实施后，提高黄河上游水资源集约利用水平，星海湖减少蒸发量约 1 000 万 $m^3/a$，使用中水置换黄河水约 2 000 万 $m^3/a$，区域再生水利用率从 15% 提高到 65%。

5. 综合效益

本工程的实施，不产生直接经济效益，但在保护湿地独特生态环境的前提下，可以合理利用湿地的景观资源，发展生态旅游。此外，本工程建成后，项目实施范围的生态系统发生了变化，生态效益显著增加，生态系统服务价值指标包括水源涵养、土壤保持、固碳释氧、大气净化、削减面源污染、生物多样性等价值指标，本工程生态服务总价值约为 989.59 万元/a。

本工程的实施，改善石嘴山的生态和自然环境，为石嘴山市城区的群众创造了一个"水陆交错、林木成荫、花草间布、鱼跃鸟翔"的宁静、优美、舒适的湿地环境。湿地内丰富的湿地资源、景观资源及游憩活动，可以满足群众精神文化、物质文化的需求，进一步提高群众的生活质量。此外，工程实施还可以提高当地居民对生态环境保护的自觉意识，唤醒星海湖周边民众的地域历史文化记忆，重新树立对中华优秀传统文化和本地地域文化的自豪感。

本工程的实施，实现星海湖"两减一治、四增强、一确保"的目的，增强星海湖调蓄防洪功能、增强湿地净化功能、增强生态环境保护功能、恢复湿地水生态及功能。此外，本工程实施后，地区污染物总量得到削减，COD 为 69.07 t/a，$NH_3-N$ 为 56.96 t/a，TN 为 312.68 t/a，TP 为 3.00 t/a，同时每年可向星海湖湖泊生态补水 1 400 万 $m^3$。

## 8.2.3 四川省邛海流域水生态修复与治理工程（邛海生态清淤工程）

### 8.2.3.1 项目区基本情况

1. 项目背景

邛海是四川省第二大淡水湖，是西昌市城市居民生活和生态用水的重要水源，是四川省十大风景名胜区之一，也是凉山彝族自治州和西昌市的"母亲湖"，位于凉山彝族自治州西昌市东部，为长江流域雅砻江水系安宁河上游。邛海流域地处我国西南亚热带高原山区，即青藏高原东南缘，横断山纵谷区，其地理坐标范围为北纬 27°47′～28°01′、东经 102°07′～102°23′，流域面积 307.67 $km^2$。邛海流域以山地为主，谷坝次之，形成"八分山地、二分坝"和坝内"八分山地、二分水"的比例状态。流域地貌形态除周围的中、高山外，中间主要是邛海湖盆区。邛海流域地形为东、北、南高山环绕向西侵蚀开口的中高山和断陷积盆地,海拔在1 507~3 263 m,盆地西北向为盆口,与安宁河断陷河谷平原相连。

邛海湖面面积约31 km²,邛海正常蓄水位1 510.3 m,平均水深10.95 m,最大水深34 m,蓄水量3.2亿m³。湖周有多条山溪小河及溪沟入湖。邛海以北有干沟河(含高仓河)、大沟河,东有官坝河,南有鹅掌河,次一级的河流有小箐河、踏沟河、红眼河、龙沟河等。以上这些河流汇入邛海后,由海河排泄,海河自邛海西北角流出后,在西昌城东和城西纳入东河、西河后转向西南注入安宁河。

西昌市委、市政府高度重视邛海保护与治理工作,近年来开展了多项邛海生态保护治理工作,建成了全国最大的城市湿地,减少了邛海流域的水土流失,使得入湖泥沙得到了基本控制,在一定程度上缓解了入湖污染问题。但随着区域经济社会的发展,流域水土流失问题依然没有得到彻底解决,加上历史泥沙淤积问题,北部湖区在风浪扰动下水体浑浊现象尤为突出,水体浑浊影响了水生植物生长,导致沉水植物退化,生态系统存在进一步退化风险。底泥中氮磷营养盐和部分区域重金属镉含量较高,存在一定的水环境风险,从水体透明度和水质上来看,北部湖区都是邛海全湖水环境最差的区域。

邛海北部湖区卫星和现状照片见图8.2-26。

**图8.2-26　邛海北部湖区卫星和现状照片**

为进一步加强邛海生态环境保护,西昌市水利局委托江河水利水电咨询中心编制了《四川省邛海流域水生态修复与治理工程可行性研究报告》,工程建设内容包括官坝河上游生态治理工程、水土保持生态建设工程、邛海湿地内部水系综合修复治理工程和邛海生态清淤工程。邛海流域水生态修复与治理工程已纳入国家150项重大水利工程名录和国家重点流域水生态修复与治理试点项目。

邛海流域水生态修复与治理工程项目布局见图8.2-27。

2022年1月,中水北方勘测设计研究有限责任公司承担了四川省邛海流域水生态修复与治理工程(邛海生态清淤工程)初步设计—施工图阶段的勘察设计工作,目前已提交初步设计成果,通过技术审查并获得四川省水利厅批复。

图 8.2-27 邛海流域水生态修复与治理工程项目布局图

**2. 生态环境现状**

1) 水环境现状

A. 主湖区水质

邛海现状水质指标年平均值均达到了《地表水环境质量标准》(GB 3838—2002) II 类标准,营养状态处于中营养水平,水质总体良好,不过 TN 季节性变化趋势明显,部分月份超过了 II 类标准,TP 区域性变化趋势明显,部分区域(高枧湾和海河口)超过了 II 类标准。邛海水质和营养状态呈现出"东好西劣"和"西高东低"的空间分布趋势,这与西北部水域受到较强的人为干扰和过度的污染负荷输入有一定的相关性。

B. 入湖河流水质

主要入湖河流官坝河、鹅掌河和小青河水质总体良好,但 TN 均超过了《地表水环境质量标准》(GB 3838—2002)湖库 II 类标准。雨季时,入湖河流水质变差(受农业面源污染影响),其中官坝河 TN、TP 和高锰酸盐指数均出现了超标现象,TN 浓度甚至超过了地表 V 类(湖库)标准。其余次要入湖河流(如团结沟、朱家河等)的 TN、TP 和 COD 大部分处于超标污染状态。

2)水生态现状

A. 水土流失现状

历史上的过度砍伐及森林火灾使得流域内天然林大量丧失。目前,通过"天窗"造林等工程恢复部分植被,但林相单一,以飞播云南纯松林为主,现有林地水源涵养能力较差,对洪水、泥石流、水土流失的抵御能力极为薄弱。

西昌市近几年投入大量的资金用于改善全市生态环境及水土流失治理,实施了诸多生态环境及水土流失治理项目。已开展和正在实施邛海主要入湖河流综合整治工作,但官坝河、鹅掌河水土流失问题依然突出,两河每年水土流失量占全流域的 77.4%,水土流失面积占全流域的 71%。河流挟带大量泥沙入河,造成邛海淤积、水体浑浊。

B. 湿地现状

邛海国家湿地公园是经国家林业局批准建立并公布的具有较高生态价值的高原湿地自然保护区,在涵养邛海水源、提供动植物栖息地、调节城市小气候、净化水质方面发挥着重要作用。总体来讲,邛海湿地生态系统结构完整,有乔木群落、挺水植物群落、沉水植物群落、浮水植物群落、混合群落及枯木群。随着水位季节变化,湿地公园内的植物群落出现更替变换。水生植物群落、乔木群落及湖心小岛等都为珍稀水禽提供了重要栖息地;湖泊河口湿地为鱼类和底栖动物提供了良好的繁育场所,生物多样性丰富,从物种到生态系统都呈现出多样性的特点。

由于邛海周边湿地是由退田还湖、退渔还湖改造而成的,一直未进行全面清淤,多年淤积造成坑塘底层沉积物较厚、水系连通性差、水体自净能力不足。邛海一期土城河、缺缺河、朱家河 3 处人工湿地由于常年雨污混排及投入运行后缺乏管护,湿地淤积严重,湿生植物疯涨,枯枝腐烂后又成为二次污染源。此外,外源污染、水土流失、湖区水系连通不畅导致邛海北部湖区泥沙淤积,水体浑浊、营养盐含量较高,致使高等水生植物及土著鱼类种群退化,部分水生植物和水鸟栖息地环境受到影响,水质下降风险增加,导致邛海生态系统受损。

邛海周边湿地及河口湿地现状见图 8.2-28。

C. 滨岸岸带防护情况

当前邛海北湖区护岸较为生态自然,只有局部区域如三期湿地建设区域采用木桩和抛石护岸。岸带管理较为薄弱,邛海属于受风浪影响较大水域,在风浪作用下存在岸带冲刷、水土流失及生态破坏问题,亟须对受风浪影响显著的北湖区及周边湿地水系区域开展生态岸带修复。

邛海湿地现状自然裸露护岸见图 8.2-29。

(a)周边湿地水系现状水质

(b)土城河河口废弃湿地

(c) 缺缺河湿地原沉砂池

图 8.2-28　邛海周边湿地及河口湿地现状

图 8.2-29　邛海湿地现状自然裸露护岸

#### 8.2.3.2　存在问题

（1）流域水源涵养能力不足，水土流失问题依然严重。

历史上的过度砍伐及森林火灾使得流域内天然林大量丧失。目前，通过"天窗"造林等工程恢复部分植被，但林相单一，以飞播云南纯松林为主，现有林地水源涵养能力较差，对洪水、泥石流、水土流失的抵御能力极为薄弱，水源涵养能力不足。2010—2020 年耕地面积呈现减少趋势，退耕还林起到作用，但缺乏必要的水土流失阻断措施。

根据调查，邛海流域中上游还存在大量坡耕地，面积达 37.43 km²，占全流域的12.07%，流域内土壤以红壤和紫色土为主，地势河谷深切、溪沟纵横、切割破碎，易造成水土流失。官坝河、鹅掌河、高仓河（干沟河）等入湖河流水土流失防治及防洪基础设施相对薄弱，建设标准低，长期受洪水冲刷，加之上游水土流失，大量泥沙随水流入邛海，造成邛海淤积。

（2）湖区泥沙严重淤积，风浪扰动下北部湖区水体浑浊。

由于邛海流域水土流失严重，高仓河（干沟河）等入湖河流挟带大量泥沙入湖，在湖区形成沉积。海河节制闸修建前，海河汛期倒灌形成的泥沙淤积导致邛海北岸出湖区域水深较浅。邛海夏季盛行南风，受自然扰动形成的悬浮物浓度较高，水体浑浊现象较为突出,导致水体观感不佳。尤其是北部靠城市湾区水体易发浑浊,观感不佳,影响邛海风景区整体风貌,对西昌市生态旅游产业发展也造成了一定程度的负面影响。

(3)湿地周边水系连通不畅,水质净化功能没有充分发挥。

湿地公园局部坑塘多年淤积,水系不畅,水体自净能力不足,导致湖区水体浑浊问题更加严重。邛海周边湿地是由退田还湖、退渔还湖改造而成的,一直未进行全面清淤,多年淤积造成坑塘底层沉积物较厚,水系连通性差,水体自净能力不足。邛海一期土城河、缺缺河、朱家河 3 处人工湿地由于常年雨污混排及投入运行后缺乏管护,湿地淤积严重,湿生植物疯涨,枯枝腐烂后又成为二次污染源的。在水流冲刷作用下大量泥沙和污染物入湖,导致邛海水体浑浊和氮、磷含量升高。

(4)生态系统退化,存在外来物种入侵风险。

北部湖区由于水深较浅,理论上应该分布较多沉水植物,但流域水土流失、湖区水系连通不畅等问题导致邛海北部湖区泥沙淤积、水体浑浊,致使高等水生植物及土著鱼类种群退化。枯水期生态水量不足、邛海水位过低使湿地浅水区水深大幅降低,部分水生植物和水鸟栖息地环境受到影响,水质下降风险增加,导致邛海生态系统受损。在湿地公园部分湖湾、池塘成片生长凤眼莲、喜旱莲子草、紫茎泽兰和大藻等外来入侵物种,湖中鰕虎鱼和麦穗鱼等外来鱼种大量繁殖,导致邛海流域的生物多样性降低、生态系统稳定性差、生态服务功能衰退。

### 8.2.3.3　治理方案

邛海生态清淤工程坚持系统治理、生态修复总体思路,针对邛海北部湖区泥沙淤积、水体浑浊、生态系统退化等问题,通过生态环保式清淤,并结合生态修复措施,对工程范围内湖区进行系统全面治理,有效改善区域水生态环境状况,提升生态系统稳定性,构建抵御邛海水体浑浊、水环境恶化的良性生态系统。工程任务为如下:

(1)实施生态清淤工程。通过对北部湖区、海河出湖口段、土城河和缺缺河等废弃人工湿地区进行清淤,清除区域内底泥中的易受扰动的流泥层,防治风浪扰动下流泥层的再悬浮,消除区域内底泥中的镉污染风险,疏通邛海出湖口和周边水系通道,同时为邛海流域的生态修复与治理创造基础条件。

(2)实施淤泥处置及余水处理工程。通过对清淤后底泥进行脱水和干化处理,并对产生的余水进行达标处理,使得清淤后底泥满足减量化、无害化、资源化等相关规范和标准要求。

(3)实施生态修复工程。通过生态护岸、植物恢复、生境岛等生态修复措施,对北部湖区进行系统全面治理,恢复水生动植物群落结构,有效改善区域水生态环境状况,提升生态系统稳定性。

工程建设内容包括生态清淤主体工程、淤泥处理工程、余水处理工程和生态修复工程 4 项工程内容。

工程总体布置见图 8.2-30。

图 8.2-30 工程总体布置

1. 清淤主体工程

清淤主体工程位于邛海北部湖区、海河河道出湖口段以及土城河和缺缺河 2 处河口湿地。

邛海北部湖区清淤区面积 2.33 km²,清淤区南北长约 2.6 km,东西长约 1.5 km。为便于清出后淤泥的处置和资源化利用,分为 1# 清淤区和 2# 清淤区,实施分区清淤。1# 清淤区底泥中镉含量相对较高,超过了农用地土壤污染风险筛选值 0.6 mg/kg,清淤面积 1.84 km²,划分为 10 个清淤分区,清淤量约 42.96 万 m³,清出的淤泥经脱水干化处理后可用于绿化和生态修复用土;2# 清淤区为镉含量相对较低区域,未超过农用地土壤污染风险筛选值 0.6 mg/kg,清淤面积 0.49 km²,划分为 7 个清淤分区,清淤量约 27.64 万 m³,清出的淤泥经脱水干化处理后可作为农业种植用土进行资源化利用。

河口湿地清淤区合计清淤面积 5.55 km²,清淤量 4.16 万 m³。包括土城河河口清淤区和缺缺河口清淤区。土城河河口清淤区位于邛海湖区西北角,为紧邻邛海湖区的生态湿地,清淤面积 3.19 hm²,清淤量约 2.39 万 m³。缺缺河河口清淤区位于缺缺河邛海入口,与海河河口隔湖相望,清淤面积 2.35 hm²,清淤量约 1.77 万 m³。

海河出湖口段清淤区清淤面积 6.77 hm²,清淤量 10.41 万 m³,分为海河河道清淤区和海河河口清淤区。海河河道清淤区位于海河节制闸至河口区段,清淤面积 6.56 hm²,清淤长度 3.11 km,清淤量 9.75 万 m³。海河河口清淤区位于海河与邛海交汇处,分布于河口小岛两侧,清淤面积 0.21 hm²,清淤量 0.66 万 m³。

清出的底泥通过管道或槽罐车输送至淤泥处置场进行淤泥脱水干化和余水处理。生态清淤工程淤泥处置场最终确定在距邛海 3.3 km 的乌龟塘附近,占地面积 3.27 hm²,相应的输泥管线长度调整为 6.92 km,采用 DN400 钢管,设置淤泥输送接力泵船 2 艘,接力泵站 8 座。

环保绞吸船挖泥、运泥流程见图 8.2-31。

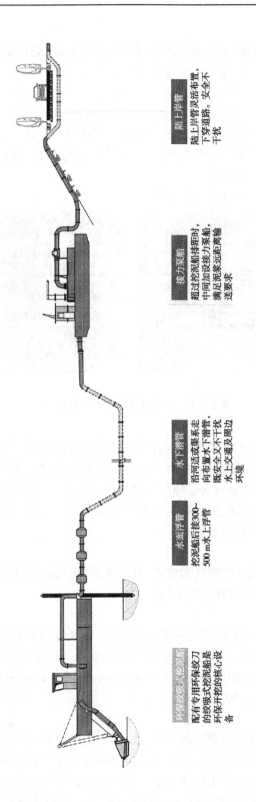

**环保绞吸式挖泥船**
配有专用环保绞刀的绞吸式挖泥船是环保开挖的核心设备

**水面浮管**
挖泥船后接300~500 m水上浮管

**水下潜管**
沿河道或囊系走向布置水下潜管，既安全又不干扰水上交通及周边环境

**接力泵船**
超过挖泥船排距时，中间加设接力泵船，满足泥浆远距离输送要求

**陆上岸管**
陆上岸管灵活布置，下穿道路，安全不干扰

图 8.2-31　环保绞吸船挖泥、运泥流程

2. 淤泥处理工程

本工程采用板框压滤脱水处理工艺处理邛海清淤底泥，处理规模为 85.17 万 m³，工艺设计进料规模为 2 000 m³/h，建设内容包括新建筛分系统 1 处、新建两级沉淀池 1 座、新建均化池 1 座、新建设备脱水间 1 处和建设临时堆泥场 1 处及其他配套设施。本工程处理水下淤泥 85.17 万 m³，经脱水后淤泥含水率达到 55% 以下，脱水后产干泥量为 89.00 万 m³，镉含量较高淤泥与镉含量较低淤泥采取分期处置的方式。其中：镉含量较高淤泥量为 44.89 万 m³，脱水干化后可用于泸山生态修复、绿化和城市建设；镉含量较低淤泥量为 44.11 万 m³，可作为农业种植用土。

板框压滤机脱水实际照片见图 8.2-32。

图 8.2-32　板框压滤机脱水实际照片

3. 余水处理工程

本工程余水来自于淤泥处置工序中的二级沉淀池上清液及压滤机压滤出水，需处理余水总量约 559 万 m³，采用磁絮凝高效沉淀池工艺对余水进行处理，设计处理规模 2.1 万 m³/d，出水水质达到《城镇污水处理厂污染物排放标准》（GB 18918—2002）一级 A 标准，部分回用于场地设备冲洗、抑尘绿化用水等，剩余部分最终排入安宁河。

磁混凝沉淀工艺流程见图 8.2-33。

4. 生态修复工程

生态修复工程范围包括主湖区湖滨带、海河河道、土城河和缺缺河河口等区域，工程措施包括生态护岸、植被恢复和漂浮生境岛。

1）生态护岸工程

护岸工程范围为邛海湖区、海河河道、缺缺河河口湿地和土城河河口湿地，护岸主要布置在岸坡的水位波动区和清淤上边线位置处，护岸总长度 8.37 km，其中：主湖区滨岸带采取抛石护岸形式，抛石护岸长度 4.45 km，海河、土城河和缺缺河河口采用松木桩护岸形式，松木桩护岸长度 3.92 km。

2）植被恢复工程

植被恢复工程范围包括主湖区湖滨带、海河两岸、土城河河口湿地、缺缺河河口湿地 4 个区域。主湖区湖滨带自邛海宾馆始，向北环邛海至东岸小渔村码头，全长约 8.94 km，水生植物种植以挺水植物和沉水植物为主。海河生态修复范围为海河河口至观海路，长约 1.30 km，在对两岸驳岸坍塌、损毁的堤防进行驳岸防护的基础上进行植物修复。土城

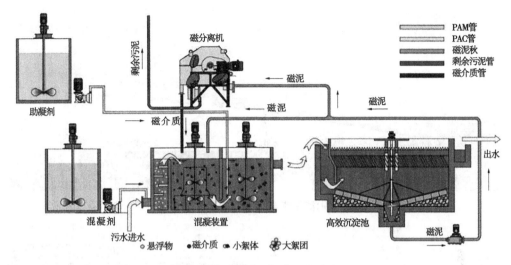

图 8.2-33　磁混凝沉淀工艺流程

河和缺缺河河口生态修复面积分别约为 54 681 m² 和 57 096 m²,主要建设内容为地形塑造、乔木补植和水生植物栽植。

3)漂浮生境岛工程

漂浮生境岛工程根据现场情况,布设于海河南岸二期湿地海门桥东侧 50 m 外,布设总面积 433 m²,为鸟类提供栖息环境,打通水陆之间生物的系统食物网,增加原有湿地生态系统的生物多样性。

滨岸带生态修复示意图见图 8.2-34。

### 8.2.3.4　项目总结

2018 年,建设单位委托江河水利水电咨询中心编制了《四川省邛海流域水生态修复与治理工程可行性研究报告》,工程建设内容包括官坝河上游生态治理工程、水土保持生态建设工程、邛海湿地内部水系综合修复治理工程和邛海生态清淤工程。2020 年 12 月 15 日,四川省发展和改革委员会对可行性研究报告进行了批复,邛海生态清淤工程主要对邛海北部湖区底泥进行清理,总清淤量 383.52 万 m³。

初步设计阶段通过对可研阶段工程范围内邛海北区湖区 A、B 区及周边湿地进行了更为全面详尽的水下地形测量、地质勘察和底泥检测分析,综合考虑北部湖区淤积泥沙扰动情况、底泥污染水平及水生态修复条件等因素,对清淤范围及清淤量进行了深化设计。同时,采取系统治理理念,结合湖滨带的水生植物修复及岸带生态修复工程措施,达到改善底泥环境、固着易扰动淤泥、改善水生态环境的目标。清淤工程量总计 85.17 万 m³,较可研阶段大幅降低,在很大程度上减轻了地方政府土地消纳问题,保证了项目推进实施。工程设计时综合考虑了以下因素。

(1)以清理部分历史泥沙淤积为目标,减少邛海西北湖区泥沙淤积量。

由于流域水土流失和风浪的共同作用,加上海河节制闸修建前海河水的倒灌,西北部湖区泥沙淤积最为严重。本工程重点对邛海西北湖区主要泥沙输移堆积区进行清淤,综合考虑历史泥沙淤积分布、底泥扰动、底泥污染等因素,划分清淤分区并对清淤深度进行

(a)滨岸带典型断面图1

(b)滨岸带典型断面图2

图 8.2-34　滨岸带生态修复示意图

合理控制。同时,对海河、土城河、缺缺河等河口水系进行疏通治理,使得邛海底部环境恢复相对较为自然的状态。

(2)依据风浪扰动浑浊强度分布及易悬浮流泥层分布,进行分区清淤。

针对邛海北湖区在风浪扰动下的浑浊强度分布情况,对扰动下浑浊较为强烈区域重点清淤,对扰动下浑浊相对较小区域轻度清淤或不清淤。同时,流泥层粒径较小的粉粒和黏粒占比达 90%以上,也是造成底泥在受物理扰动的情况下产生再悬浮体浑浊现象的主要原因。结合易悬浮流泥层分布情况,对流泥层较厚的区域重点清淤,适当增加清淤深度。

(3)以"浑浊改善+生态低干扰"为设计原则,预留生态空间。

邛海清淤设计在考虑改善北部湖区水体浑浊现象的同时,应做到生态低干扰,清淤深度不宜过深,保持天然湖泊自然过渡地形,为生态修复提供条件。清淤范围确定过程中,保留岸边向湖内 10 m 范围,预防湖泊滨岸带生态破坏,同时为水生植物修复预留生态空间。

(4)以"精准清淤+不产生二次污染"为工艺原则,降低清淤负面影响。

目前,国内常用的清淤方式和设备多数为工程清淤服务,清淤施工尺度大,疏挖精度较低,造成的二次扰动对生态影响较大。本次从生态环境角度出发,要求"精准清淤",因此采用更为先进的环保清淤设备以控制疏挖边界和深度,以实现真正低干扰生态清淤,确保清淤施工不产生二次污染。

(5)结合底泥资源化利用方向,底泥分类分开处置,保证达标应用。

邛海清淤底泥资源化利用方向主要为建设高标准农田用土及山林绿化种植土。严格依据相关规范及标准中各类用土的相关指标,针对部分区域底泥中重金属镉含量超过农用地土壤污染风险筛查值的情况,划分邛海污染超标底泥清理区及不超标底泥清理区,分区清淤,分开处置。镉含量较高淤泥干化脱水后用于泸山生态修复、绿化、土地整理和城市建设;镉含量较低淤泥干化脱水后结合西昌市全域土地综合整治,作为农业种植用土进行资源化利用。

## 8.2.4　成都市三岔湖综合整治工程

### 8.2.4.1　项目区基本情况

1. 项目背景

2017 年 5 月,成都市第十三次党代会提出"东进、南拓、西控、北改、中优"空间发展战略。"东进"是指沿龙泉山东侧,规划建设空港新城、简州新城、淮州新城、简阳城区等,开辟城市永续发展新空间,打造全市经济社会发展"第二主战场"。实施"东进"战略是成都市在发展新时期,为实现国家中心城市、美丽宜居公园城市、国际门户枢纽城市、世界文化名城战略定位而做出的一项重大战略部署,具有重要战略意义。

三岔湖位于成都东部新区龙泉山东麓,是都江堰龙泉山灌区水利工程的大型屯蓄水库,也是四川省第二大湖泊。随着成都市"东进"战略的实施,三岔湖作为东进区域"一山、一水、五楔、多湖"生态安全格局中重要一环,其生态环境保护和修复尤为重要。为了保护三岔湖区域的水环境、水资源和水生态,防治水污染,促进经济社会可持续发展,2020年 7 月 31 日四川省第十三届人民代表大会常务委员会第二十次会议批准了《成都市三岔湖水环境保护条例》。

目前,三岔湖在生态空间管控、水污染防治方面问题比较突出,为从根本上解决三岔湖现状存在的问题,亟待实施三岔湖综合整治。同时,该工程的实施也是贯彻习近平生态文明思想、构筑长江大保护生态屏障、构建成都市绿色生态空间、实施"东进"战略的需要。

三岔湖区域位置见图 8.2-35。

2. 生态环境现状

1)三岔湖水质达标情况

三岔湖暂未进行水功能区划分,按照《成都市三岔湖水环境保护条例》要求,三岔湖湖区水域水质依照饮用水水源准保护区标准从严保护,按照不低于《地表水环境质量标准》(GB 3838—2002)Ⅲ类标准执行。

2018 年 1 月至 2020 年 12 月三岔湖逐月常规监测点位为大坝、老三岔、龙云这 3 个监测点,分别代表东风渠引水区水质(2 个点位)、湖心水质和库尾区水质,采样点位经纬度、点位详见表 8.2-7 和图 8.2-36。

表 8.2-7　三岔湖常规监测采样点位经纬度

| 点位位置 | 点位编号 | 经度/(°) | 纬度/(°) |
|---|---|---|---|
| 大坝 | 进水口 1# | 104. 267 895 | 30. 321 696 |
| | 进水口 2# | 104. 267 895 | 30. 321 696 |
| 老三岔 | 库心 | 104. 275 431 | 30. 287 647 |
| 龙云 | 库尾 | 104. 273 355 | 30. 257 371 |

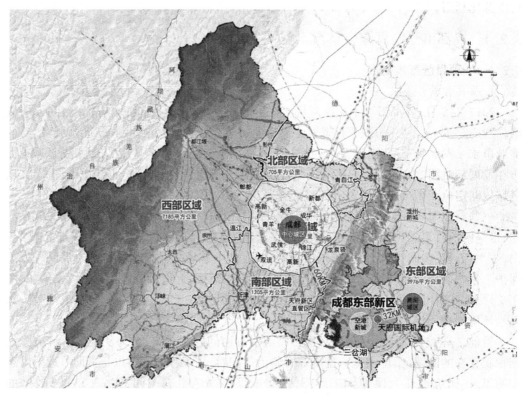

图 8.2-35　三岔湖区域位置图

地表水环境质量评价根据《地表水环境质量标准》(GB 3838—2002),对标准中的相关因子进行分析,并针对当地实际自然状况和经济社会情况,选取合理的指标,按单因子水质评价方法对各监测断面进行评价,评价结果说明水质达标情况。

根据 2018 年 1 月至 2020 年 12 月三岔湖逐月各监测点位监测数据,三岔湖水质状况以Ⅲ类为主,未达到Ⅱ类水质,只有三岔湖库尾断面在 2019 年 8 月水质为Ⅳ类,超标因子为总氮,其浓度为 1.04 mg/L,超标倍数为 0.04 倍。

2) 三岔湖全域水质变化情况

三岔湖湖区水域面积 26 km²,湖岸曲折,形态复杂,湖周长 240 km,南北长 12 km,东西宽 7 km。虽然逐月常规监测断面水质数据表明三岔湖水质状况以Ⅲ类为主,总体达标,但由于三岔湖湖区水域面积较大,湖岸曲折,形态复杂,部分河流入湖口及沿岸水域水

图 8.2-36　三岔湖常规监测采样点位示意图

质达不到Ⅲ类水质的要求。

3）入库河流水质

汇入三岔水库的主要有陈八老沟、卢家沟、李家沟、陈家沟、陈家堰、下底河、槐树沟、吴家沟、碾子沟 9 条河流水系及充水南干渠。其充水南干渠在东风渠取水，水质达地表水Ⅲ类；其余 8 条河流都为丘陵带山溪河流，沿线居民户较少，河流水质基本保持在地表水Ⅲ类。

4）污染源情况

根据相关资料和成果，三岔湖周边工业企业仅余下 1 家，且无工业废水排放，可以忽略工业企业排污对三岔湖水质的影响。

按照成都市畜禽养殖禁养区规划方案，三岔水库库区全域禁养。目前，三岔水库库区无规模化畜禽养殖，库区周边只有部分农户散养畜禽的情况存在，但数量很少，产生的粪污量小，且均建有收集池或沼气池，养殖畜禽粪污经过沃肥后直接用于农作物还田施肥。但是还田后的养殖粪污经渗透或雨水冲刷后会进入三岔湖，所以间接会对三岔湖水质产生少量影响。

影响三岔湖水质状况的主要污染源有农田面源污染物、生活污水和沉积物污染。

A. 农田面源污染物

三岔湖流域东部新区范围内耕地利用比例达到 59.16%，根据相关成果，三岔湖农田径流污染占所有入湖污染源的 41%~53%，同时根据现场调查，库周坡地种植现象非常普遍，水土流失带来大量污染负荷入湖。

B. 生活污水

根据统计资料及相关单位提供数据，三岔湖周边 3 个街道共建成运行污水处理厂(站)10 座，总设计处理规模为 1.04 万 t/d。其中，三岔街道已建成污水处理厂 2 座，总设计规模 0.73 万 t/d；丹景街道已建成污水处理厂 5 座，总设计规模 0.2 万 t/d；董家埂街道已建成污水处理厂 3 座，总设计规模 0.11 万 t/d。

三岔湖周边已建一体化污水处理站 42 座，主要用于收集农家乐生活污水，日处理量为 138.7 m³/d，其处理达标后离库用于绿化土消纳，但相关调查资料显示，存在很多污水未收集、未处理到位的现象。另外，沿湖还有大量居民和许多钓鱼爱好者，居民和钓鱼产生的生活污水基本为直排。

根据相关成果，生活污染总体占 10%~24%，是入湖主要污染来源之一。

C. 沉积物污染

20 世纪 80 年代至 2009 年，集中网箱养鱼过程致使大量鱼类粪便和营养物质沉积于三岔湖底形成沉积物，沉积物中氮、磷及有机质污染较重；粗略计算，网箱养鱼导致鱼类粪便总计达 5 亿 kg，自然分解速度很缓慢，具有很高的二次释放风险，补给水体营养盐及有机质。根据相关成果，底泥释放到水体的营养盐占 26%~47%。

5) 水生生物资源及生境现状

三岔湖水生态基底条件良好，动植物种类及数量丰富。三岔湖自 2011 年开始执行"人放天养"模式，实施生态增殖，主要鱼类有草鱼、鲫鱼、青鱼、鳊鱼、白鲢、花鲢、白条鱼、鲶鱼、鳙鱼等。浮游植物有 8 门 137 种，其中蓝藻门 26 种、绿藻门 50 种、硅藻门 40 种、甲藻门 4 种、裸藻门 9 种、隐藻门 3 种、金藻门 3 种及黄藻门 2 种。底栖动物主要由颤蚓、水丝蚓、摇蚊幼虫等组成。

三岔湖水域面积 26 km²，内有 113 个孤岛和 165 个半岛，湖岸曲折，形态复杂，湖岸线长 240 km，众多库湾、宽浅河滩及河渠汇入口，为鱼类等水生生物提供多样化的栖息地。

众多的植被与湖岛水陆过渡带形成天然湿地，不仅具有美丽的自然景色，也是多种多样的生物种群，尤其是多种珍稀水禽的栖息地，是白鹭、夜鹭、绿头鸭等过冬候鸟的主要栖息地，还有 30 余种水禽、40 余种其他小型鸟，其中有 10 余种鸟类属国家二级保护动物。

6) 水域空间管控及开发利用现状

A. 湖(库)管理范围划定情况

水利部长江水利委员会文件《关于〈四川省简阳市都江堰灌区三岔水库除险加固工程初步设计报告〉的批复》(长江务〔2003〕183 号)，基本同意三岔水库起调水位为 460 m，设计洪水位 461.96 m，校核洪水位 462.88 m。按照《四川省水利工程管理条例》，三岔水库已划定水库库区管理范围，即三岔水库已校核洪水位 462.88 m 高程以下区域，主坝下游坡脚和坝肩外 200 m 内为库区管理范围，校核洪水位线至库周集雨区为保护范围。

B. 水库及其岛屿确权情况

2009 年三岔水库确权时,水库岸线进行了划界埋桩,但未确权办证,其权属关系只有文件、法规支撑。原简阳县革委三岔水库移民安置委员会(简迁发〔77〕第 1 号),明确了关于三岔水库消落区土地使用情况,即三岔水库库区范围内 462.5 m 水位高程以下的土地,由国家征用,属国家所有;原水利电力部(〔75〕水电水字第 6 号)明确,三岔水库移民高程按 462.5 m 蓄水高程规模一次性移完。目前,水库管理范围应确权 777.04 亩,前期按 462.5 m 高程已确权 424.36 亩,还需确权 352.68 亩。

三岔水库现有 113 个孤岛和 19 个副岛,已确定土地使用权权属的有 123 个,未确权的有 9 个。113 个孤岛中,东部新区水务监管事务中心现已确权 91 个,通过划拨、让给、协议换地、有偿转让等形式,其他单位拥有使用权的有 20 个,25 号岛"冯家坝山"因水位高基本全淹,故未进行确权,2 号岛 462.5 m 高程上土地与石油公司有置换协议,但石油公司用于置换的原加油站土地,目前实际未交由龙泉山灌区管理处管理使用,而是被地方政府用于商住出售和公共绿化带建设,另 2 号岛 462.0~462.5 m 高程区间内的消落区在修建三岔湖宾馆时已置换给国宁一社使用(包括 1 号岛 19.74 亩土地)。1 号岛由四川省公安厅、新华集团(花岛)、三岔镇国宁一社、三岔镇清水三社、管理处各自拥有部分使用权,暂未分割确权。19 个副岛中,实际确权 12 个,有 7 个副岛在正常水位高程 462.5 m以下,故未进行确权。

C. 开发利用情况

1993 年,三岔水库被列入《中国名湖录》;2001 年被评为国家 AA 级旅游区;2006 年被四川省委、省政府列为"十一五"规划四川省"新五大精品旅游区"计划进行重点打造。从 20 世纪 80 年代开始至 2017 年,库内旅游企业 6 家,各类游船 500 余艘,日最高接待能力约 1.2 万人。2017 年 4 月 1 日,成都高新区托管包括三岔湖区域在内的原简阳 12 个乡镇后,在简阳市人民政府 2016 年三岔水库全面禁航的基础上,采取自愿参与评估收购的方式,共取缔各类船舶 1 777 艘(含库周村民自用手划船),并禁止库内任何船舶进行经营行为。同年,中央环保督察期间,高新区城环局等职能部门要求不符合经营条件的部分旅游企业及农家乐停业整顿至今。

7) 水域岸线管理保护

A. 湖(库)岸线功能区划定情况

三岔水库成都市范围的岸线已划入国家级管控城市蓝线,但成都市、眉山市尚未开展库区岸线功能划区。

B. 沿湖(库)土地开发利用和产业布局情况

三岔水库旅游开发较早,库岸线周边聚集有餐饮、宾馆等项目。东部新区涉及的 3 个街道已出让土地面积约 8.30 km²,主要分布于水库西岸地区,以住宅、商业、旅馆项目为主,目前大部分项目尚未开工建设。另因建库时移民不彻底,库区群众应迁未迁、就近后靠、倒迁,库区群众在水库管理范围内定居等情况较突出。

#### 8.2.4.2　存在问题

**1. 生态空间管控亟待加强**

近年来,三岔湖区域生产生活空间挤占生态空间的问题逐步凸显,部分区域河漫滩和滨岸带空间缺乏,给三岔湖生态功能带来较大压力。

(1)库区管理保护范围虽已按《四川省水利工程管理条例》以 462.88 m 高程进行管理范围划界,但因历史遗留问题及经费不足等原因,划界处未安装界桩和界碑。

(2)库区虽已确定了管理范围和水域空间范围,但因历史遗留问题库区内各项临湖建筑等仍普遍存在,各项管控制度的建立及落实仍有较大难度问题。

(3)因历史遗留问题,库区管理范围内土地确权以前是按 462.5 m 高程范围内进行的,如按现有的 462.88 m 高程管理范围进行确权,现还有 352.68 亩土地需进行确权。

(4)因历史遗留问题,在水库孤岛、消落区个人和村集体捡种、围网养鱼及涉水违建的现象普遍存在。经初步统计,库区内围网养鱼约 323 亩。

(5)生态岸线建设较为缓慢,水库消落带生态缓冲区建设不足,拦截、过滤地表径流挟带的污染物能力较弱。

**2. 水污染防治有待加强**

三岔湖水环境质量总体较好,逐月常规监测断面水质数据表明三岔湖水质状况以月Ⅲ类为主,总体达标,但仍存在一些问题:

(1)由于三岔湖湖区水域面积较大、湖岸曲折、形态复杂,且存在上游河道污染、农田面源、生活污水和内源底泥释放等污染,部分河流入湖口及沿岸水域水质达不到Ⅲ类水质的要求。

(2)三岔湖周边 3 个街道共建成运行污水处理厂(站)10 座、一体化污水处理站 42 座,污水处理设施分散、管理不便,存在污水未收集、未处理到位的现象。

(3)库区岸线较长,沿线垂钓项目及旅游人员较多,各种生活垃圾常有就近丢弃在库区周边岸坝的情况。

(4)生态岸线建设较为缓慢,生态滨湖缓冲区建设不足,拦截、过滤地表径流挟带的污染物能力较弱。

因此,需继续加强三岔湖水污染防治,保障三岔湖水质稳定达标。

#### 8.2.4.3　治理方案

**1. 湖区生态空间管控**

为了保护三岔湖区域水环境、水资源和水生态,防治水污染,促进经济社会可持续发展,2020 年 7 月 31 日四川省第十三届人民代表大会常务委员会第二十次会议批准了《成都市三岔湖水环境保护条例》(以下简称《条例》),自 2020 年 12 月 1 日正式施行。

《条例》中所称三岔湖区域,是指三岔湖在成都市行政区域内集雨区域(包含水体)和主坝(副坝)的下游坡脚及坝肩外 200 m 以内范围。《条例》主要从水环境保护的角度出发,明确湖区水域、绿化控制带和外围控制区的范围界定、功能管控、禁止行为等生态环境保护的管控内容。

根据《条例》要求,分别划定三岔湖湖区水域、绿化控制带和外围控制区。

三岔湖生态空间分区范围示意图见图 8.2-37。

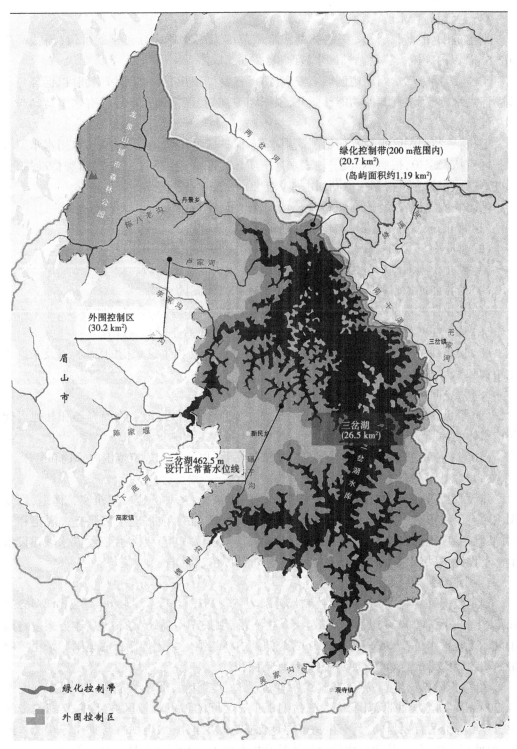

图 8.2-37 三岔湖生态空间分区范围示意图

1）三岔湖湖区水域（蓝线）

划定范围：根据《条例》，三岔湖湖区水域范围为三岔湖设计正常蓄水位（海拔高度462.5 m）以内区域。三岔湖湖区水域面积约 26.5 km²。

功能：为保障三岔湖周边区域水安全，需对三岔湖留出足够的水域空间，以保证三岔湖蓄滞洪水、调蓄水资源的功能。此外，根据相关规划，三岔湖水域还具有水上运动与游憩功能。

定位：三岔湖湖区水域水质依照饮用水源、保护区污染防治相关规定，饮用水水源准保护区应从严保护，按照不低于《地表水环境质量标准》（GB 3838—2002）Ⅲ类标准执行，因此该区域定位为严格管控的湖面水体保护区。

生态环境保护管控：依据《条例》，对三岔湖湖区水域区域提出以下要求：

（1）禁止在三岔湖沿湖岸边设置入湖排污口。

（2）禁止在三岔湖湖岛屿新建、扩建入湖排污口。

（3）禁止个人向湖中乱扔生活垃圾和在岛屿内丢弃生活垃圾。

（4）禁止船舶擅自驶入湖区，禁止船舶污染物排入湖区水域。

（5）禁止在三岔湖湖区水域围湖造地、围垦种植、网箱养殖、家禽养殖等。

（6）禁止在三岔湖湖区水域炸鱼、毒鱼、电鱼等破坏渔业资源的行为。

（7）禁止捕猎野生动物、捡拾鸟卵和其他妨碍野生动物生息繁衍的活动，以及采摘水生植物和私自投放水生生物。

（8）禁止向水体排放超过标准的污水。

（9）禁止在湖区水体中清洗车辆、装储油类或者有毒有害污染物的容器和其他可能污染水体的物品。

（10）禁止在三岔湖水域内洗澡、便溺、洗涤污物，以及未在规定范围内垂钓和游泳。

（11）禁止其他危害水生态环境的行为。

建设管控：在此区域不得新增非管理设施的建筑物，并对已建的建筑实施清退，恢复湖泊原有岸线形态。此外，根据《条例》，三岔湖岛屿的旅游项目应当按照有关规定和三岔湖区域专项规划实施，并与自然景观相协调；任何单位或者个人利用三岔湖水域建设水上活动设施、开展水上活动的，应当经相关主管部门依法批准。

2）绿化控制带（绿线）

划定范围：根据《条例》，绿化控制带范围为三岔湖设计正常蓄水位（海拔高度 462.5 m）以外水平距离 200 m 以内的区域。《条例》没有明确湖中岛屿所属分区，本方案中将高于设计正常蓄水位（海拔高度 462.5 m）线的湖中岛屿纳入绿化控制带的范围。绿化控制带面积约 20.7 km²（含湖中约 1.19 km² 岛屿面积）。

功能：保障湖泊生态安全，在蓝线外需划定水生态空间，即绿线范围。对于三岔湖而言，200 m 为湖滨缓冲带范围，应为三岔湖水生态空间的重点管控区域，以恢复湖滨带的生态环境功能为首要目的，具有生物多样性保护、水质净化、水土保持与护岸等功能。此外，根据相关规划，三岔湖绿化控制带还具有生态服务、城市公园、体育健身等功能。

定位：保护湖区水质的生态屏障、保护生态多样性的生态廊道、服务市民休闲游憩的城市公园、具有体育健身功能的天然场馆。

生态环境保护管控:依据《条例》,禁止在绿化控制带内从事下列行为:

(1)擅自挖掘、采集野生植物等破坏植被的行为。

(2)放牧、狩猎、开垦、烧荒;倾倒垃圾、秸秆、废渣、尾矿,堆放杂物、废弃物和掩埋污染水体的物体。

(3)露营、野炊、燃放烟花爆竹和放孔明灯等其他可能污染水质的休闲娱乐活动。

(4)乱扔塑料泡沫、包装袋、玻璃瓶、饮料罐和其他污染物。

(5)其他破坏绿化控制带的行为。

建设管控:禁止在绿化控制带内新建、扩建、改建除水利、公园、市政、文化、体育等公共公益设施外的项目;除水利设施和天府奥体公园规划的重大功能性项目外,公共公益设施占地面积占绿化控制带总面积的比例不得超过5%;从生态角度,绿化控制带应成为三岔湖的生态保护带,宜建设以湖滨带湿地、缓冲防护林带、生态绿廊等为主的生态项目。

3)外围控制区

划定范围:根据《条例》,外围控制区为绿化控制带以外的集雨区域,包括湿地、林地等范围。外围控制区面积约 30.2 km²。

功能:根据《条例》,外围控制区内鼓励发展生态循环农业,公园城市主管部门应当在外围控制区内采取封育保护、营造水源涵养林等措施,增强森林植被水源涵养功能,防治水土流失,丰富生物多样性,改善三岔湖水生态环境。根据《成都市龙泉山城市森林公园保护条例》和《龙泉山城市森林公园总体规划(2016—2035 年)》,三岔湖外围控制区域分为生态缓冲区和生态游憩区。生态缓冲区以发展现代农林业为主,允许适度建设配套设施;生态游憩区以景观建设和游憩活动为主,允许适度建设由特色小镇和景区化游憩园组成的游憩单元。根据其他相关规划,三岔湖外围控制区还有生态服务功能、城市公园功能、文旅康养功能、体育健身功能。因此,外围控制区具有水源涵养、生物多样性保护、休闲度假、生态农业、城市公园、体育健身等功能。

定位:三岔湖上游集水汇水的重点生态治理与恢复区。

生态环境保护管控:依据《成都市三岔湖水环境保护条例》,对三岔湖外围控制区提出以下要求:

(1)不得从事可能污染三岔湖区域水源的生产建设活动。

(2)禁止在外围控制区入湖河流设置入河排污口,但经依法批准的生活污水处理项目除外。

(3)禁止水污染物直接排放。

(4)禁止网箱和肥水养鱼。

(5)禁止在禁养区内新建畜禽养殖场(养殖小区)。

建设管控:根据《条例》《成都市龙泉山城市森林公园保护条例》和《龙泉山城市森林公园总体规划(2016—2035 年)》要求,外围控制区进行建设要遵循以下要求:

(1)在外围控制区内新建、改建、扩建各类建设项目,开展湖区生态修复、动植物湿地保护活动,应当符合国家规定的防洪标准和其他有关技术要求,保证行洪畅通,确保安全生产和消除有毒有害因素,不得破坏水生态环境。

(2)生态缓冲区新建游憩、游乐和交通设施,应当符合国家规定的技术规划;鼓励发展生态循环农业、推进农业绿色发展;新建、改建建筑物,整体高度一般不得超过 12 m,局部建筑一般不得超过 15 m,超过 12 m 的局部建筑占地面积不得超过建筑总占地面积的 20%。

(3)生态游憩区鼓励布局标志建筑,以城市重大公共服务、高端商业商务、高品质居住功能、生态型休闲度假功能、康体运动功能为主,可进入、可参与的环湖绿道、马拉松赛道及其配套服务设施,道路、水电等市政基础设施;鼓励发展生态循环农业,推进农业绿色发展;新建、改建建筑物,整体高度一般不得超过 18 m,局部建筑一般不得超过 20 m,超过 18 m 的局部建筑占地面积不得超过建筑总占地面积的 20%;特色小镇内新建、改建建筑物的建筑高度控制按照城市森林公园总体规划执行。

2. 水环境提升方案

目前,三岔湖水环境总体较好,逐月常规监测断面水质数据表明三岔湖水质状况以Ⅲ类为主,总体达标,但部分河流入湖口及沿岸水域水质达不到Ⅲ类水质的要求,其周边污染源主要有上游河道污染、农田面源、生活污水和内源底泥释放等污染。

为了提升三岔湖的水环境质量,保障三岔湖水质稳定达标和水环境友好可触,针对影响三岔湖水环境的影响因素,需通过控源截污、生态清淤、湿地建设,削减三岔湖污染源,提高其水环境质量,恢复和保护其生态环境。

1)控源截污方案

目前,三岔湖流域东部新区范围内污水处理厂(站)主要起到建设东部新区期间各街道污水收集与处理过渡作用,实时按东部新区规划新建各片区再生水厂,同时取缔该片区过渡性污水处理厂(站)。

三岔湖汇水区主要集中在其北侧和西侧,西侧丹景街道(原新民乡)区域产生的生活污水对湖区水质影响较大。因此,本方案主要对三岔湖以西区域,结合丹景街道建设排污干管,进行控源截污。根据《成都市"东进"区域水系统综合规划(2019—2035 年)》、《成都天府国际空港新城分区规划(2016—2035 年)》、《成都东部新区国土空间总体规划(2019—2035)》(送审稿)、《三岔湖区域专项规划》(过程稿),在三岔湖西侧丹景街道区域新建再生水厂 1 座及其配套污水收集管网,污水处理厂规模为 1.0 万 m³/d,排水满足《城镇污水再生水利用工程设计规划》和《四川省岷江、沱江流域水污染物排放标准》(DB 51/2311—2016)要求,配套污水主干管约 7.5 km,污水处理厂污泥运至垃圾焚烧厂协同处理。

2)生态清淤方案

从 20 世纪 80 年代至 2009 年的集中网箱养鱼过程中致使大量鱼类粪便和营养物质沉积于三岔湖形成沉积物,沉积氮、磷及有机质污染较重;粗略计算,网箱养鱼导致鱼类粪便总计达 5 亿 kg,自然分解速度很缓慢,具有很高的二次释放风险,影响湖区水质,必须对湖底底泥进行生态清淤,以控制三岔湖内源污染。

三岔湖沉积物总氮、总磷空间分布特征明显,库中部偏西和西北区域总氮和总磷含量显著高于其余地区,具有较高的释放潜力。因此,需对库区西侧和西北侧区域进行生态清淤,面积约 6.5 km²。

生态清淤主要采用绞吸式挖泥船疏浚的方式,通过船上离心泵将泥浆吸入、提升,再通过船上输泥管排到岸边堆泥场或底泥处理场,以减少清淤带来的生态扰动和减少对外界的生态环境污染。余水经处理达标后作为灌溉水用来浇灌农田,生态清淤产生的底泥作为园林绿化种植土、湖滨带修复及湿地建设、农田改良等资源化利用。

生态清淤范围示意图见图 8.2-38。

3) 湿地建设方案

针对三岔湖上游河道来水和周边农田与村庄面源污染,充分考虑河道来水情况、农田与村庄分布情况和三岔湖岸线自然地形条件,采用自然的净化方式,强化末端治理,营造河口湿地、沟渠湿地和生态净化区,拦截并净化上游河道来水和面源污染,削减入湖污染。

湿地建设布局示意见图 8.2-39。

河口湿地:对陈八老沟河口采取生态环境保护措施,主要以生态恢复为主,兼具净化功能,恢复为河口三角洲和湖滨林地的湿地生境,为白鹭、苍鹭、中华秋沙鸭、红嘴鸥等禽类、蛇等爬行动物、青蛙等两栖动物,田螺等底栖动物提供适宜的生境环境,有利于增加三岔湖湖滨缓冲带的生物多样性。

河口湿地示意见图 8.2-40。

沟渠湿地:针对卢家沟、李家沟、陈家沟和下底河的水体进行净化,采用多级芦苇塘、表流湿地、生态砾石床等组合工艺,构建低污染水的净化和有序排放的湿地系统。

沟渠湿地示意见图 8.2-41。

生态净化区:重点针对碾子沟等 17 个小沟渠、季节性沟渠、漫流面源及区域漫流雨水进行净化,采用"干-湿"交替表流湿地的工艺,改造成表流湿地、林下湿地、生态塘等类型。

生态净化区示意见图 8.2-42。

3. 湖滨缓冲带生态修复方案

根据《天府蓝网建设规划》提出的融岸建设策略、三岔湖湖滨带现状存在问题、湖滨带特有的权状结构和纵向分区,可采取分级规划、分段设计的思想,对三岔湖湖滨带进行生态保护与修复。分级规划是指根据湖滨带的生态敏感程度将湖滨带划分为 3 个保护等级,并采用不同的修复对策。1 级:高程 462.5 m 以内(即湖区水域),为湖滨带的水位变幅区作为核心区,生态极为敏感,景观独特,自然干扰频繁,以恢复自然原貌为主。2 级:高程 462.5 ~ 463 m 范围内,为湖滨带的陆向和水向保护区,生态敏感性较高,景观较好,以消除人为干扰为主,最大限度地恢复自然原貌。3 级:高程 462.5 ~ 463 m 线外 60 m 范围线,陆地作为缓冲带,在维持主体生态系统动态平衡的基础上,遵循生态学原理进行合理恢复,提升湖滨自然景观,促进人与自然和谐。

本次工程主要对三岔湖周边高程 462.5 m 线外 60 m 范围内的湖滨缓冲带(包括湖中岛屿)进行生态修复,包括湖滨岸带基底修复、生态系统修复和生态廊道建设。

1) 湖滨岸带基底修复

湖滨岸带基底是生态系统发育与存在的载体,包括地质、地形、地貌等。湖滨岸带基底修复应根据湖滨带生态功能分区定位分别进行修复设计,为实现生态恢复目标进行底质改良、地形地貌修整等工作,根据生态恢复目标要求,在不同区域、不同高程之间有针对性地采取不同的恢复模式,为陆生系统及水生系统创造基底条件。

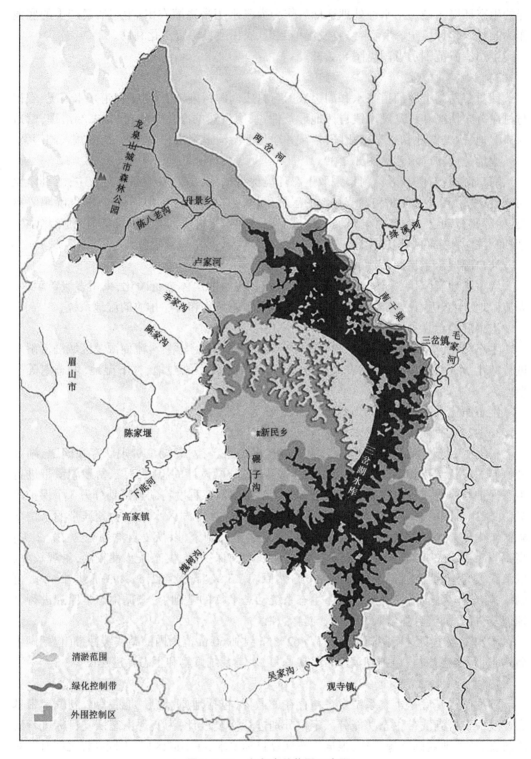

图 8.2-38　生态清淤范围示意图

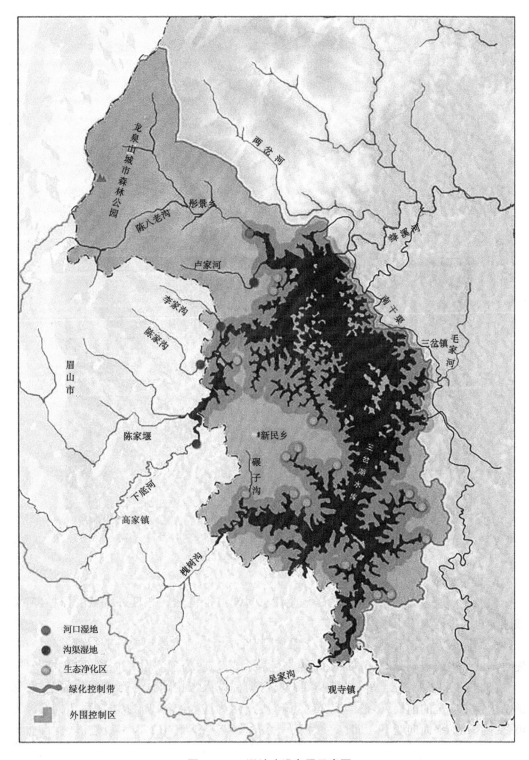

图 8.2-39　湿地建设布局示意图

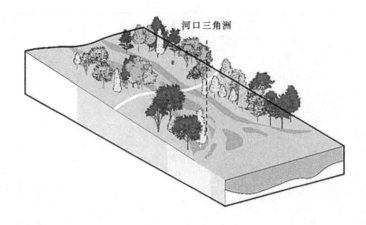

图 8.2-40　河口湿地示意图

图 8.2-41　沟渠湿地示意图

A.设计原则

(1)保护优先。湖滨岸带基底修复应注意对湖滨带自然状态良好区域的保护,避免或减少对其进行人工干预或干扰。

(2)生境改善先行。生境决定生态系统,基底是生境的重要组成部分,基底修复应首先对湖滨带内的侵湖基础、鱼塘、农田等进行清除或改造,为湖滨岸带生态修复创造条件。

(3)恢复自然形态。湖滨岸带基底修复应对侵湖人工构筑物进行生态化改造,在保证结构稳定安全的前提下,整体上变硬为软,变防渗为透水,变硬质为生态,垂直向变墙为坡,变陡为缓,平面向变直为曲,变角为弧,变尖为钝,整体上减少人工痕迹,恢复自然形态。

(4)保护遗址。湖滨岸带基底修复应因地制宜,对于能够传承记忆的古屋、牌坊、码头、古树等历史遗址,应尽最大可能予以保留或做专项保护设计,不宜简单粗暴地全部清除。

(a)生态净化区——表流湿地

(b)生态净化区——草甸湿地

(c)生态净化区——林下湿地

(d)生态净化区——生态塘

图 8.2-42 生态净化区示意图

B. 基底修复目标

(1)控制沉积和侵蚀,保持湖滨带物理基底的相对稳定。

(2)解决风浪、水流等不利水文条件对湖滨带生物的负面影响。

(3)对由于人类活动改变的地形地貌(如鱼塘、村落、堤防)进行修复与改造。

(4)对底质的物理化学性质进行适当的调整和改造。

C. 基底修复模式

三岔湖湖滨岸带内存在一些鱼塘、房屋、农田等人为建筑设施,对湖滨岸带的生态修复和湖泊的水质健康产生较大的负面影响。在进行生态修复之前,必须将这些污染源和影响修复的因素搬迁、清退,体现人退湖进的生态理念。在各类污染因素清理过后,进行基底清理,为湖滨岸带的生态修复创造必要的条件。

本项目根据地貌将三岔湖湖滨岸带划分为缓坡型湖滨岸带与陡坡型湖滨岸带 2 种一级类型。陡坡型湖滨岸带平均坡度陡于 1:4,缓坡型湖滨岸带平均坡度缓于 1:4。

湖滨岸带修复示意图见图 8.2-43。

根据生境及土地利用类型,又可将三岔湖湖滨岸带进一步划分二级类型。主要包括滩地型、农田型、房基型、鱼塘型、路基型湖滨带等。

(1)滩地型。该类型湖滨带生态修复重点考虑生物多样性保护功能,按陆生生态系统向水生生态系统逐渐过渡的完全演替系列设计,植被类型包括乔灌草带、挺水植物带,并考虑增加大型底栖动物和鱼类的栖息地。

基底修复主要是根据水位高程及其变化幅度而设计的植物带而进行坡面修整或底质改良,同时应尽量避免对现状植物的破坏。

(a)缓坡型　　　　　　　　　　　　　　(b)陡坡型

图 8.2-43　湖滨岸带修复示意图

（2）农田型。该类型湖滨岸带生态修复重点以农田径流水质净化功能为主,尽量恢复成完全演替系列,植物配置中应采用根系发达的大型乔木净化农田区浅层地下径流。

基底修复主要是对现状田埂进行清除,对农田底部腐殖土进行挖除并换填,并对原有农田外围的护岸设施进行加固,以维持基底的稳定性。

（3）房基型。该类型湖滨岸带现状被村落房屋侵占,湖滨生态系统被破坏。以生物多样性保护为主的修复区,全部退房还湖,并进行基底修复。房屋不能完全清退的,拆除部分房屋并设计生态岸坡,做护岸处理,坡度不陡于 1:4。

（4）鱼塘型。该类型湖滨岸带一般修复为多塘湿地,基底修复是将污染底泥先进行清淤,再拆除塘基,防止退塘时淤泥再悬浮污染湖泊水质。

（5）路基型。该类型湖滨岸带被道路隔断,道路背湖侧被用地侵占,临湖侧受风浪侵蚀,植被退化。道路背湖侧为农田或库塘的区域,可构建人工湿地,修复乔灌草带、挺水植物带;对道路临湖侧,有条件的采用抛石消浪或进行生态堤岸改造。

D. 基底修复效果

通过湖滨基地修复,能够达到以下效果:

（1）有效控制沉积和侵蚀,保持湖滨岸带物理基底的相对稳定。

（2）能够解决风浪、水流等不利水文条件对湖滨岸带生物的负面影响。

（3）对底质的物理化学性质进行适当的调整和改造,能够为生态系统修复创造良好的生境。

（4）通过对村庄段湖滨岸带内侵湖基础进行修复与改造,能够有效增加湖区水域面积。

2）生态系统修复

A. 设计原则

（1）生态保护原则。

三岔湖生态系统中分布有多种野生植物和动物资源,在设计中要充分考虑这些物种的栖息环境特点,为它们的生存尽可能提供较大的生息空间,将对野生物种生存生境的负面影响控制在最小的程度和范围内。同时,要通过生态环境的保育恢复,为更多的物种生存栖息营造适宜的环境空间,提高湖滨湿地生物物种的多样性并防止外来物种的入侵。

(2)整体性原则。

要维持三岔湖生态结构及功能,必须综合考虑各个因素,在实施三岔湖湖滨岸带生态修复的过程中,维护生态环境的完整性,通过水域、陆域生态环境及其之间过渡区进行完整的修复,达到三岔湖湖滨岸带生态系统的整体性和统一性,形成整体的湖滨岸带生态系统,有利于整个三岔湖的良性循环。

(3)协调性原则。

环三岔湖湖滨缓冲带生态修复要考虑生态、水利、景观、环境等多方面因素,在设计中应坚持选择以本土生物物种为主的自然修复,人工修复为辅,达到人工与自然生态景观之间的协调一致,使其恢复到理想的自然状态,最终做到两者的有机结合。

(4)可持续发展原则。

在满足三岔湖保护与修复周边生物多样性、提供生物栖息环境的基础上,要考虑区域经济的发展和三岔湖作为旅游湖泊的客观条件,在优先考虑恢复湖滨岸带的生态环境功能的同时,增加湖滨景观的旅游观赏性,以充分发挥湖滨岸带的经济效益。

B.生态修复目标

湖滨岸带生态修复的总体目标是要建立过渡带结构,维持湖滨岸带的生境及栖息其间的动植物群落,保持湖滨岸带尽可能多的功能。通过在湖泊和陆域系统建设一定规模以上的湖滨带过渡带,最大程度地发挥其截污和过滤功能,使湖滨岸带的水质净化潜能达到最大值,为土著动、植物物种提供合适的生境,尽可能与湖泊功能保持一致;生态功能和人类需求的有机结合是生态工程的基础,生态工程的设计要从长远考虑,对人类社会和自然环境都有价值。

C.生态修复方案

采用恢复生态学中的演替理论进行湖滨缓冲带生态修复措施布置。目前,湖滨带生态恢复是通过对一定生境条件下湖滨带生态系统退化原因及其机制的诊断,运用生物、生态工程的技术与方法,依据人为设定的目标,选择适宜的先锋植物,构造种群和生态系统,实行土壤、植被与生物同步分级恢复,以逐步使生态系统的结构、功能和生态学潜力尽可能地恢复到原有的或更高的水平,最终达到生态系统的自我维持和良性循环状态。

湖滨带生态修复方案主要包括植物群落恢复、鸟类栖息地营造、鱼类生境保护与恢复等措施。

(1)植物群落恢复。

植物群落恢复主要包括绿化隔离带、乔草防护带、灌草湿生带、挺水植物带和浮叶、沉水植物带5个部分的建设,其中灌草湿生带和挺水植物带因地制宜或带状分布,或交错块状分布。

(2)鸟类栖息地营造。

湿地鸟类在不同生境中的分布格局,主要是由各微生境的食物丰富度、食物可利用性、滩涂面积及可隐蔽程度决定的。对水鸟类的研究发现,生境的开阔对于湿地鸟类的丰富度是一个重要的影响因子,滩地宽和潮间带滩宽是影响鸟类栖息的关键因子,浅水塘比例和裸地比例是影响鸟类分布的关键因子。依据本次鸟类栖息地特征总结,水域、光滩、植被是影响自然湿地中涉禽、游禽分布的重要生境单元。因此,在三岔湖鸟类栖息地设计中引入这3种生境。

（3）鱼类生境保护与恢复。

湖滨带湿地生态系统是三岔湖的重要组成部分,水草丰富,底质以淤泥为主,水深梯度变化平缓,是鱼类主要的产卵繁殖区和索饵觅食区,对于三岔湖鱼类多样性保护和生态发展至关重要,鱼类水生生境的设计结合岸线设计、湿地建设及植被恢复进行。

3）生态廊道建设

A. 设计原则

（1）生态保护原则。

生态廊道建设要充分延续生态系统修复原则,依据三岔湖生态系统中分布有多种野生植物和动物资源,在设计中的活动场地要充分保护这些物种的栖息环境,结合它们的生息空间,预留充足的生态保育、生态修复空间。在建设材料的选择方面尽可能采用生态环保的工程处理措施,采用生态环保的材料。同时,设计中的功能性场地要充分尊重生态廊道,为各种动植物的生长、繁衍预留出相应的通道。

（2）参与性原则。

生态廊道设计在充分考虑生态系统的前提下,适当提高人的参与性,适当设置林地冥想空间、湿地栈道、观鸟平台等设施,提高人类对大自然的认知,进一步认识大自然,从而提高人类对生态自然的尊重,也使人类感受生态自然的美。

（3）空间体验的多样性原则。

三岔湖环境优越,周边地理环境资源丰富,设计充分利用现有环境资源,结合慢行系统、观景平台等多种形式的景观设施将山谷的清幽、山峰的林立、水岸的灵动、滩地的生机、水面的广阔多角度展示出来,营造青山、绿水、绿林、农田、碧湖之美的大美三岔湖景观,从而提升游人的体验感受。

B. 设计目标

通过生态技术措施的应用保护生态环境,形成"生态大绿"效果,通过生态廊道的建设提升休闲观赏品质,拉近人与水的距离,通过科普教育、生态廊道的系统建设,提高人类对生态自然的认知,促进环保意识的提高,带动周边产业的发展。

C. 设计方案

沿湖200 m绿化控制带内设计绿带廊道,为线性绿色开敞空间,作为沿湖慢行系统,其连接水系、山体、田园、林盘、文化公园、生态公园、康养基地及城镇乡村,集生态保护、体育运动、休闲娱乐、文化体验、科普教育、旅游度假等功能为一体。生动体现成都人"知快守慢、张弛有序"的生活态度,满足现代人亲近自然的渴望需求,倡导郊外远足踏青、林间河畔品茗、户外运动健身的健康生活休闲方式,完全开放、全民共享,不断提升城市幸福感。

三岔湖绿色生态廊道示意图见图8.2-44。

生态廊道建设是一个综合性景观环境工程,主要通过植物种植、交通路网、景观节点的设置构建一条景色优美,交通便利,设施完齐全的生态景观带。

**图 8.2-44　三岔湖绿色生态廊道示意图**

（1）植物种植。

结合生态湿地、生态岸线，种植沉水植物、浮水植物、挺水植物，改善和稳定水质。结合滩地、净化池，种植喜湿耐水的湿生植物，净化水质。在高地缓坡结合景观功能场地、空间主题，采用乔灌草组团化种植方式，营造季节色彩缤纷的四季景观效果。在植物品种的选择上，首先确保生态性原则，增加本地植物品种的种植比例；其次是功能性原则，结合生态修复等措施需求，选择能够充分解决生态过滤、净化、富氧等植物品种；最后是美化效果原则，注重植物的层次搭配，结合功能空间的定位，种植或疏或密，注重季相的色彩幻变，达到四季有景的美观的效果。

（2）交通路网。

设计三级道路交通系统，分别为一级步道 6.5 m 宽，满足应急性消防、区域内工程等功能性需求，同时兼具马拉松赛事功能；二级步道 2.5 m 宽，主要为人行主要通道；三级步道为 1.5 m 宽，主要为慢行休闲步道。三条道路动线动静相互、结合渗透，贯穿于整个三岔湖岸线，建立起完整的湖滨交通走廊系统。

（3）景观节点。

根据湿地功能、教育展示、景观观赏、周边业态分布，设置景观广场、观景平台、亲水木栈道等场地，功能性场地主要以结合周边产业主题设置，场地分为大型、中型、小型三种类别，面积分别为 5 000 m²、2 000 m²、100 m²，广场距离分别为步行 30 min 距离、步行 10 min 距离、步行 5 min 距离，游人可轻松找到休息停留空间，根据广场大小配置休息坐凳、垃圾箱、卫生间等相关设施。

#### 8.2.4.4　项目总结

本项目针对三岔湖在生态空间管控和水污染防治方面存在的问题，系统提出了湖区生态空间管控、控源截污、生态清淤、湿地建设、湖滨岸带基地修复、生态系统修复和生态廊道建设等方案。本工程实施后，对削减入湖污染物、改善三岔湖水质、恢复生态屏障、恢复区域生物多样性、涵养水源、恢复三岔湖水生态空间等方面产生积极的影响，有利于三岔湖水环境质量提高、生态系统的自我维持和良性循环状态。